工程造价管理与控制研究

郭英芬　许萍　席海恩　著

吉林科学技术出版社

图书在版编目（ＣＩＰ）数据

工程造价管理与控制研究 / 郭英芬，许萍，席海恩
著. -- 长春：吉林科学技术出版社，2023.7
ISBN 978-7-5744-0729-9

Ⅰ．①工… Ⅱ．①郭… ②许… ③席… Ⅲ．①建筑造
价管理—研究 Ⅳ．①TU723.31

中国国家版本馆 CIP 数据核字 (2023) 第 152033 号

工程造价管理与控制研究

著	郭英芬　许　萍　席海恩
出 版 人	宛　霞
责任编辑	王天月
封面设计	南昌德昭文化传媒有限公司
制　　版	南昌德昭文化传媒有限公司
幅面尺寸	185mm×260mm
开　　本	16
字　　数	325 千字
印　　张	15.25
印　　数	1-1500 册
版　　次	2023年7月第1版
印　　次	2024年2月第1次印刷

出　　版	吉林科学技术出版社
发　　行	吉林科学技术出版社
地　　址	长春市福祉大路5788号
邮　　编	130118
发行部电话/传真	0431-81629529 81629530 81629531
	81629532 81629533 81629534
储运部电话	0431-86059116
编辑部电话	0431-81629518
印　　刷	三河市嵩川印刷有限公司

书　　号	ISBN 978-7-5744-0729-9
定　　价	85.50元

版权所有　翻印必究　举报电话：0431-81629508

《工程造价管理与控制研究》
编审会

著　郭英芬　许　萍　席海恩

编　著　李　程　王　标　张　曼

　　　　刘　旭　邓立苹　王维一

　　　　周　应　徐　玮　邵　娜

　　　　赵淑辛　唐艳婷　徐源红

　　　　樊　琛

前　言

随着我国建设市场的迅速发展，目前建筑行业发展前景可观，工程项目日益扩大，许多施工单位纷纷投入建筑工程建设，更多的资金投入到了工程建设当中，市场占有率已趋于饱和，建筑行业中的市场竞争压力不断增大。建筑工程的数量日渐上涨，给各企业带来可观收益的同时，工程质量的问题也在不断增长。项目单位缺乏对工程过程的监管，施工企业也没有专业的人员和技术对工程进行有效管理。为适应市场变化，建设主体需要在保证建筑工程质量的前提下合理确定和有效控制造价，提高核心竞争力。另外，合理的控制工程造价也是保证项目质量的重要内容。在项目的实施过程中，工程造价控制始终贯穿项目的各个阶段，包括项目的决策和设计阶段，项目的招投标阶段，项目的施工阶段和项目的竣工决算阶段。涉及到设计规划、物料采购、现场施工、项目验收等诸多环节，也需要专业人员进行有效把控。

本书是工程造价方面的书籍，主要研究工程造价管理与控制，本书内容结合建设项目的程序和特点，从工程造价的基本概述与计价方法入手，分别对建设项目的决策阶段、设计阶段、招投标阶段、施工阶段、竣工验收的确定与控制进行分析和论述，阐述了建设项目全过程造价的控制方法与应用。对在监理单位、建设单位、勘察设计单位、施工企业等从事相关专业工作的人员学习有一定的参考意义。

本书在写作过程中，参考和借鉴了一些知名学者和专家的观点及论著，在此向他们表示深深的感谢。由于作者经验和能力有限，加之当今科学技术日新月异，工程造价管理与控制理论不断发展，书中错漏之处在所难免，恳请广大读者和专家在使用过程中提出宝贵意见和建议，以便进一步修改，使之更加完善。

目　录

第一章 工程造价管理概论

第一节 工程建设项目概述

一、工程、项目与工程建设项目的概念

（一）工程的概念

工程是科学和数学的某种应用，通过这一应用，自然界的物质和能源的特性能够通过各种结构、机器、产品、系统和过程，以最短的时间和最少的人力、物力制造出高效、可靠且对人类有用的东西。工程是将自然科学的理论应用到具体工、农业生产部门中形成的各学科的总称。

（二）项目的概念

项目是指一系列独特的、复杂的并相互关联的活动，这些活动有着一个明确的目标或目的，必须在特定的时间、预算、资源限定内，依据规范完成。项目参数包括项目范围、质量、成本、时间、资源。

（三）工程建设项目的概念

通常将工程建设项目简称为建设项目，它是指按照一个总体设计进行施工的，可以形成生产能力或使用价值的一个或几个单项工程的总体，一般在行政上实行统一管理，

经济上实行统一核算。凡属于几个总体设计中分期分批进行建设的主体工程和附属配套工程、供水供电工程等都作为一个建设项目。按照一个总体设计和总投资文件在一个场地或者几个场地上进行建设的工程，也属于一个建设项目。工业建设中，一般以一个工厂为一个建设项目；民用建设中以一个事业单位，如一所学校、一所医院为一个建设项目。

二、工程建设项目分类

（一）建设工程的分类

建设工程属于固定资产投资对象，是指为人类生活、生产提供物质技术基础的各类建（构）筑物和工程设施。固定资产的建设活动一般通过具体的建设工程实施。

建设工程可以按照自然属性、用途、使用功能等不同方法进行分类，其结果和表现形式不尽相同。

1. 按自然属性进行分类

建设工程按自然属性分为建筑工程、土木工程和机电工程三大类。从本质上看，建筑工程属于土木工程范畴，考虑到建筑工程量大面广，根据国际惯例和满足建设工程监督管理的需要，该标准将建筑工程与土木工程并列。

（1）建筑工程

是指供人们进行生产、生活或其他活动的房屋或场所。

（2）土木工程

是指建造在地上或地下、陆上或水中，直接或间接为科研等服务的各类工程。

（3）机电工程

是指按照一定的工艺和方法，将不同规格、型号、性能、材质的设备及管路和线路等有机组合起来，满足使用功能要求的工程。

2. 按用途进行分类

建设工程按照用途不同，可以分为环保工程、节能工程、消防工程、抗震工程等。

3. 按使用功能进行分类

为了满足现行管理体制的需要，建设工程按使用功能可分为房屋建筑工程、铁路工程、公路工程、水利工程、市政工程、煤炭矿山工程、水运工程、海洋工程、民航工程、商业与物资工程、农业工程、林业工程、粮食工程、石油天然气工程、海洋石油工程、火电工程、水电工程、核工业工程、建材工程、冶金工程、有色金属工程、石化工程、化工工程、医药工程、机械工程、航天与航空工程、兵器与船舶工程、轻工工程、纺织工程、电子与通信工程和广播电影电视工程等。

（二）建筑工程的分类

在建设工程中，建筑工程是量大面广的一类工程，为了便于对建筑工程进行把握，下面介绍建筑工程的分类。

1．一般规定

①建筑工程按照使用性质可分为民用建筑工程、工业建筑工程、构筑物工程及其他建筑工程等。

②建筑工程按照组成结构可分为地基与基础工程、主体结构工程、建筑屋面工程、建筑装饰装修工程和室外建筑工程。

③建筑工程按照空间位置可分为地下工程、地上工程、水下工程、水上工程等。

2．民用建筑工程的分类

①民用建筑工程按用途可分为居住建筑、办公建筑、旅馆酒店建筑、商业建筑、居民服务建筑、文化建筑、教育建筑、体育建筑、卫生建筑、科研建筑、交通建筑、广播电影电视建筑等。

②居住建筑按使用功能不同可分为别墅、公寓、普通住宅、集体宿舍等，按照地上层数和高度分为低层建筑、多层建筑、中高层建筑、高层建筑和超高层建筑。

③办公建筑按地上层数和高度可分为单层建筑、多层建筑、高层建筑、超高层建筑。

④旅馆酒店建筑可分为旅游饭店、普通旅馆、招待所等。

⑤商业建筑按照用途可分为百货商场、综合商厦、购物中心、会展中心、超市、菜市场、专业商店等，按其建筑面积可分为大型商业建筑、中型商业建筑和小型商业建筑。

⑥居民服务建筑可分为餐饮用房屋，银行营业和证券营业用房屋，电信及计算机服务用房屋，邮政用房屋，居住小区的会所，以及洗染店、洗浴室、理发美容店、家电维修、殡仪馆等生活服务用房屋。

⑦文化建筑可分为文艺演出用房、艺术展览用房、图书馆、纪念馆、档案馆、博物馆、文化宫、游乐场馆、电影院（含影城）以及舞厅、歌厅等用房。文化建筑按其建筑面积可分为大型文化建筑、中型文化建筑和小型文化建筑。

⑧教育建筑可分为各类学校的教学楼、图书馆、实验室、体育馆、展览馆等教育用房。

⑨体育建筑可分为体育馆、体育场、游泳馆、跳水馆等。体育场按照规模可分为特大型体育场、大型体育场、中型体育场、小型体育场。

⑩卫生建筑可分为各类医疗机构的病房、医技楼、门诊部、保健站、卫生所、化验室、药房、病案室、太平间等房屋。

⑪交通建筑可分为机场航站楼，机场指挥塔，交通枢纽，停车楼，高速公路服务区用房，汽车、铁路和城市轨道交通车站的站房，港口码头建筑等工程。

⑫广播电影电视建筑可分为广播电台、电视台、发射台（站）、地球站、监测台（站）、广播电视节目监管建筑、有线电视网络中心、综合发射塔（含机房、塔座、塔楼等）等工程。

3．工业建筑工程的分类

①工业建筑工程可分为厂房（机房、车间）、仓库、附属设施等。

②仓库按用途可分为各行业企事业单位的成品库、原材料库、物资储备库、冷藏

库等。

③厂房（机房）包括各行业工矿企业用于生产的工业厂房和机房等，按照高度和层数可分为单层厂房、多层厂房和高层厂房；按照跨度可分为大型厂房、中型厂房、小型厂房。

4. 构筑物工程的分类

①构筑物工程可分为工业构筑物、民用构筑物和水工构筑物等。

②工业构筑物工程可分为冷却塔、观测塔、烟囱、烟道、井架、井塔、筒仓、栈桥、架空索道、装卸平台、槽仓、地道等。

③民用构筑物可分为电视塔（信号发射塔）、纪念塔（碑）、广告牌（塔）等。

④水工构筑物可分为沟、池、沉井、水塔等。

（三）建设工程项目的分类

项目是指在一定的约束条件（限定资源、质量和时间）下，具有完整的组织机构和特定目标的一次性事业。

在工程建设过程中，建设工程的立项报建、可行性研究、工程勘察与设计、工程招标与投标、建筑施工、竣工验收、工程咨询等通常以建设工程项目作为对象进行管理。

建设工程项目可以按以下不同标准进行分类。

1. 按建设性质分类

建设工程项目按建设性质可分为基本建设项目和更新改造项目。

（1）基本建设项目

基本建设项目，简称建设项目，是投资建设用于扩大生产能力或增加工程效益为主要目的的工程，包括新建项目、扩建项目、迁建项目、恢复项目。

①新建项目是指从无到有的新建设的项目。按现行规定，对原有建设项目重新进行总体设计，经扩大建设规模，其新增固定资产价值超过原有固定资产价值三倍的，也属新建项目。

②扩建项目是指现有企事业单位，为扩大生产能力或新增效益而增建的主要生产车间或其他工程项目。

③迁建项目是指现有企事业单位出于各种原因而搬迁到其他地点的建设项目。

④恢复项目是指现有企事业单位原有固定资产因遭受自然灾害或人为灾害等原因造成全部或部分报废，而后又重新建设的项目。

（2）更新改造项目

更新改造项目是指原有企事业单位为提高生产效益、改进产品质量等，对原有设备、工艺流程进行技术改造或固定资产更新，以及相应配套的辅助生产、生活福利等工程的有关工作。

2. 按项目规模分类

根据国家有关规定，基本建设项目可划分为大型建设项目、中型建设项目和小型建设项目；更新改造项目可划分为限额以上（能源、交通、原材料工业项目总投资 5000 万元以上，其他项目总投资 3000 万元以上）项目和限额以下项目两类。不同等级标准的建设工程项目，国家规定的审批机关和报建程序也不尽相同。

（四）建设项目的分类

建设项目，首先是一个投资项目，是指经过决策和实施的一系列程序，在一定的约束条件下，以形成固定资产为明确目标的一次性的活动，是按一个总体规划或设计范围内进行建设的，实行统一施工、统一管理、统一核算的工程，往往是由一个或数个单项工程所构成的总和，也称为基本建设项目。例如工业建设中的一座工厂、一个矿山，民用建设中的一所学校、一所医院、一个居民区等均为一个建设项目。

建设项目应满足下列要求：

①技术：满足在一个总体规划、总体设计或初步设计范围内。

②构成：由一个或几个相互关联的单项工程组成。

③每一个单项工程可由一个或几个单位工程组成。

④在建设过程中，经济上实行统一核算，行政上实行统一管理。

凡属于一个总体设计中分期分批建设的主体工程和附属配套工程、供水供电工程等都作为一个建设项目。按照一个总体设计和总投资文件，在一个场地或者几个场地上建设的工程，也属于一个建设项目。

建设项目可以按以下不同标准进行分类：

1. 按用途分类

建设项目按在国民经济各部门中的作用，可分为生产性建设项目和非生产性建设项目。

（1）生产性建设项目

是指直接用于物质生产或满足物质生产需要的建设项目。它包括工业、农业、林业、水利、交通、商业、地质勘探等建设工程。

（2）非生产性建设项目

是指用于满足人们物质文化需要的建设项目。它包括办公楼、住宅、公共建筑和其他建设工程项目。

2. 按行业性质和特点分类

建设项目按行业性质和特点可分为竞争性项目、基础性项目和公益性项目。

（1）竞争性项目

这类项目主要是指投资效益比较高、竞争性比较强的一般性建设项目。这类项目应以企业为基本投资对象，由企业自主决策、自担投资风险。

（2）基础性项目

这类项目主要是指具有自然垄断性、建设周期长、投资额大而收益低的基础设施和需要政府重点扶持的一部分基础工业项目，以及直接增强国力的符合经济规模的支柱产业项目。这类项目主要由政府集中必要的财力、物力，通过经济实体进行投资。

（3）公益性项目

这类项目主要包括科技、文教、卫生、体育和环保等设施，公、检、法等机关及政府机关、社会团体办公设施等。公益性项目的投资主要由政府财政资金来安排。

三、建设工程的组成和分解

（一）建设工程的组成

建设工程是一个复杂的系统工程，为了满足工程管理和工程成本经济核算的需要，合理确定和有效控制工程造价，可把整体、复杂的系统工程分解成小的、易于管理的组成部分。即将建设工程按照组成结构依次划分为单项工程、单位工程、分部工程和分项工程等层次。一个建设工程，可能包括许多单项工程、单位工程、分部工程、分项工程和子项工程。

1. 单项工程

单项工程是指具有独立设计文件，能够独立发挥生产能力、使用效益的工程，是建设项目的组成部分。它由多个单位工程构成。单项工程是一个独立的系统，如一个工厂的车间、实验楼，一所学校中的教学楼、图书馆等。

2. 单位工程

单位工程是指具备独立施工条件并能形成独立使用功能的建筑物及构筑物，是单项工程的组成部分，可分为多个分部工程。对于建筑规模较大的单位工程，可将其能形成独立使用功能的部分再分为几个子单位工程。例如，生产车间这个单项工程是由厂房建筑工程和机械设备安装工程等单位工程组成的。厂房建筑工程还可以细分为一般土建工程、水暖卫工程、电器照明工程和工业管道工程等子单位工程。

单位工程一般是进行工程成本核算的对象。

3. 分部工程

分部工程是指按工程的部位、结构形式的不同等划分的工程，是单位工程的组成部分，可分为多个分项工程。例如，建筑工程中包括土（石）方工程、桩与地基基础工程、砌筑工程、混凝土及钢筋混凝土工程、厂库房大门工程、特种门木结构工程、金属结构工程、屋面及防水工程等多个分部工程。

4. 分项工程

分项工程是指根据工种、构件类别、设备类别、使用材料不同划分的工程，是分部工程的组成部分。例如，混凝土及钢筋混凝土分部工程中的条形基础、独立基础、满堂基础、设备基础等都属于分项工程。

5. 子项工程

子项工程是分项工程的组成部分，是工程中最小的单元体。例如，砖墙分项工程可

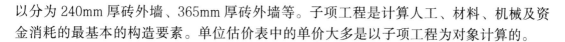

以分为240mm厚砖外墙、365mm厚砖外墙等。子项工程是计算人工、材料、机械及资金消耗的最基本的构造要素。单位估价表中的单价大多是以子项工程为对象计算的。

（二）建设工程的分解

建设工程可以有多种不同的分解方法，不同的标准对于建设工程的组成与分解有些差异，使用时要根据具体情况和要求加以区别。建设工程按自然属性分为建筑工程、土木工程和机电工程三大类。每一大类工程按照组成结构依次划分为工程类别、单项工程、单位工程和分部工程等层次，基本单元为分部工程。

建设工程按照组成结构依次分解为单位工程（子单位工程）、分部工程（子分部工程）、分项工程和检验批。

（三）建筑工程的组成与分解

建筑工程按照组成结构分解与组合可以有多种划分方法，考虑其施工过程和施工任务分配的方便性，建筑工程包括地基与基础工程、主体结构工程、建筑屋面工程、建筑装饰装修工程、建筑给排水及采暖工程、建筑电气工程、智能建筑工程、通风与空调工程、电梯工程共九个单位工程。室外工程包括室外建筑环境工程和室外安装工程两个单位工程。

为了确保单项工程或者单位工程按照自然属性规则分解或者复原，建筑工程包含地基与基础工程、主体结构工程、建筑屋面工程、建筑装饰装修工程、室外建筑工程。

四、工程建设项目的程序

建设程序是指建设项目从设想、选择、评估、决策、设计、施工到竣工验收及投入使用或生产的整个过程中，各环节及各项主要工作必须遵循的先后次序的法则。这个法则是人们在认识客观规律的基础上，按照建设项目发展的内在联系和发展过程制定的，在实际的操作过程中某些环节可以适当地交叉，但不能够随意颠倒。其核心思想是：先勘察、再设计、后施工。

（一）项目建议书阶段

项目建议书是建设单位向国家提出的要求建设某一具体项目的建议文件，即对拟建项目的必要性、可行性以及建设的目的、计划等进行论证并写成报告的形式。项目建议书一经批准即为立项，立项后可进行可行性研究。

（二）可行性研究阶段

可行性研究是对建设项目在技术上是否可行和经济上是否合理进行科学的分析和论证。它通过市场研究、技术研究、经济研究，进行多方案比较，提出最佳方案。可行性研究通过评审后，就可着手编写可行性研究报告。可行性研究报告是确定建设项目、编制设计文件的重要依据，必须有相当的深度和准确性，在建设程序中起主导地位。可行性研究报告一经批准即形成决策，是初步设计的依据，不得随意修改和变更。

（三）建设地点选择阶段

建设地点的选择，由主管部门组织勘察设计等单位和所在地有关部门共同进行。在综合研究工程地质、水文地质等自然条件，建设工程所需的水、电、运输条件和项目建成投产后原材料、燃料以及生产和工作人员的生活条件、生产环境等因素，在进行多方案比选后，提交选址报告。

（四）设计工作阶段

可行性研究报告和选址报告经批准后，建设单位或其主管部门可以委托或通过设计招标方式选择设计单位，由设计单位按可行性研究报告、设计任务书、设计合同中的有关要求进行设计。民用建筑工程一般分为方案设计（含投资估算）、初步设计（含设计概算）和施工图设计（含施工图预算）几个阶段。方案设计文件用于办理工程建设的有关手续，初步设计文件用于审批（包括政府主管部门和或建设单位对初步设计文件的审批），施工图设计文件用于施工。对于技术要求相对简单的民用建筑工程，当有关主管部门同意，且合同中没有做初步设计约定时，可在方案设计审批后直接进入施工图设计。大、中型建材工厂工程建设项目可分为初步设计和施工图设计两阶段设计。技术简单、方案明确的小型规模项目，可直接采用施工图设计。重大项目或技术复杂的项目，可根据需要增加技术设计或扩大初步设计阶段。

（五）建设准备阶段

项目在开工建设之前，要切实做好各项准备工作。该阶段进行的工作主要包括编制建设计划和年度建设计划；征地、拆迁；进行"三通一平"；组织材料、设备采购；组织工程招投标，择优选择施工单位、监理单位，签订各类合同；报批开工报告或办理建设项目施工许可证等。

（六）建设实施阶段

建设项目经批准开工建设，项目即进入建设实施阶段，项目新开工时间，是指建设项目设计文件中规定的任何一项永久性工程第一次正式破土开槽开始施工的日期，不需要开槽的工程，以建筑物组成的正式打桩作为正式开工。分期建设的项目分别按各期工程开工的时间填报。

（七）竣工验收阶段

建设项目按设计文件规定内容全部施工完成后，由建设项目主管部门或建设单位向负责验收单位提出竣工验收申请报告，组织验收。竣工验收是全面考核基本建设工作，检查是否符合设计要求和工程质量的重要环节，对清点建设成果、促进建设项目及时投产、发挥投资效益及总结建设经验教训，都有重要作用。

（八）项目后评估阶段

建设项目后评估是工程项目竣工投产并生产经营一段时间后，对项目的决策、设计、施工、投产及生产运营等过程进行系统评估的一种技术经济活动。通过建设项目后评估，达到总结经验、研究问题、吸取教训并提出建议、不断提高项目决策水平和投资效果的目的。

第二节　工程造价概述

一、建设项目总投资

投资是现代经济生活中最重要的内容之一，无论是政府、企业、金融组织或个人，作为经济主体，都在不同程度上以不同的方式直接或间接地参与投资活动。

投资是指投资主体为了特定的目的，以达到预期收益的价值垫付行为。广义的投资是指投资主体为了特定的目的，将资源投放到某项目以达到预期效果的一系列经济行为。其资源可以是资金也可以是人力、技术等，既可以是有形资产的投放，也可以是无形资产的投放，狭义的投资是指投资主体在经济活动中为实现某种预定的生产、经营目标而预先垫付资金的经济行为。

在其使用过程中不改变其实物形态的物质资料，如建筑物、机械设备等。在我国的会计实务中，固定资产的具体划分标准为：企业使用年限超过一年的建筑物、构筑物、机械设备、运输工具和其他与生产经营有关的工具、器具等资产均应视作固定资产；凡是不符合上述条件的劳动资料一般被称为低值易耗品，属于流动资产。

固定资产投资是指投资主体为了特定的目的，用于建设和形成固定资产的投资。按照我国现行规定，固定资产投资可划分为基本建设投资、更新改造投资、房地产开发投资和其他固定资产投资。其中基本建设投资主要用于新建、改建、扩建和重建项目的资金投入，是形成新增固定资产、扩大生产能力和工程效益的主要手段。更新改造投资是在保证固定资产简单再生产的基础上，通过以先进技术改造原有技术以实现固定资产扩大化再生产的资金投入，是固定资产再生的主要方式之一。房地产开发投资是房地产企业开发厂房、宾馆、写字楼、仓库和住宅等房屋设施和开发土地的资金投入。其他固定资产投资是按规定不纳入投资计划和用专项资金进行基本建设和更新改造的资金投入，它在固定资产投资中占的比例较小。

二、工程造价的含义与分类

工程造价通常是指工程建设预计或实际支出的费用。

（一）工程造价的含义

由于所处的角度不同，工程造价有不同的含义。

工程造价的第一种含义：从投资者（业主）的角度定义，工程造价是指建设一项工程预期开支或实际开支的全部固定资产投资费用。这里的"工程造价"强调的是"费用"的概念。投资者为了获得投资项目的预期效益，就需要对项目进行策划、决策及建设实施，直至竣工验收等一系列投资管理活动。在上述活动中所花费的全部费用，就构成了工程造价。从这个意义上讲，工程造价就是建设工程项目固定资产总投资。

工程造价的第二种含义：从市场交易的角度来分析，工程造价是指工程价格，即为建成一项工程，预计或实际在工程承包和发包交易活动中形成的建筑安装工程价格或建设工程总价格。这里的"工程造价"强调的是"价格"的概念。显然，第二种含义是以建设工程这种特定的商品作为交易对象，通过招标、投标或其他交易方式，在多次预估的基础上，最终由市场形成价格。这里的工程既可以是涵盖范围很大的一个建设项目，也可以是一个单项工程或者单位工程，甚至可以是整个建设工程中的某个阶段，如建筑安装工程、装饰装修工程，或者其中的某个组织部分。随着经济发展、技术进步、分工细化和市场的不断完善，工程建设中的中间产品也会越来越多，商品交换会更加频繁，工程价格的种类和形式也会更为丰富。

工程承发包价格是工程造价中一种重要的、较为典型的价格交易形式，是在建筑市场通过招标、投标，由需求主体（投资者）和供给主体（承包商）共同认可的价格。

工程造价的两种含义是对客观存在的概括。它们既相互统一，又相互区别，最主要的区别在于需求主体和供给主体在市场追求的经济利益不同。

区别工程造价的两种含义的理论意义在于，为投资者及以承包商为代表的供应商在工程建设领域的市场行为提供理论依据。当政府提出要降低工程造价时，是站在投资者的角度充当着市场需求主体的角色；当承包商提出要提高工程造价、获得更多利润时，是要实现一个市场供给主体的管理目标。这是市场运行机制的必然，由不同的利益主体产生不同的目标，不能混为一谈。区别工程造价的两种含义的现实意义在于，为实现不同的管理目标，不断充实工程造价的管理内容，完善管理方法，更好地为实现各自的目标服务，从而有利于推动全面的经济增长。

（二）工程造价的分类及形成

工程造价除具有一般商品的价格运动的共同特点之外，还具有"多次性"计价的特点。建设产品的生产周期长、规模大、造价高，需要按建设程序分阶段分别计算造价，并对其进行监督和控制，以防工程超支。例如，工程的设计概算和施工图预算，都是确定拟建工程预期造价的，而在建设项目竣工以后，为反映项目的实际造价和投资效果，还必须编制竣工决算。

建设项目的多次性计价特点决定了工程造价不是固定的、唯一的，而是随着工程的进行，逐步深化、逐步细化、逐步接近实际造价的。

1. 投资估算

投资估算是进行建设项目技术经济评价和投资决策的基础，在项目建议书、可行性研究、方案设计阶段应编制投资估算。投资估算一般是指在工程项目决策过程中，建设单位向国家计划部门申请建设项目立项或国家、建设主体对拟建项目进行决策，确定建设项目在规划、项目建议书等不同阶段的投资总额而编制的造价文件。通常采用投资估算指标、类似工程的造价资料等对投资需要量进行估算。

投资估算是可行性研究报告的重要组成部分，是进行项目决策、筹资、控制造价的主要依据。经批准的投资估算是工程造价的目标限额，是编制概预算的基础。

2. 设计概算

在初步设计阶段，根据初步设计的总体布置，采用概算定额、概算指标等编制项目的总概算。设计概算是初步设计文件的重要组成部分。经批准的设计概算是确定建设项目总造价、编制固定资产投资计划、签订建设项目承包合同和贷款合同的依据，也是控制建设项目贷款和施工图预算以及考核设计经济合理性的依据。

设计概算较投资估算准确，但受投资估算的控制。设计概算文件包括建设项目总概算、单项工程综合概算和单位工程概算。

3. 修正概算

在采用三阶段设计的技术设计阶段，根据技术设计的要求编制修正概算文件。它对设计总概算进行修正调整，比概算造价准确，但受概算造价控制。

4. 施工图预算

施工图预算是在施工图设计阶段，根据已批准的施工图，在施工方案（或施工组织设计）已确定的前提下，按照一定的工程量计算规则和预算编制方法编制的工程造价文件，它是施工图设计文件的重要组成部分。经发承包双方共同确认、管理部门审查批准的施工图预算，是签订建筑安装工程承包合同、办理建筑安装工程价款结算的依据。

5. 招标控制价

招标控制价是工程招标发包过程中，由招标人根据国家或省级、行业建设主管部门颁发的有关计价依据和办法，以及拟定的招标文件，结合工程具体情况编制的招标工程的最高投标限价，其作用是招标人用于确定招标工程发包的最高投标限价。

6. 合同价

在工程招投标阶段通过签订建设项目总承包合同、建筑安装工程承包合同、设备材料采购合同，以及技术和咨询服务合同所确定的价格。合同价是发承包双方根据市场行情共同认可的成交价格，但并不等于实际工程造价。对于一些施工周期较短的小型建设项目，合同价往往就是建设项目最终的实际价格。对于施工周期长、建设规模大的工程，由于施工过程中诸如重大设计变更、材料价格变动等情况难以事先预料，所以合同价还不是建设项目的最终实际价格。这类项目的最终实际工程造价，由合同各种费用调整后的差额组成。

按计价方式不同，建设工程合同有不同类型（总价合同、单价合同、成本加酬金合同），不同类型的合同，其合同价的内涵也有所不同。

7. 投标价

投标价是在工程招标发包过程中，由投标人按照招标文件的要求，根据工程特点，并结合自身的施工技术、装备和管理水平，依据有关计价规定自主确定的工程造价，它是投标人希望达成工程承包交易的期望价格。投标价不能高于招标人所设定的招标控制价。

8. 结算价

在合同实施阶段，对于实际发生的工程量增减、设备材料价差等影响工程造价的因素，按合同规定的调整范围及调整方法对合同价进行必要的调整，确定结算价。结算价是某结算工程的实际价格。

结算一般有定期结算、阶段结算和竣工结算等方式。它们是结算工程价款，确定工程收入，考核工程成本，进行计划统计、经济核算及竣工决算等的依据。竣工结算（价）是在承包人完成施工合同约定的全部工程内容，发包人依法组织竣工验收合格后，由发承包双方按照合同约定的工程造价条款，即已签约合同价、合同价款调整（包括工程变更、索赔和现场签证）等事项确定的最终工程造价。

9. 竣工决算

在工程项目竣工交付使用时，由建设单位编制竣工决算。竣工决算反映建设项目的实际造价和建成交付使用的资产情况。它是最终确定的实际工程造价的依据，是建设投资管理的重要环节，是财产交接、考核交付使用财产和登记新增财产价值的依据。

由此可见，工程的计价是一个由浅入深、由粗略到精确、多次计价、最后达到实际造价的过程。各阶段的计价过程之间是相互联系、相互补充、相互制约的关系，前者制约后者，后者补充前者。

（三）工程造价的相关概念

1. 静态投资与动态投资

静态投资是以某一基准年、月的建设要素的价格为依据计算出的建设项目投资的瞬时值。静态投资包括建筑安装工程费、设备及工器具购置费、工程建设其他费用、基本预备费等。

动态投资是指为完成一个工程项目的建设，预计投资需要量的总和。动态投资除包括静态投资外，还包括建设期贷款利息、涨价预备费等。动态投资概念符合市场价格运行机制，使投资的估算、计划、控制更加符合实际。

静态投资和动态投资密切相关。动态投资包含静态投资，静态投资是动态投资最主要的组成部分，也是动态投资的计算基础。

2. 经营性项目铺底流动资金

经营性项目铺底流动资金是指生产经营性项目为保证生产和经营正常进行，按其所需流动资金的30%作为铺底流动资金计入建设项目总投资，竣工投产后计入生产流动资金。

三、工程造价的特点与作用

（一）工程造价的特点

工程造价的特点是由建设项目的特点决定的。

1. 大额性

由于建设项目体积庞大，而且消耗的资源巨大，因此一个项目少则几百万元，多则数亿元乃至数百亿元。工程造价的大额性事关有关方面的重大经济利益，也使工程承受了重大的经济风险，同时也会对宏观经济的运行产生重大的影响。因此，应当高度重视工程造价的大额性特点。

2. 差异性和个别性

任何一项建设项目都有特定的用途、功能、规模，这导致了每一项建设项目的结构、造型、内外装饰等都会有不同的要求，直接表现为工程造价上的差异性。即使是相同的用途、功能、规模的建设项目，由于处在不同的地理位置或在不同的时间建造，其工程造价都会有较大差异。建设项目的这种特殊的商品属性，具有个别性的特点，即不存在两个完全相同的建设项目。

3. 动态性

建设项目从决策到竣工验收直到交付使用，都有一个较长的建设周期，而且由于来自社会和自然的众多不可控因素的影响，必然会导致工程造价的变动。例如，物价变化、不利的自然条件、人为因素等均会影响到工程造价。因此，工程造价在整个建设期内都处在不确定的状态之中，直到竣工结算审定后才能最终确定工程的实际造价。

4. 层次性

工程造价的层次性取决于建设项目的层次性。一个建设项目往往含有多个能够独立发挥设计效能的单项工程；一个单项工程又是由能够独立组织施工、各自发挥专业效能的单位工程组成的。与此相适应，工程造价可以分为建设项目总造价、单项工程造价和单位工程造价。单位工程造价还可以细分为分部工程造价和分项工程造价。

5. 兼容性

工程造价的兼容性特点是由其内涵的丰富性所决定的。工程造价既可以指建设项目的固定资产投资，也可以指建筑安装工程造价；既可以指招标项目的招标控制价，也可以指投标项目的报价。同时，工程造价的构成因素非常广泛、复杂，包括成本因素、建设用地支出费用、项目可行性研究和设计费用等。

（二）工程造价的作用

建设工程造价的作用是其职能的外延。工程造价涉及国民经济各部门、各行业，涉及社会再生产中的各个环节，也直接关系到人民群众的生活，所以它的作用范围和影响程度都很大。其作用主要表现在以下几方面：

1. 工程造价是建设项目决策的工具

建设工程投资大、生产和使用周期长等特点决定了建设项目决策的重要性。工程造价决定着建设项目的一次性投资费用。投资者是否有足够的财务能力支付这笔费用，是否认为值得支付这项费用，是项目决策中要考虑的主要问题。财务能力是一个独立的投资主体必须首先解决的。如果建设工程的造价超过投资者的支付能力，就会迫使投资者放弃拟建的项目；如果项目投资的效果达不到预期目标，投资者也会自动放弃拟建的工程。因此在建设项目决策阶段，建设工程造价就成为项目财务分析和经济评价的重要依据。

2. 工程造价是制订投资计划和控制投资的依据

投资计划是按照建设工期、工程进度和建设工程价格等逐年分月制订的。正确的投资计划有助于合理和有效地使用资金。

工程造价在控制投资方面的作用是非常明显的。工程造价通过各个建设阶段的预估，最终通过竣工结算确定下来。每一次工程造价的预估就是对其控制的过程，而每一次工程造价的预估又是下一次预估的控制目标，也就是说每一次工程造价的预估不能超过前一次预估的一定幅度，即前者控制后者，这种控制是在投资财务能力的限度内为取得既定的投资效益所必需的。建设工程造价对投资的控制也表现在利用制订各种定额、标准和造价要素等，对建设工程造价的计算依据进行控制。

3. 工程造价是筹措建设资金的依据

随着市场经济体制的建立和完善，我国已基本实现从单一·的政府投资到多元化投资的转变，这就要求项目的投资者有很强的筹资能力，以保证工程项目有充足的资金供应。工程造价决定r建设资金的需求量，从而为筹集资金提供了比较准确的依据。当建设资金来源于金融机构的贷款时，工程造价成为金融机构评价建设项目偿还贷款能力和放贷风险的依据，并根据工程造价来决策是否贷款以及确定给予投资者的贷款数量。

4. 工程造价是评价投资效果和考察施工企业技术经济水平的重要指标

建设工程造价是一个包含着多层次工程造价的体系，就一个工程项目来说，它既是建设项目的总造价，又包含单项工程的造价和单位工程的造价，同时也包含了单位生产能力的造价，或单位建筑面积造价等。它能够为评价投资效果提供多种评价指标，并能形成新的工程造价指标信息，为今后类似工程项目的投资提供参照指标。所有这些指标形成了工程造价自身的一个指标体系。工程造价水平也反映了施工企业的技术经济水平，如在投标过程中，施工单位的报价水平既反映了其自身的技术经济水平，同时也反映了其在建筑市场上的竞争能力。

5. 工程造价是调节利益分配和产业结构的手段

建设工程造价的高低，涉及国民经济中各部门和企业间的利益分配。在计划经济体制下，政府为了用有限的财政资金建成更多的工程项目，总是趋向于压低建设工程造价，使建设中的劳动消耗得不到完全补偿，价值不能得到完全实现，而未被实现的部分价值则被重新分配到各个投资部门，被项目投资者占有。这种利益的再分配有利于各产业部门按照政府的投资导向加速发展，也有利于按宏观经济的要求调整产业结构，但是也会严重损坏建筑企业的利益，造成建筑业萎缩和建筑企业长期亏损的后果，从而使建筑业的发展长期处于落后状态，与整个国民经济发展不相适应。在市场经济中，工程造价无一例外地受供求状况的影响，并在围绕价值的波动中实现对建设规模、产业结构和利益分配的调节。同时，工程造价作为调节市场供需的经济手段，调整着建筑产品的供需数量，这种调整最终有利于优化资源配置，有利于推动技术进步和提高劳动生产率。

四、工程造价计价

工程造价计价就是计算和确定工程项目的造价，简称工程计价，也称工程估价，是指工程造价人员在项目实施的各个阶段，根据各个阶段的不同要求，遵循计价的原则和程序，采用科学的计价方法，对投资项目最可能实现的合理价格做出科学的计算，从而确定投资项目的工程造价，编制工程造价的经济文件。

由于工程造价具有大额性、差异性、个别性、动态性、层次性及兼容性等特点，决定了工程造价计价具有以下特征：

（一）单件性计价特征

每个建设工程都有其专门的用途，所以其结构、面积、造型和装饰也不尽相同。即便是用途相同的建设工程，其技术水平、建筑等级、建筑标准等也有所差别，这就使建设工程的实物形态千差万别，再加上不同地区构成工程造价的各种要素的差异，最终导致建设工程造价的千差万别。因此，建设工程只能将每项工程按照其特定的程序单独计算其工程造价。

（二）多次性计价特征

建设工程周期长、规模大、造价高，因此按照基本建设程序必须分阶段进行，相应地也要在不同阶段进行多次计价，以保证工程造价计价的科学性。

（三）计价依据的复杂性特征

由于影响工程造价的因素较多，决定了计价依据的复杂性。计价依据主要可分为以下七类：

①设备和工程量计算依据，包括项目建议书、可行性研究报告、设计文件等。

②人工、材料、机械等实物消耗量计算依据，包括投资估算指标、概算定额、预算定额等。

③工程单价计算依据，包括人工单价、材料价格、材料运杂费、机械台班费等。

④设备单价计算依据，包括设备原价、设备运杂费、进口设备关税等。

⑤措施费间接费和工程建设其他费用计算依据，主要是指相关的费用定额和指标。

⑥政府规定的税费。

⑦物价指数和工程造价指数。

（四）组合性计价特征

由于建筑产品具有单件性、独特性、固定性、体积庞大等特点，因而其工程造价的计算要比一般商品复杂得多。为了准确地对建筑产品进行计价，往往需要按照工程的分部组合进行计价。

凡是按照一个总体设计进行建设的各个单项工程汇集的总体称为一个建设项目。反过来，可以把一个建设项目分解为若干个单项工程。一个单项工程可以分解为若干个分部工程，一个分部工程又可以分解为多个分项工程。在计算工程造价时，往往先计算各个分项工程的价格。依次汇总后，就可以汇总成各个分部工程、单位工程和单项工程的价格，最后汇总成建设工程总造价。

（五）计价方法的多样性特征

工程项目的多次计价有其各不相同的计价依据，每次计价的精确度要求也各不相同，由此决定了计价方法的多样性。例如，投资估算的方法有系数估算法、生产能力指数估算法等；设计概算的方法有概算定额法、概算指标法等。不同的方法有不同的适用条件，计价时应根据具体情况加以选择。

五、工程造价控制的原理

造价控制是项目控制的主要内容之一。造价控制遵循动态控制原理，并贯穿于项目建设的全过程。

（一）动态控制原理

造价控制的流程应每两周或一个月循环一次，主要内容包括以下几方面：
①分析和论证计划的造价目标值。
②收集发生的实际数据。
③比较造价目标值与实际值。
④制定各类造价控制报告和报表。
⑤分析造价偏差。
⑥采取造价偏差纠正措施。

（二）造价控制的目标

造价控制的目标需按工程建设分阶段设置，且每一阶段的控制目标值是相对而言的，随着工程建设的不断深入，造价控制目标也逐步具体和深化。具体来讲，投资估算应是进行设计方案选择和初步设计的造价控制目标；设计概算应是进行技术设计和施工图设计的造价控制目标；施工图预算、招标控制价、发承包双方的签约合同价应是施工阶段的造价控制目标。有机联系的各个阶段目标相互制约、相互补充，前者控制后者，后者补充前者，共同组成建设项目造价控制的目标系统。

（三）主动控制与被动控制相结合

在进行工程造价控制时，不仅需要经常运用被动的造价控制方法，更需要采取主动的和积极的控制方法，能动地影响建设项目的进展，时常分析造价发生偏离的可能性，采取积极和主动的控制措施，防止或避免造价发生偏差，将可能的损失降到最低。

（四）造价控制的措施

要有效地控制工程造价，应从组织、技术、经济等多个方面采取措施。从组织上采取措施，包括明确项目组织结构，明确造价控制者及其任务，以使造价控制有专人负责，明确管理职能分工；从技术上采取措施，包括重视设计多方案选择，严格审查监督初步设计、技术设计、施工图设计、施工组织设计、深入技术领域研究节约造价的可能性；从经济上采取措施，包括动态地比较造价的实际值和计划值，严格审核各项费用支出，采取节约造价的奖励措施等。技术措施与经济措施相结合，是控制工程造价最有效的手段。

（五）造价控制的重点

造价控制贯穿于工程建设的全过程，必须重点突出。建设项目的不同阶段对造价的影响程度是不同的，至初步设计结束，影响工程造价的程度从95%下降到75%；至技术设计结束，影响的程度从75%下降到35%；在施工图设计阶段，影响工程造价的程度从35%下降到10%；从项目开工至竣工，通过技术、组织措施节约工程造价的可能性只有5%～10%。

很明显，影响工程造价最大的阶段是项目决策和设计阶段，因此，工程造价控制的重点在于施工以前的项目决策和设计阶段，而在项目做出投资决策后，控制工程造价的关键就在于设计阶段，特别是初步设计阶段。但这并不是说其他阶段不重要，而是相对而言，设计阶段对工程造价的影响程度远远大于如采购阶段和施工阶段等其他阶段。在项目决策和设计阶段，节约造价的可能性最大。

（六）立足全生命周期的造价控制

建设项目全生命周期费用包括建设期的一次性投资和使用维护阶段的费用，两者之间一般存在此消彼长的关系。工程造价控制不能只着眼于建设期间直接投资，即只考虑一次投资的节约，还需要从全生命周期的角度审视造价控制问题，进行建设项目全生命周期的经济分析，在满足使用功能的前提下，使建设项目在整个生命周期内的总费用最低。

第三节　工程造价管理概述

一、工程造价管理的概念

工程造价管理是随着社会生产力的发展，商品经济的发展和现代管理科学的发展而产生和发展的。它是指运用科学、技术原理和经济、法律等管理手段，解决工程建设活动中的造价确定与控制、技术与经济、经营与管理等实际问题，力求合理使用人力、物力和财力，达到提高投资效益和经济效益的全方位、符合客观规律的全部业务和组织活动。

与工程造价的两种含义对应，工程造价管理也有两种含义：一是指建设工程投资费用的管理；二是指建设工程价格的管理。

①建设工程投资费用管理是指为了实现投资的预期目标，在拟定的规划、设计方案的条件下，预测、确定和监控工程造价及其变动的系统活动。建设工程投资费用管理属于投资管理范畴，它既涵盖了微观层次的项目投资费用管理，又涵盖了宏观层次的投资费用管理。

②建设工程价格管理属于价格管理范畴。在社会主义市场经济条件下，价格管理分为两个层次，即微观层次和宏观层次。在微观层次上，价格管理是指生产企业在掌握市场价格信息的基础上，为实现管理目标而进行的成本控制、计价、定价和竞价的系统活动。在宏观层次上，价格管理是指政府根据社会经济发展的要求，利用法律、经济和行政的手段对价格进行管理和调控，以及通过市场管理规范市场主体价格行为的系统活动。

国家对工程造价的管理，不仅承担一般商品价格的调控职能，而且在政府投资项目上也承担着微观主体的管理职能。这种双重角色的双重管理职能，是工程造价管理的一大特点。区分不同的管理职能，进而制定不同的管理目标，采用不同的管理方法是一种必然趋势。

二、我国工程造价管理的主要任务

工程造价管理的目标是按照经济规律的要求，根据市场经济的发展需要，利用科学的管理方法和先进的管理手段，合理地确定工程造价和有效地控制工程造价，以提高投资效益和建筑安装企业的经营效果。因此，必须加强工程造价的全过程动态管理，强化工程造价的约束机制，维护有关各方的经济利益，规范价格行为，促进微观效益和宏观效益的统一。

近年来，我国工程造价管理改革完善了政府宏观调控市场形成工程造价的机制，进一步加强了工程造价法律法规建设和工程造价信息化管理，规范了工程造价咨询业的管理等成绩，但还需从以下几个方面积极推进工程造价管理的改革：

（一）加快工程造价的法律法规及制度建设，强化工程造价监管职责

法律法规是进行工程造价管理的重要依据。因此要施行以下几点举措：①积极推动建筑市场管理相关条例和建设工程造价管理相关条例尽快出台，指导各地在政府投资工程中落实招标控制价、合同价和结算备案管理以及工程纠纷调解等制度；②尽快出台工程造价咨询企业及造价工程师监管相关实施办法，加大各级管理部门对工程造价咨询活动的监管力度，建立日常性的监督检查制度，按照要求，进一步提高资质、资格准入审核工作的质量，加大违法违规的清出力度；③加快造价咨询诚信体系建设，出台工程造价咨询企业信用信息档案相关管理办法，建立工程造价咨询诚信信息发布体系，健全违规处罚、失信惩戒和诚信激励的管理机制。

（二）加强工程计价依据体系的建设，发挥其权威性和支撑作用

在完善政府宏观调控下市场形成工程造价机制的建设中，工程计价标准、定额、指标信息等工程计价依据的及时发布，是引导和调控工程造价水平的重要手段，也是各级工程造价管理部门的重要职责。应更好地贯彻各专业工程工程量计算规范，改变以往"事后算总账"的概预算方式，积极推进"事前算细账"的工程量清单计价方式。坚持"政府宏观调控、企业自主报价、竞争形成价格、监管行之有效"的工程造价管理模式的改革方向，制定计价依据，使其反映工程实际，适应建筑市场发展的需要。

（三）深入推进标准定额工作

标准定额是支撑建设行业的重要基础，对工程质量安全和经济社会发展起着不可替代的作用。因此，要统筹兼顾城乡建设发展，完善标准定额的框架体系；要面向实际需求，优先编制住房保障、节能减排、城乡规划、村镇建设以及工程质量安全等方面的标准定额，坚持标准定额的先进性和适用性；要注重落实，加强宣传与培训，严格执行强制性标准，建立工程建设全过程标准实施的监管体系，建立专项检查制度；要完善标准规范，建立信息平台，增强标准与市场的关联度，积极提升公共服务水平。

（四）加强工程造价信息化建设进程，提高信息服务的能力和质量

工程造价信息化工作是提高工程造价管理水平的重要手段，是为政府和社会提供工程造价信息公共服务的重要措施。为了进一步加强工程造价信息化管理工作，相关部门明确了工程造价信息化管理的目标及管理分工，提出了做好信息化管理工作的要求：①要按照该要求做好相关工作；②将根据政府有关部门的要求，及时拓展工程造价指标的信息发布；③要尽快启动和开展地区建设工程项目综合造价指标的信息收集整理和发布工作，为有关部门核定相关项目投资提供参考标准。

（五）引导工程造价咨询业健康发展，净化咨询市场环境

积极引导工程造价咨询业健康发展，提高企业竞争力。应做到以下几点：①引导工

程造价咨询行业建立合理的工程造价咨询企业规模及其结构；加快推进工程造价咨询向建设工程全过程造价咨询服务发展；落实工程造价统计制度，继续做好相关统计报表及其分析工作，研究制定工程造价咨询行业发展战略。②规范管理，加强资质资格的动态监管，依据有关监管实施办法监管工程造价咨询企业及个人的资质资格标准和执业行为，进一步加强市场的准入和清出，净化执业环境。③制定发布有关工程造价咨询执业质量标准，提高工程造价咨询企业执业质量，保证工程造价咨询行业的公信度；开展工程造价咨询信用信息发布，引导企业加强自律，树立行业良好发展氛围，构建行政管理和行业自律管理协调配合的管理体系，引导造价咨询行业健康发展。

（六）加速培养造就一批高素质的造价师队伍

众所周知，一切竞争归根结底是人才的竞争，我国除了应在宏观调控、微观经营等方面有切实的准备措施和方案，也应在人才培养方面下功夫，工程造价管理要参与国际市场竞争，就必须拥有大量掌握国际工程造价操作理论与实务，技术综合能力强，有涉外知识，能面向国际市场，适应国际竞争，富于开拓精神，高素质外向型的复合人才。唯有这样的专业人才，才能控制工程造价，降低工程成本，提高经济效益。为此，除常规继续教育、学校培养、国内外交流等形式外，还应积极参与国际性或区域性工程造价组织的活动，有必要时可向 FIDIC 委员会、欧盟、世界银行、亚洲开发银行等国际组织要求技术援助，共同合作解决工程造价人才的重大课题。

（七）规范招投标制度，建立与国际惯例相适应的公开、公平、公正和诚信的竞争机制

工程招投标是我国建筑业和基本建设管理体制改革的主要内容，建设任务的分配引入竞争机制，使业主有条件择优选择承包商。工程招标使工程造价得到比较合理的控制，从根本上改变了长期以来"先干后算"造成的投资失控的局面。同时，在竞争中推动了施工企业的管理，施工企业为了自身的生存和发展，赢得社会信誉，增强了质量意识，提高了合同履约率，缩短了建设周期，较快地发挥了效益。我们要尽快建立健全与国际惯例相适应的公开、公平、公正和诚信的竞争机制，制定与国际运行规则和机制吻合的办法，来确保招投标这种做法的优势得以充分发挥，使工程造价管理更快走向科学化、规范化。

三、工程造价管理的目标、任务、对象和特点

（一）建设工程造价管理的目标

建设工程造价管理的目标是按照经济规律的要求，根据社会主义市场经济的发展形势，利用科学的管理方法和先进的管理手段，合理地确定造价和有效地控制造价，以提高投资效益和建筑安装企业的经营效果。

（二）建设工程造价管理的任务

建设工程造价管理的任务是加强工程造价的全过程动态管理，强化工程造价的约束机制，维护有关各方的经济利益，规范价格行为，促进微观效益和宏观效益的统一。

（三）建设工程造价管理的对象

建设工程造价管理的对象分客体和主体。客体是建设工程项目，而主体是业主或投资人（建设单位）、承包商或承建商（设计单位、施工单位、项目管理单位），以及监理、咨询等机构及其工作人员。对各个管理对象而言，具体的工程造价管理工作，其管理的范围、内容以及作用各不相同。

（四）建设工程造价管理的特点

建筑产品作为特殊的商品，具有建设周期长、资源消耗大、参与建设人员多、计价复杂等特征，相应地使得建设工程造价管理具有以下特点：

1. 工程造价管理的参与主体多

工程造价管理的参与主体不仅是建设单位项目法人，还包括工程项目建设的投资主管部门、行业协会、设计单位、施工单位、造价咨询机构等。具体来说，决策主管部门要加强项目的审批管理，项目法人要对建设项目从筹建到竣工验收全过程负责，设计单位要把好设计质量关和设计变更关，施工企业要加强施工管理。因而，工程造价管理具有明显的多主体性。

2. 工程造价管理的多阶段性

建设项目从可行性研究阶段开始，依次进行设计、招标投标、工程施工、竣工验收等阶段，每一个阶段都有相应的工程造价文件：投资估算、设计概预算、招标控制价或投标报价、工程结算、竣工决算。而每一个阶段的造价文件都有特定的作用，例如：投资估算价是进行建设项目可行性研究的重要参数；设计概预算是设计文件的重要组成部分；招标控制价或投标报价是进行招投标的重要依据；工程结算是承发包双方控制造价的重要手段；竣工决算是确定新增固定资产价值的依据。因此，工程造价的管理需要分阶段进行。

3. 工程造价管理的动态性

工程造价管理的动态性有两个方面：①工程建设过程中有许多不确定因素，如物价、自然条件、社会因素等，对这些不确定因素必须采用动态的方式进行管理；②工程造价管理的内容和重点在项目建设的各个阶段都是不同的、动态的。例如：在可行性研究阶段，工程造价管理的重点在于提高投资估算的编制精度以保证决策的正确性；招投标阶段要使招标控制价和投标报价能够反映市场；施工阶段要在满足质量和进度的前提下降低工程造价以提高投资效益。

4. 工程造价管理的系统性

工程造价管理具备系统性的特点，例如，投资估算、设计概预算、招标控制价、投标报价、工程结算与竣工决算组成了一个系统。因此，应该将工程造价管理作为一个系统来研究。用系统工程的原理、观点和方法进行工程造价管理，才能实施有效的管理，实现最大的投资效益。

四、工程造价管理的主要内容

工程造价管理由两个各有侧重、互相联系、相互重叠的工作过程构成，即工程造价规划过程（等同于投资规划、成本规划）与工程造价的控制过程（等同于投资控制、成本控制）。在建设项目的前期，以工程造价的规划为主；在项目的实施阶段，工程造价的控制占主导地位。工程造价管理是保障建设项目施工质量与效益、维护各方利益的手段。

（一）工程估价

在进行造价规划之前，首先要对一个建设项目进行估价。所谓工程估价，就是在工程建设的各个阶段，采用科学的计算方法，依据现行的计价依据及批准的设计方案或设计图等文件资料，合理确定建设工程的投资估算、设计概算、施工图预算。

（二）造价规划

在得到工程估价值之后，根据工作分解结构原理将工程造价细分，可以按照时间进行分解、按照组成内容进行分解、按照子项目进行分解，将造价落实到每一个子项目上，甚至每个责任人身上，从而形成造价控制目标的过程，这也是造价管理人员降低工程造价的过程。

（三）造价控制

建设项目造价控制是指在工程建设的各个阶段，采取一定的科学有效的方法和措施，把工程造价的发生控制在合理的范围和预先核定的造价限额以内，随时纠正发生的偏差，以保证工程造价管理目标的实现，以求在建设工程中能合理使用人力、物力、财力，取得较好的投资效益和社会效益。

建设项目管理的哲学思想如下：计划是相对的，变化是绝对的；静止是相对的，变化是绝对的。但这并非否定规划和计划的必要性，而是强调了变化的绝对性和目标控制的重要性。工程造价控制成功与否，很大程度上取决于造价规划的科学性和目标控制的有效性。

工程造价规划与控制之间存在着互相依存、互相制约的辩证关系，两者之间构成循环往复的过程。首先，造价规划是造价控制的目标和基础；其次，造价的控制手段和方法影响了造价规划的全过程，造价的确定过程也就是造价的控制过程；再次，造价的控制方法和措施构成了造价规划的重要内容，造价规划得以实现必须依赖造价控制；最后，造价规划与造价控制的最终目的是一致的，即合理使用建设资金，提高业主的投资效益。

五、工程造价管理的组织

工程造价管理的组织，是指为了实现工程造价管理目标而进行的有效组织活动，以及与造价管理功能相关的有机群体。从宏观管理的角度，有政府行政管理系统、行业协会管理系统；从微观管理的角度，有项目参与各方的管理系统。

（一）政府行政管理系统

政府对工程造价管理有一个严密的组织系统，设置了多层管理机构，规定了管理权限和职责范围。住房和城乡建设部标准定额司是国家工程造价管理的最高行政管理机构，它的主要职责是：

①组织制定工程造价管理有关法规、制度并组织贯彻实施。

②组织制定全国统一经济定额和部管行业经济定额的制定、修订计划。

③组织制定全国统一经济定额和部管行业经济定额。

④监督指导全国统一经济定额和部管行业经济定额的实施。

⑤制定工程造价咨询单位资质标准并监督执行，提出工程造价专业技术人员执业资格标准。

⑥管理全国咨询单位资质工作，负责全国甲级工程造价咨询单位的资质审定。

省、自治区、直辖市和行业主管部门的工程造价管理机构，在其管辖范围内行使管理职能；省辖市和地区的工程造价管理部门在所辖地区行使管理职能。其职责大体与国家住建部的工程造价管理机构相对应。

（二）行业协会管理系统

中国建设工程造价管理协会是我国建设工程造价管理的行业协会。目前，我国工程造价管理协会已初步形成三级协会体系，即中国建设工程造价管理协会，省、自治区、直辖市工程造价管理协会及工程造价管理协会分会。从职责范围上看，初步形成了宏观领导、中观区域和行业指导、微观具体实施的体系。

中国建设工程造价管理协会的主要职责如下：

①研究工程造价管理体制的改革、行业发展、行业政策、市场准入制度及行为规范等理论与实践问题。

②探讨提高政府和业主项目投资效益、科学预测和控制工程造价，促进现代化管理技术在工程造价咨询行业的运用，向国家行政部门提供建议。

③接受国家行政主管部门委托，承担工程造价咨询行业和造价工程师执业资格及职业教育等具体工作，研究工程造价咨询行业的职业道德规范、合同范本等行业标准，并推动实施。

④对外代表中国造价工程师组织和工程造价咨询行业与国际组织及各国同行组织建立联系与交往，签订有关协议，为会员开展国际交流与合作等对外业务服务。

⑤建立工程造价信息服务系统，编辑、出版有关工程造价方面的刊物和参考资料，组织交流和推广先进工程造价咨询经验，举办有关职业培训和国际工程造价咨询业务的

研讨活动。

⑥在国内外工程造价咨询活动中，维护和增进会员的合法权益，协调解决会员和行业间的有关问题，受理关于工程造价咨询执业违规的投诉，配合行政主管部门进行处理，并向政府部门和有关方面反映会员单位和工程造价咨询人员的建议和意见。

⑦指导协会各专业委员会和地方造价协会的业务工作。

⑧组织完成政府有关部门和社会各界委托的其他业务。

省、自治区、直辖市工程造价管理协会的职责如下：负责造价工程师的注册；根据国家宏观政策并在中国建设工程造价管理协会的指导下，针对本地区和本行业的具体实际情况制定有关制度、办法和业务指导。

（三）项目参与各方的管理系统

根据项目参与主体的不同，项目参与各方的管理系统可划分为业主方工程造价管理系统、承包方工程造价管理系统、中介服务方工程造价管理系统。

1. 业主方工程造价管理系统

业主对项目建设的全过程进行造价管理，其职责主要是：进行可行性研究、投资估算的确定与控制；设计方案的优化和设计概算的确定与控制；施工招标文件和招标控制价的编制；工程进度款的支付和工程结算及控制；合同价的调整；索赔与风险管理；竣工决算的编制等。

2. 承包方工程造价管理系统

承包方工程造价管理组织的职责主要有：投标决策，并通过市场研究，结合自身积累的经验进行投标报价；编制施工定额；在施工过程中进行工程施工成本的动态管理，加强风险管理、工程进度款的支付申请、工程索赔、竣工结算；加强企业内部的管理，包括施工成本的预测、控制与核算等。

3. 中介服务方工程造价管理系统

中介服务方主要有设计方与工程造价咨询方，其职责包括：按照业主或委托方的意图，在可行性研究和规划设计阶段确定并控制工程造价；采用限额设计以实现设定的工程造价管理目标；招投标阶段编制工程量清单、招标控制价，参与合同评审；在项目实施阶段，通过设计变更、索赔与结算的审核等工作进行工程造价的控制。

第二章 工程造价的计价

第一节 工程计价概述

一、工程计价的概念

工程计价是指按规定的程序、方法和依据，对工程建设项目及其对象，即各种建筑物和构造物的建造费用的计算，也就是工程造价的计算。

建设项目是兼具单件性与多样性的集合体。每一个建设项目的建设都需要按业主的特定需要进行单独设计、单独施工，不能批量生产和按整个项目确定价格，只能采用特殊的计价程序和计价方法，即将整个项目进行分解，划分为可以按有关技术经济参数测算价格的基本构造单元（如定额项目、清单项目），这样就可以计算出基本构造单元的费用。一般来说，分解结构层次越多，基本子项也越细，计算也更精确。

任何一个项目都可以分解为一个或几个单项工程，任何一个单项工程都是由一个或几个单位工程组成的。作为单位工程的各类建筑工程和安装工程是比较复杂的综合实体，还需要进一步分解。就建筑工程来说，可以按照施工顺序细分为土石方工程、地基处理与边坡支护工程、桩基工程、砌筑工程、混凝土及钢筋混凝土工程、金属结构工程、木结构工程、门窗工程、屋面及防水工程等分部工程。分解成分部工程后，从工程计价的角度，还需要把分部工程按照不同的施工方法，不同的构造及不同的规格，加以更为细致的分解，划分为更简单细小的部分，即分项工程。分解到分项工程后还可以根据需要进一步划分为定额项目或清单项目，这样就可以得到基本构造单元了。

工程计价的主要思路就是建设项目细分至最基本的构造单元，找到适当的计量单位及当时当地的单价，就可以采取一定的计价方法，进行分部组合汇总，计算出相应的工程造价。工程计价的基本原理就在于项目的分解与组合。

工程造价的计价可以分为工程计量和工程计价两个环节。

二、工程造价计价的特征

了解工程造价计价的特征，对工程造价的确定与控制是非常必要的。工程造价的特点，决定了工程计价的特征。

（一）计价的单件性

产品的单件性决定了每项工程都必须单独计算造价。工程项目生产过程的单件性及其产品的固定性，导致了其不能像一般商品那样统一定价。

每一项工程都有其专门的功能和用途，都是按不同的用户要求，不同的建设规模、标准、造型等，单独设计、单独生产的。即使用途相同，按同一标准设计和生产的产品，也会因其具体建设地点的水文地质及气候等条件不同，而在结构及其他方面有所变化，这就造成工程项目在建造过程中所消耗的活劳动和物化劳动差别很大，其价值也必然不同。为衡量其投资效果，就需要对每项工程产品进行单独定价。其次，每一项工程，其建造地点在空间上是固定不动的，这势必导致施工生产的流动性。施工企业必须在一个个不同的建设地点组织施工，各地不同的自然条件和技术经济条件使构成工程产品价格的各种要素变化很大，诸如地区材料价格、工人工资标准、运输条件等。

另外，工程项目建设周期长、程序复杂、环节多、涉及面广，在项目建设周期的不同阶段构成产品价格的各种要素差异较大，最终导致工程造价千差万别。总之，工程项目在实物形态上的差别和构成产品价格的要素的变化，使得工程产品不同于一般商品，不能统一定价，只能就各个项目，通过特殊的程序和方法单件计价。

（二）计价的多次性

建设工程周期长、规模大、造价高，需要按建设程序决策和实施，工程计价也需要在不同阶段多次进行，以保证工程造价计算的准确性和控制的有效性。多次计价是一个逐步深化、逐步细化和逐步接近实际造价的过程。

（三）计价的组合性

工程造价的计算是分步组合而成的。这一特征和建设项目的组合性有关。一个建设项目是一个工程综合体，它可以分解为许多有内在联系的工程。

从计价和工程管理的角度看，分部工程、分项工程还可以进一步分解。建设项目的组合性决定了确定概算造价和预算造价的逐步组合过程，同时也反映到合同价和结算价的确定过程中。工程造价的计算过程是：分部分项工程单价→单位工程造价→T 单项工程造价→建设项目总造价。

（四）计价方法的多样性

工程的多次计价有各不相同的计价依据，每次计价的精确度要求也各不相同，由此决定了计价方法的多样性。例如，投资估算的方法有设备系数法、生产能力指数估算法等；计算概预算造价的方法有单价法和实物法等。不同的方法有不同的适用条件，计价时应根据具体情况加以选择。

三、工程造价计价的依据

工程造价计价的依据是指计算工程造价的基础资料的总称，是进行工程造价科学管理的基础。工程造价计价的依据主要包括工程建设定额、工程造价指数和工程造价资料等，其中工程建设定额是工程造价计价的核心依据。

工程造价计价的依据是确定和控制工程造价的基础资料，它依照不同的建设管理主体，在不同的工程建设阶段，针对不同的管理对象，具有不同的作用。

（一）工程造价计价是编制计划的基本依据

无论是国家建设计划、业主投资计划、资金使用计划，还是施工企业的施工进度计划、年度计划、月旬作业计划以及下达生产任务单等，都是以计价依据来计算人工、材料、机械、资金等的需要数量，合理地平衡和调配人力、物力、财力等各项资源，以保证提高投资与企业经济效益，落实各种建设计划。

（二）工程造价计价是计算和确定工程造价的依据

工程造价的计算和确定必须依赖定额等计价依据。例如，估算指标用来计算和确定投资估算，概算定额用于计算和确定设计概算，预算定额用于计算和确定施工图预算，施工定额用于计算确定施工项目成本。

（三）工程造价计价是企业实行经济核算的依据

经济核算制是企业管理的重要经济制度，它可以促使企业以尽可能少的资源消耗，取得最大的经济效益，定额等计价依据是考核资源消耗的主要标准。如对资源消耗和生产成果进行计算、对比和分析，就可以发现改进的途径，并采取措施加以改进。

（四）工程造价计价有利于建筑市场的良好发育

工程造价的计价依据既是投资决策的依据，又是价格决策的依据。对于投资者来说，可以利用定额等计价依据有效地提高其项目决策的科学性，优化其投资行为；对于施工企业来说，定额等计价依据是施工企业适应市场投标竞争和企业进行科学管理的重要工具。

四、工程造价计价的程序

建设工程造价的计价程序，是进行建设工程造价的编制工作必须严格遵循的先后次序。在市场经济条件下，建设项目的发包和承包一般都是通过招标投标来实现的，因此以下将按照国际惯例，立足于招标投标的发承包方式来阐述工程造价的计价步骤。

（一）进行计价准备

市场经济条件下，工程造价的确定必然涉及工程发承包市场竞争态势、生产要素的市场行情、工程技术规范和标准、施工组织和技术、工料消耗标准和定额、合同形式和条款，以及金融、税收、保险等方面的问题。因此，做好计价准备是合理确定工程造价至关重要的前提和基础。在编制工程造价文件之前，必须组织建立由工程造价、工程技术、施工组织、商务金融、合同管理等方面的人员组成的工程计价工作机构，对招标文件及工程现场进行全面细致的研究和调查，从而保证工程造价的水平科学、合理、具有竞争力。

①研究招标文件。透彻研究招标文件，明确招标工程的范围、内容、特点、技术、经济、合同等方面的要求，才能使工程造价的编制满足招标人的要求，从而对招标文件做出正确回应。应重点研究的招标文件是：投标者须知、合同条件、技术规范、设计图和工程量清单等。

②工程现场调查。工程现场调查是个广义的概念，凡是不能直接从招标文件里了解和确定，而又对估价结果产生影响的因素，都要尽可能通过工程现场调查来了解和确定。

③确定影响计价的其他因素。建设工程造价的计算，除了要受招标文件规定、工程现场调查情况影响之外，还受许多其他因素的影响，其中最主要的是承包商制订的施工总进度计划、施工方法、分包计划、资源安排计划等对实施计划的影响。比如施工期的长短会直接影响工程成本的多少；施工方法的不同决定人工、材料、机械等生产要素费用的改变；分包商的实力和自身优势决定了总体报价的竞争能力；资源安排合理，对于保证施工进度计划的实现、保证工程质量和承包商的经济效益都有十分重要的意义。

（二）做好工程询价

进行工程询价是做好工程造价计算的基础性工作。询价的内容主要有以下几个方面。

1. 生产要素询价

（1）劳务询价

在工程当地雇用部分劳动力的比例，需要经过询价比较才能确定。在询价过程中，应了解工程当地劳动力市场的供求状态、各种技术等级工人的日工资标准、加班工资的计算方法、法定休息日天数、各种税金、保险费率，以及招雇和解雇费用标准，还必须了解雇佣工人的劳动生产率水平、工资变化的幅度、规律等。

（2）材料询价

材料的询价涉及材料市场可供材料的数量、原价、运输、货币、保险及有效期等各个方面，还涉及材料供应商、海关、税务等多个部门。如果在国际上承包工程，大量的材料需从当地或第三国采购，其中必然会涉及许多不同的买卖价格条件。这些条件又是依据材料的交付地点、方法及双方应承担的责任和费用来划分的。这些属于国际贸易的基本常识，是建筑工程材料询价人员必须掌握的。询价人员在初步研究项目的施工方案后，应立即发出材料询价单，催促材料供应商及时报价，注重当地材料市场所供材料价格变化的幅度、规律等，并将从各种渠道询价得到的材料报价及其他有关资料加以汇总整理，对从不同经销部门所得到的同种材料的全部资料进行比较分析，选择合适、可靠的材料供应商，为正确确定材料的计价标准打好基础。

（3）施工机械设备询价

对于在工程施工中使用的大型机械设备，专门采购与在当地租赁所需的费用会有较大的差别。因此，在计价前有必要进行施工机械设备的询价。对必须租赁的施工机械设备，需明确当地机械租赁市场的供求状态，价格行情，价格变化的幅度、规律，计价方法等；对必须采购的机械设备，可向供应厂商询价，机械设备的询价方法与材料询价方法基本一致。

2. 分包询价

分包是指总承包商委托另一承包商为其实施部分合同标的工程。分包工程报价的高低，必然会对总包的工程计价产生一定影响。因此，总包人在估价前应认真进行分包询价。

综上所述，询价的范围非常广泛，对于国际工程还要涉及政治、经济、法律、社会和自然条件等方面的内容，内容复杂，需要询价人员做大量细致的工作，以保证询价结果的准确、客观。

（三）确定计价标准

建设工程造价的计算必须依据各种相关的标准。应在工程询价的基础上，根据企业的劳动生产率水平及对市场行情的分析、预测、判断，认真且慎重地选用或确定工程的计价标准。工程的计价标准主要包括以下几方面：

1. 实物定额

实物定额是完成建设工程一定计量单位的分部分项工程或结构构件必需的人工、材料、施工机械的实物消耗量标准，即完成合格的假定建筑安装工程单位产品所需的生产要素消耗量指标。

2. 单价指标

单价指标是建设工程造价计算必需的货币指标。常用的单价指标有：

（1）工资单价

工资单价是建设工程实施过程中所需消耗人工的日工资标准，即某等级的建筑安装工人一个工作日的劳动报酬标准。工资单价是建设工程造价中人工费计算的重要依据。

（2）材料（工程设备）单价

材料（工程设备）单价是工程实施中所需消耗的各种材料或设备由供应点运到工地仓库或现场存放地点后的出库价格。材料（工程设备）单价是工程造价中材料费、设备费计算的重要依据。

（3）施工机械台班（或台时）单价

施工机械台班单价是建设工程实施过程中使用施工机械，在一个台班（或台时）中所需分摊和支出的费用标准。施工机械台班单价是建设工程造价中施工机械费计算的重要依据。

（4）分项工程工料单价（定额基价）

分项工程工料单价是完成一定计量单位值的分项工程（或结构构件）所需人工费、材料费、施工机具使用费的货币指标。分项工程工料单价是计算工程所需人工费、材料费、施工机具使用费的重要依据。

（5）工程综合单价

工程综合单价是国内现阶段施行工程量清单计价招投标时，投标人自主确定的完成一定计量单位值的分项工程或结构构件、单价措施项目等所需的人工费、材料费、施工机具使用费、企业管理费、一定范围的风险费和利润指标。工程综合单价是计算分部分项工程费、措施项目费、其他项目费的重要依据。

（6）分项工程单价

分项工程单价是涉外工程或国际工程计价中，投标人自主确定的完成一定计量单位的分项工程或结构构件所需的完整价格指标。它由完成该分项工程或结构构件的全部工程成本和盈利构成。分项工程单价是工程市场价格计算的重要依据。

（7）平方米建筑面积单价

平方米建筑面积单价是房屋建筑每 1m2 建筑面积的完整价格指标。它由完成该建筑物每 1m2 建筑面积所需的全部工程成本和盈利构成。平方米建筑面积单价是商品房价格、建筑面积包干价格等形式的工程造价计算的重要依据。

3. 计价百分率

指标计价百分率指标是指工程造价中除人工费、材料费、施工机具使用费之外的其他造价因素计算的百分率指标，主要包括企业管理费率、措施费率、规费费率、利润率、税率等。计价百分率指标是建设工程造价中相关成本和盈利计算必需的又一类重要依据。

（四）估算工程量

工程量是以物理计量单位或自然计量单位表示的分项工程或结构构件的数量。工程量是影响建设工程造价的重要因素之一。

（五）计算工程造价

我国的工程造价计算具有复合性的特点，工程产品的工程造价计价程序如下：从分项工程计价入手，计算出单位工程造价——建筑安装工程费；计算工程建设其他费用；再综合单项工程所含各单位工程造价计算单项工程造价（若为一个单项工程时需综合为其发生的工程建设其他费用）；最后汇总各单项工程综合造价和工程建设其他费用，最终得到建设工程总造价。

五、工程计价的基本方法和模式

（一）工程计价的基本方法

工程计价的形式和方法有多种，它们各不相同，但工程计价的基本过程和原理是相同的。工程计价的基本方法是成本加利润。无论是估算造价、概算造价、预算造价还是标底和投标报价，其基本方法都是成本加利润。但对于不同的计价主体，成本和利润的内涵是不同的。对于政府而言，成本反映的是社会平均水平，利润水平也是社会平均利润水平。对于业主而言，成本和利润则是考虑了建设工程的特点、建筑市场的竞争状况以及物价水平等因素确定的。业主的计价既反映了其投资期望，也反映了其在拟建项目上的质量目标和工期目标。对于承包商而言，成本则是其技术水平和管理水平的综合体现，承包商的成本属于个别成本，具有社会平均先进水平。

（二）工程计价的模式

工程造价计价有定额计价模式和工程量清单计价模式两种计价模式。

1. 定额计价模式

建设工程定额计价是我国长期以来在工程价格形成中采用的计价模式。在计价中以定额为依据，按定额规定的分部分项子目，逐项计算工程量，套用定额单价（或单位估价表）确定直接费，然后按规定的取费标准确定构成工程价格的其他费用和利税，获得建筑安装工程造价。

长期以来，我国发承包计价以工程概预算定额为主要依据。因为工程概预算定额是我国几十年计价实践的总结，具有一定的科学性和实践性，所以用这种方法计算和确定工程造价过程简单、快速、比较准确，有利于工程造价管理部门的管理。

2. 工程量清单计价模式

工程量清单计价模式，是在建设工程招投标中，按照国家统一的工程量清单计价规范，招标人或其委托的有资质的咨询机构编制反映工程实体消耗和措施消耗的工程量清单，并作为招标文件的一部分提供给投标人，由投标人依据工程量清单，根据各种渠道所获得的工程造价信息和经验数据，结合企业定额自主报价的计价方式。

由于工程量清单计价模式需要比较完善的企业定额体系以及较好的市场化环境，短期内难以全面铺开。因此，目前我国建设工程造价实行"双轨制"计价管理办法，即定额计价法和工程量清单计价法同时实行。工程量清单计价作为一种市场价格的形成机制，主要适用于项目发承包及实施阶段。

（三）定额计价方法与清单计价方法

1. 定额计价的基本方法与程序

我国在很长一段时间内采用单一的工程定额计价模式形成工程价格，即按预算定额规定的分部分项子目，逐项计算工程量，套用预算定额单价（或单位估价表）确定直接工程费，然后按规定的取费标准确定措施费、间接费、利润和税金，加上材料调差系数和适当的不可预见费，经汇总后即为工程预算或控制价，工程控制价则作为评标定标的主要依据。

以预算定额单价法确定工程造价，是我国采用的一种与计划经济相适应的工程造价管理制度。工程定额计价模式实际上是国家通过颁布统一的计价定额或指标，对建筑产品价格进行有计划的管理。国家以假定的建筑安装产品为对象，制定统一的预算和概算定额，计算出每一个单元子项的费用后，再综合形成整个工程的价格。

编制建设工程造价最基本的过程有两个：工程量计算和工程计价。为统一口径，工程量计算均按照统一的项目划分和工程量计算规则进行，工程量确定以后，即可按照一定的方法确定工程的成本及盈利，最终就可以确定工程预算造价（或投标报价）。定额计价方法的特点就是域与价的结合。概预算单位价格的形成过程，就是依据概预算定额所确定的消耗量乘以定额单价或市场价，经过不同层次的计算达到量与价的最优结合过程。

2. 工程量清单计价的基本方法与程序

工程量清单计价的基本方法是：在统一的工程最清单项目设置的基础上，制订工程量清单计量规则，根据具体工程的施工图计算出各个清单项目的工程量，再根据各种渠道所获得的工程造价信息和经验数据计算得到工程造价。

从工程量清单计价的编制过程可分为两个阶段：工程量清单的编制和利用工程量清单来编制投标报价（或招标控制价）。投标报价是在业主提供的工程量计算结果的基础上，根据企业自身所掌握的各种信息、资料，结合企业定额进行编制的。

（四）工程定额计价方法与工程量清单计价方法的联系

工程造价的计价就是指按照规定的计算程序和方法，用货币的数量表示建设项目（包括拟建、在建和已建的项目）的价值。无论是工程定额计价方法还是工程量清单计价方法，它们的工程造价计价原理是相同的，都是一种自下而上的分部组合计价方法。

工程造价计价的主要思路都是将建设项目细分至最基本的构成单位（如分项工程），用其工程量与相应单价相乘后汇总，即为整个建设工程的造价。

第二节　工程定额

一、工程定额概述

工程定额是完成规定计量单位的合格建筑安装产品所消耗资源的数量标准。工程定额是一个综合概念，是建设工程造价计价和管理中各类定额的总称，包括许多种类的定额，可以按照不同的原则和方法对它进行分类。

（一）按定额反映的生产要素消耗内容分类

1. 劳动消耗定额

劳动消耗定额简称劳动定额（也称为人工定额），是在正常的施工技术和组织条件下，完成规定计量单位合格的建筑安装产品所消耗的人工工日的数量标准。劳动定额的主要表现形式是时间定额，但同时也表现为产量定额。时间定额与产量定额互为倒数。

2. 材料消耗定额

材料消耗定额简称材料定额，是指在正常的施工技术和组织条件下，完成规定计量单位合格的建筑安装产品所消耗的原材料、成品、半成品、构配件、燃料，以及水、电等动力资源的数量标准。

3. 机械消耗定额

机械消耗定额是以一台机械一个工作班为计量单位，所以又称为机械台班定额。机械消耗定额是指在正常的施工技术和组织条件下，完成规定计量单位合格的建筑安装产品所消耗的施工机械台班的数量标准。机械消耗定额的主要表现形式是时间定额，同时也以产量定额表现。

（二）按定额的编制程序和用途分类

1. 施工定额

施工定额是完成一定计量单位的某一施工过程或基本工序所需消耗的人工、材料和机械台班数量标准。施工定额是施工企业（建筑安装企业）组织生产和加强管理在企业内部使用的一种定额，属于企业定额的性质。施工定额是以某一施工过程或基本工序作为研究对象，表示生产产品数量与生产要素消耗综合关系编制的定额。为了适应组织生产和管理的需要，施工定额的项目划分很细，是工程定额中划分最细、定额子目最多的一种定额，也是工程定额中的基础性定额。

2. 预算定额

预算定额是完成单位合格扩大分项工程或扩大结构构件所需消耗的人工、材料、施工机械台班数量及其费用标准。预算定额是一种计价性定额，从编制程序上看，预算定额是以施工定额为基础综合扩大编制的，同时它也是编制概算定额的基础。

3. 概算定额

概算定额是完成单位合格扩大分项工程或扩大结构构件所需消耗的人工、材料和施工机械台班的数量及其费用标准，是一种计价性定额。概算定额是编制扩大初步设计概算、确定建设项目投资额的依据。概算定额的项目划分粗细，与扩大初步设计的深度相适应，一般是在预算定额的基础上综合扩大而成的，每一综合分项概算定额都包含了数项预算定额。

4. 概算指标

概算指标是以单位工程为对象，反映完成一个规定计量单位建筑安装产品的经济消耗定额。概算指标是概算定额的扩大与合并，以更为扩大的计量单位来编制的。概算指标的内容包括人工、机械台班、材料定额三个基本部分，同时还列出了各结构分部的工程量及单位建筑工程（以体积计或面积计）的造价，是一种计价定额。

5. 投资估算指标

投资估算指标是以建设项目、单项工程、单位工程为对象，反映建设总投资及其各项费用构成的经济指标。它是在项目建议书和可行性研究阶段编制投资估算、计算投资需要量时使用的一种定额。它的概略程度与可行性研究阶段相适应。往往根据历史的预、决算资料和价格变动等资料编制，但其编制基础仍然离不开预算定额、概算定额。

（三）按照专业划分

由于工程建设涉及众多的专业，不同的专业所含的内容也不同，因此就确定人工、材料和机械台班消耗数量标准的工程定额来说，也需按不同的专业分别进行编制和执行。

①建筑工程定额按专业对象分为建筑及装饰工程定额、房屋修缮工程定额、市政工程定额、铁路工程定额、公路工程定额、矿山井巷工程定额等。

②安装工程定额按专业对象分为电气设备安装工程定额、机械设备安装工程定额、热力设备安装工程定额、通信设备安装工程定额、化学工业设备安装工程定额、工业管道安装工程定额、工艺金属结构安装工程定额等。

（四）按主编单位和管理权限分类

①全国统一定额是由国家建设行政主管部门综合全国工程建设中技术和施工组织管理的情况编制，并在全国范围内适用的定额。

②行业统一定额是考虑到各行业部门专业工程技术特点，以及施工生产和管理水平编制的。一般是只在本行业和相同专业性质的范围内使用。

③地区统一定额包括省、自治区、直辖市定额。地区统一定额主要是考虑地区性特

点和全国统一定额水平做适当调整和补充编制的。

④企业定额是施工单位根据本企业的施工技术、机械装备和管理水平编制的人工、施工机械台班和材料等的消耗标准。企业定额在企业内部使用，是企业综合素质的一个标志。企业定额水平一般应高于国家现行定额，才能满足生产技术发展、企业管理和市场竞争的需要。在工程量清单计价方式下，企业定额作为施工企业进行建设工程投标报价的计价依据，正发挥着越来越大的作用。

⑤补充定额是指随着设计、施工技术的发展，现行定额不能满足需要的情况下，为了补充缺陷所编制的定额。补充定额只能在指定的范围内使用，可以作为以后修订定额的基础。

上述各种定额虽然适用于不同的情况和用途，但是它们是一个互相联系的、有机的整体，在实际工作中配合使用。下面仅针对部分定额进行详细讲解。

二、施工定额概述

施工定额，是国家建设行政主管部门编制的建筑安装工人或劳动小组在合理的劳动组织与正常的施工条件下，完成一定计量单位值的合格建筑安装工程产品所必需的人工、材料和施工机械台班消耗量的标准。

施工定额是施工企业考核劳动生产率水平、管理水平的重要标尺和施工企业编制施工组织设计、组织施工、管理与控制施工成本等项工作的重要依据。施工定额现仍由国家建设行政主管部门统一编制，包括人工定额、材料消耗定额和机械台班使用定额三个分册。

（一）人工定额

1. 工时消耗研究

工作时间是指工作班的延续时间。研究施工中的工作时间最主要的目的是确定施工的时间定额或产量定额，其前提是按照时间消耗的性质对工作时间进行分类，以便研究工时消耗的数量及其特点。

（1）工人工作时间分析

工人工作时间从定额编制的角度，按其消耗的性质，可以分为必须消耗的时间和损失时间。

①必须消耗的时间。必须消耗的时间是指劳动者在正常施工条件下，完成单位合格产品所必须消耗的工作时间，它是制定定额的主要根据，包括有效工作时间、不可避免中断时间和休息时间。

A.有效工作时间。它是指与产品生产直接有关的工作时间消耗，包括基本工作时间、辅助工作时间、准备和结束工作时间。基本工作时间是直接完成产品的施工工艺过程所消耗的时间。通过这些工艺过程可以使产品材料直接发生变化，如混凝土制品的养护干燥等。辅助工作时间是为保证基本工作能顺利完成所消耗的时间，它与作业过程中的技术作业没有直接关系。准备和结束工作时间是执行任务前或任务完成后所消耗的工作时间，如工作地点、劳动工具的准备工作时间；工作结束后的整理时间等。

B.休息时间。它是工人在工作过程中为恢复体力所必需的短暂休息和生理需要的时间消耗。休息时间的长短和工作性质、劳动强度、劳动条件有关。

C.不可避免的中断时间。它是由于施工工艺特点引起的工作中不可避免的中断时间，应尽量缩短此项时间的消耗。

②损失时间。损失时间是与产品生产无关，而与施工组织和技术上的缺陷有关，与工人在施工过程的个人过失或某些偶然因素有关的时间消耗，包括多余和偶然工作的工作时、停工时间、违反劳动纪律损失的时间。

A.多余和偶然工作的工作时间。它是不能增加产品数量的工作。其工时损失一般是由于工程技术人员和工人的差错引起的，因此，不应计入定额时间中。但偶然工作能够获得一定产品，拟定定额时要适当考虑其影响。

B.停工时间。它是工作班内停止工作造成的工时损失。停工时间按其性质可分为施工本身造成的停工时间和非施工本身造成的停工时间两种。施工本身造成的停工时间是由于施工组织不善、材料供应不及时、工作面准备工作做得不好等情况引起的停工时间；而后者是由于水源、电源中断引起的停工时间。前一种情况在拟定定额时不能计算，后一种情况定额中则应给予合理考虑。

C.违反劳动纪律损失的时间。它是指工人不遵守劳动纪律造成的工时损失以及个别工人违反劳动纪律而影响其他工人无法工作的时间损失。此项工时损失在定额中是不能考虑的。

（2）机械工作时间分析

机械工作时间的消耗也分为必须消耗的时间和损失时间两大类。

①必须消耗的时间。必须消耗的时间包括有效工作时间、不可避免的无负荷工作时间和不可避免的中断时间。

A.有效工作时间消耗中包括正常负荷下的工作时间、有根据地降低负荷下的工作时间。正常负荷下的工作时间是与机器说明书规定的计算负荷相符的情况下机器进行工作的时间。有根据地降低负荷下的工作时间，是在个别情况下由于技术上的原因，机器在低于其计算负荷下的工作时间。

B.不可避免的无负荷工作时间，是由施工过程的特点和机械结构的特点造成的机械无负荷工作时间。

C.不可避免的中断工作时间又可以进一步分为三种。第一种是与工艺过程特点有关的中断时间，有循环的和定期的两种。循环的不可避免中断，是在机械工作的每一个循环中重复一次，如汽车装货和卸货时的停车定期的不可避免中断，是经过一定时期重复一次，如把机械由一个工作地点转移到另一个工作地点时的工作中断。第二种是与机械有关的中断时间，是由于工人进行准备与结束工作或辅助工作时，机械停止工作而引起的中断工作时间。它是与机械的使用与保养有关的不可避免中断时间。第三种是工人休息时间，是工人必需的休息时间，应尽量利用不可避免中断时间作为休息时间，以充分利用工作时间。

②损失时间。损失时间包括多余工作时间，停工时间、违反劳动纪律损失的时间和低负荷下的工作时间。

A.机械的多余工作时间是指机械进行任务内和工艺过程内未包括的工作而延续的时间。

B.机械的停工时间，按性质可分为施工本身造成和非施工本身造成的停工。前者是由于施工组织不当而引起的停工现象，如未及时供给机械燃料而引起的停工；后者是由于气候条件所引起的停工现象，如遇暴雨使压路机停工。

C.违反劳动纪律损失的时间，是指由于工人迟到、早退或擅离岗位等原因引起的机械停工时间。

D.低负荷下的工作时间，是指由于工人或技术人员的过失所造成的施工机械在降低负荷的情况下工作的时间。此项工作时间不能作为计算时间定额的基础。

2. 人工定额消耗量的编制

人工定额，也称劳动定额。它是在正常的施工技术组织条件下，完成单位合格建筑安装工程产品所需的劳动消耗量标准。这个标准是国家和企业对工人在单位时间内完成产品数量、质量的综合要求。劳动定额有时间定额和产量定额两种表现形式。

（1）时间定额

时间定额是某种专业、某种技术等级工人班组或个人，在合理的劳动组织与合理使用材料的条件下，完成单位合格产品所必需的工作时间，包括准备与结束时间、基本生产时间、辅助生产时间、不可避免的中断时间及工人必需的休息时间等。

（2）产量定额

产量定额是某种专业、技术等级的工人班组或个人在单位工作日中所应完成合格产品的数量。计量单位有米、平方米、立方米、吨、块、根、件、扇等。

人工定额按标定对象的不同，又分为单项工序定额和综合定额两种。综合定额是完成同一产品中的各单项（工序或工种）定额的综合。按工序综合的用"综合"表示；按工种综合的一般用"合计"表示。

时间定额和产量定额都表示同一劳动定额项目，它们是同一劳动定额项目的两种不同的表现形式。时间定额以"工日"为单位，综合计算方便，时间概念明确。产量定额则以"产品数量"为单位表示，具体、形象，劳动者的奋斗目标一目了然，便于分配任务。人工定额采用复式表，横线上为时间定额，横线下为产量定额，便于选择使用。

3. 人工定额的编制

编制人工定额主要包括拟定正常的施工作业条件和拟定施工作业的定额时间两项工作。

①拟定正常的施工作业条件，即规定执行定额时应该具备的条件。正常条件若不能满足，则无法达到定额中的劳动消耗量标准。正确拟定正常施工作业条件有利于定额的

顺利实施。拟定施工作业正常条件包括施工作业的内容、施工作业的方法、施工作业地点的组织、施工作业人员的组织等。

②拟定施工作业的定额时间，即通过时间测定方法，得出基本工作时间、辅助工作时间、准备与结束时间、不可避免的中断时间及休息时间等的观测数据，拟定施工作业的定额时间。得到时间定额后，再导出产量定额。计日时测定的方法主要包括测时法、写时记录法、工作日写实法等。

（二）材料定额

1. 材料消耗定额的概念

材料消耗定额，是在合理、节约使用材料的条件下，完成单位合格建筑安装工程产品所需消耗的一定规格的材料、成品、半成品和水、电等资源的数量标准。定额材料消耗指标针对主要材料和周转性材料编制。

2. 材料消耗定额的编制

（1）主要材料消耗定额的编制

主要材料消耗定额应包括材料净用量和在施工中不可避免的合理损耗量。

①材料净用量（理论量）的确定。材料净用量的确定，一般常用理论计算法、测定法、图纸计算法、经验法等方法。

②材料损耗量的确定。材料损耗量多采用材料的损耗率进行计算。

（2）周转性材料消耗定额的编制

影响周转性材料消耗的因素：制造时的材料消耗（一次使用量）；每周转使用一次材料的损耗（第二次使用时需要补充）；周转使用次数；周转材料的最终回收及其回收折价。

（三）机械台班定额

1. 机械台班使用定额的概念

机械台班使用定额，是规定施工机械在正常的施工条件下，合理均衡地组织劳动和使用机械时，完成一定计量单位值的合格建筑安装工程产品所必需的该机械的台班数量标准。机械台班定额反映了某种施工机械在单位时间内的生产效率。机械台班使用定额按其表现形式不同，可分为时间定额和产量定额。机械时间定额和机械产量定额互为倒数关系。

（1）机械时间定额

是指在合理劳动组织与合理使用机械条件下，完成单位合格产品所必需的工作时间，包括有效工作时间（正常负荷下的工作时间和降低负荷下的工作时间）、不可避免的中断时间、不可避免的无负荷工作时间等。机械时间定额以"台班"表示，即一台机械工作一个作业班的时间。一个作业班的时间为8小时。

（2）机械产量定额

是指在合理劳动组织与合理使用机械条件下，机械在每个台班时间内应完成合格产品的数量。

2. 机械台班使用定额的编制

首先要先确定施工机械台班使用定额的工作内容，其次计算机械台班使用定额。

（1）确定施工机械台班使用定额的主要工作内容

①拟定机械工作的正常施工条件，包括工作地点的合理组织，施工机械作业方法的拟定。

②确定配合机械作业的施工小组的组织及机械工作班制度等。

③确定机械净工作率，即确定机械纯工作1小时的正常劳动生产率。

④确定机械利用系数。机械利用系数是指机械在施工作业班内对作业时间的利用率。机械利用系数以工作台班净工作时间除以机械工作台班时间计算。

⑤进行机械台班使用定额的计算。

⑥拟定工人小组的定额时间，工人小组的定额时间，是指配合施工机械作业的工人小组的工作时间总和，工人小组定额时间以施工机械时间定额乘以工人小组的人数计算。

（2）计算机械台班使用定额

预算定额中的机械台班消耗量是指在正常施工条件下，生产单位合格产品（分部分项工程或结构构件）必需消耗的某种型号施工机械的台班数量。预算定额中的机械台班消耗量指标，通常是在施工定额的基础上，考虑机械幅度差后确定的，或根据现场测定资料为基础来确定。

①根据施工定额确定机械台班消耗量。这种方法是指按施工定额或劳动定额机械台班产量加机械幅度差计算预算定额的机械台班消耗量。

机械台班幅度差一般包括正常施工组织条件下不可避免的机械空转时间；施工技术原因的中断及合理停滞时间；因供电供水故障及水电线路移动检修而发生的运转中断时间；因气候变化或机械本身故障影响工时利用的时间；施工机械转移及配套机械相互影响损失的时间；配合机械施工的工人因与其他工种交叉造成的间歇时间；因检查工程质量造成的机械停歇的时间；工程收尾和工作量不饱满造成的机械停歇时间等。大型机械幅度差系数为：土方机械25%，打桩机械33%，吊装机械30%。砂浆、混凝土搅拌机由于按小组配用，以小组产量计算机械台班产量，这类机械的消耗量不另增加机械幅度差。分部工程中如钢筋加工、木作、水磨石等各项专用机械的幅度差为10%。

②以现场测定资料为基础确定机械台班消耗量。遇到施工定额（劳动定额）缺项者，则需要依据机械单位时间完成产量的测定资料，经过分析、处理后确定机械台班消耗量。

三、企业定额

企业定额，是施工企业自主确定的，在企业正常的施工条件下，完成一定计量单位值的合格建筑安装工程的分项工程或结构构件所需人工、材料、施工机械台班消耗量的标准。

企业定额，是我国目前实行建设工程工程量清单计价规范进行工程招投标时，投标单位编制、计算投标报价所使用的企业计价定额。

（一）企业定额的作用

企业定额作为具体施工企业的计价定额具有如下重要作用：

1. 企业定额是实行工程量清单计价、完善与发展建设市场的重要手段

我国现行的工程量清单计价，是一种与市场经济相适应的、通过市场竞争确定建设工程造价的计价模式。同一项招标工程，同样的工程量数据，各投标单位以各自的企业定额为基础做出的投标报价必然不同，这就在工程造价上真实、充分地反映出企业之间个别成本的差异，切实形成企业之间整体实力的竞争。若没有企业定额，就无法做出反映企业实力的工程投标报价，就无法实现建设工程计价、定价的市场化，就难以真正实施竞争、优化市场环境。因此，企业定额是实行工程量清单计价，完善、发展建设市场的重要手段。

2. 企业定额是施工企业制定建设工程投标报价的重要依据

企业定额是企业按照国家有关政策、法规，以及相应的施工技术标准、验收规范、施工方法等资料，根据自身的机械装备状况、生产工人技术操作水平、企业生产（施工）组织能力、管理水平、机构的设置形式和运作效率，以及企业的潜力情况进行编制的，它规定的完成合格工程产品过程中必须消耗的人工、材料和施工机械台班的数量标准，是本企业的真实生产力水平，反映着企业的实力与市场竞争力。企业定额是制定合理的工程投标报价的重要依据。

3. 企业定额是施工企业经济核算的重要依据

在工程量清单计价模式下，企业完成某项建设工程收入取决于依据企业定额编制的投标报价。企业必须以企业定额为准绳进行经济核算，依据企业定额来严格控制完成建设工程的成本支出，尽量采用先进的施工技术和管理方法，以最大限度地降低成本、增加盈利。

（二）企业定额的编制方法

必须按照企业现实的生产力水平，国家规定的各种相关的标准、规范；典型的、有代表性的图纸、图集等设计资料，现行的各类实物定额（包括企业定额）等；其他相关资料、数据等依据，坚持"平均先进、简明适用、独立自主、以专家为主"等原则编制企业定额。

编制企业定额，确定企业定额计量单位值的建筑安装工程的分项工程或结构构件所需人工、材料、施工机械台班的消耗量标准的各种方法与预算定额的编制方法基本相同。但由于企业定额的实物消耗指标需要真实地反映企业现实的生产力水平，因此，企业定额实物消耗指标必须根据企业施工生产的实践经验进行必要的调整才能最终确定。

四、预算定额概述

建筑安装工程预算定额，是国家建设行政主管部门统一规定的，在一定生产技术条件下，完成一定计量单位值的合格建筑安装工程产品（定额计量单位值的分项工程或结构构件）所必需的人工、材料、施工机械台班消耗指标。

（一）预算人工定额消耗量的确定

预算定额中的人工消耗量是用来计价的消耗量，是指正常施工条件下，完成单位合格产品所必需消耗的各种用工的工日数及用工量指标的平均技术等级。确定人工消耗量的方法有两种：一种是以施工定额中的劳动定额为基础确定；另一种是以现场观察测定资料为基础计算，主要用于遇到劳动定额缺项时，采用现场工作日写实等测时方法确定和计算定额的人工耗用量。用来计价的人工消耗量分为两部分：一是直接完成单位合格产品所必须消耗的技术用工的工日数，称为基本用工；二是辅助直接用工的其他用工数，称为其他用工。

1. 人工定额消耗量的内容

用来计价的人工消耗量分为两部分：一是直接完成单位合格产品所必须消耗的技术用工的工日数，称为基本用工；二是辅助基本用工的其他用工数，称为其他用工。

①基本用工是完成某一分项工程所需的主要用工和加工用工量。例如，在砌墙中，砌筑墙体、调制砂浆、运输砖和砂浆等为主要用工。而其中特殊部位，如门窗洞口的立边、附墙的垃圾道、预留抗震拉孔等的砌筑，所需用工要多于同量的墙体砌筑用工，这部分需增加的用工称为"加工用工"，也属于基本用工的内容，须按相应的方法单独计算后，并入其中。

②超运距用工是指对因材料、半成品等运输距离超过了劳动定额的规定，需要增加的用工量。

③辅助用工是指应增加的对材料进行必要加工所需的用工量，如筛砂、淋石灰膏、洗石子等。

④幅度差用工是确定人工消耗指标时，须按一定的比例增加的劳动定额中未包括的，由于工序搭接、交叉作业等因素降低工效的用工量，以及施工中不可避免的零星用工量。

2. 人工消耗指标的编制依据和方法

①人工消耗指标的编制依据。现行的《全国建筑安装工程统一劳动定额》中的时间定额、综合测算的工程量数据。

②人工消耗指标确定的步骤和方法

A.选定图纸，据以计算工程量，并测算确定有关各种比例。

B.计算各种用工的工日数。计算公式如下：

$$基本用工量＝\sum（时间定额 \times 相应工序综合确定的工程量）$$

$$超运距用工量＝\sum（时间定额 \times 超运距相应材料的数量）$$
$$辅助用工量＝\sum（时间定额 \times 相应的加工材料的数量）$$
$$人工幅度差用工量＝（基本用工量＋超运距用工量＋辅助用工量）\times$$
$$幅度差系数$$

C. 计算分项定额用工的总工日数。

$$某分项工程的人工消耗指标＝基本用工量＋超运距用工量＋辅助用工量＋$$
$$人工幅度差用工量$$

（二）预算定额材料消耗量的确定

预算定额中的材料消耗量，是国家建设行政主管部门规定的完成预算定额中每一合格的建筑安装工程产品（定额计量单位值的分项工程或结构构件）所必需的各种主要材料和半成品的消耗量标准，由材料和半成品的净用量及其合理的损耗量所组成。

1. 材料消耗指标的编制方法

预算定额的材料消耗指标需综合应用理论计算法、图纸计算法、现场测定法、下料估算法、经验估算法等相关方法，依次计算并确定材料的理论用量、材料的净用量、材料的损耗量、材料的定额用量，最终编制出材料消耗定额计算表。

2. 计算材料净用量

以理论用量为基础，按比例扣除实际存在于砌体中的构件、接头重叠部分的体积、孔洞等应扣除的体积，增加附在砌体上的凸出、装饰部分砌体体积。

$$红砖净用量＝红砖理论用量 \times （1 － 应扣除体积比例＋应增加体积比例）$$
$$砂浆净用量＝砂浆理论用量 \times （1 － 应扣除体积比例＋应增加体积比例）$$

3. 计算材料损耗用量

在材料净用量的基础上增加材料，成品、半成品等在施工工地现场内（工地工作范围内）的运输、施工操作等过程中不可避免的合理损耗量。材料损耗量是以材料用量乘以相应的材料损耗率进行计算的。

$$红砖损耗用量＝红砖净用量 \times 相应红砖损耗率$$
$$砂浆损耗用量＝砂浆净用量 \times 相应砂浆损耗率$$

4. 编制定额项目材料消耗量表

材料消耗指标的确定是通过填列、编制定额项目材料计算表完成的。编制预算定额消耗量时，材料与施工机械台班共用一个计算表。表中的前两部分是供计算材料消耗量使用的在"计算依据或说明"部分中，应详细填写计算过程中必须依据的各种比例等情况，并列出材料的理论用量和材料净用量的计算过程及计算结果。在表中间部分的"净用量"栏里，应填写各种主要材料的净用量。"使用量"栏的数据应据材料净用量增加损耗量，并按"备注"栏里填写的要求调整后填写。所以，使用量就是最终确定的材料定额用量，即材料消耗量。

（三）预算定额施工机械台班消耗量的确定

预算定额中的机械台班消耗量是指在正常施工条件下，生产单位合格产品（分部分项工程或结构构件）必须消耗的某种型号施工机械的台班数量。预算定额中的机械台班消耗量，通常是在施工定额的基础上，考虑机械幅度差后确定的，或根据现场测定资料为基础来确定的。

①根据施工定额确定机械台班消耗量这种方法是指按施工定额或劳动定额中机械台班产量加机械幅度差计算预算定额的机械台班消耗量。机械台班幅度差一般包括正常施工组织条件下不可避免的机械空转时间；施工技术原因的中断及合理停滞时间；因供电供水故障及水电线路移动检修而发生的运转中断时间；因气候变化或机械本身故障影响工时利用的时间；施工机械转移及配套机械相互影响损失的时间；配合机械施工的工人因与其他工种交叉造成的间歇时间；因检查工程质量造成的机械停歇的时间；工程收尾和工作量不饱满造成的机械停歇时间等。大型机械幅度差系数为：土方机械25%，打桩机械33%，吊装机械30%。砂浆、混凝土搅拌机由于按小组配用，以小组产量计算机械台班产量，这类机械的消耗量不另增加机械幅度差。分部工程中如钢筋加工、木作、水磨石等各项专用机械的幅度差为10%。综上所述，预算定额施工机械台班消耗量按下式计算：

预算定额施工机械台班消耗量＝施工定额机械耗用台班 ×

（1＋机械幅度差系数）

②以现场测定资料为基础确定机械台班消耗量遇到施工定额（劳动定额）缺项者，则需要依据机械单位时间完成产量的测定资料，经过分析、处理后确定机械台班消耗量。

五、概算定额概述

建筑工程概算定额是国家或其授权单位规定的完成一定计量单位的建筑工程的扩大分项工程（或扩大结构构件）所必需的人工、材料、施工机械台班消耗量标准。

建筑工程概算定额是确定建筑工程概算价格、比较选择设计方案、编制建筑工程劳动计划和主要材料计划、编制概算指标的重要依据。

（一）建筑工程概算定额包括以下内容

1. 文字说明

文字说明包括总说明和章节说明，是使用概算定额的指南。

2. 定额项目表

概算定额项目表由下列内容组成：概算定额编号、名称及概算基价；综合的工程内容；人工及主要材料消耗指标。

概算定额项目表可采用"竖表竖排"和"竖表横排"两种形式，但无论哪种形式的概算定额项目表，都应由以上内容构成。

（二）建筑工程概算定额的编制方法

概算定额编制的具体步骤：选定图纸并合理确定各类图纸所占比例；用工程量计算表计算并综合取定工程量；用"工料分析表"计算人工、材料、施工机械台班消耗量；用计算得到的相关数据编制概算定额项目表。

六、概算指标概述

建筑安装工程概算指标通常是以单位工程为对象，以建筑面积、体积或成套设备装置的台或组为计量单位而规定的人工、材料、机具台班的消耗量标准和造价指标。从上述概念中可以看出，建筑安装工程概算定额与概算指标的主要区别如下：

第一，确定各种消耗量指标的对象不同。概算定额是以单位扩大分项工程或单位扩大结构构件为对象，而概算指标则是以单位工程为对象。因此，概算指标比概算定额更加综合与扩大。

第二，确定各种消耗量指标的依据不同。概算定额以现行预算定额为基础，通过计算之后才综合确定出各种消耗量指标，而概算指标中各种消耗量指标的确定，则主要来自各种预算或结算资料。概算指标和概算定额、预算定额一样，都是与各个设计阶段相适应的多次性计价的产物，它主要用于初步设计阶段，其作用主要有：

①概算指标可以作为编制投资估算的参考。

②概算指标是初步设计阶段编制概算书，确定工程概算造价的依据。

③概算指标中的主要材料指标可以作为匡算主要材料用量的依据。

④概算指标是设计单位进行设计方案比较、设计技术经济分析的依据。

⑤概算指标是编制固定资产投资计划，确定投资额和主要材料计划的主要依据。

（一）概算指标的分类

概算指标可分为两大类，一类是建筑工程概算指标，另一类是设备及安装工程概算指标。

（二）建筑工程概算指标的内容

我国各省、自治区、直辖市编制、使用的概算指标手册，一般都是由下列内容组成的：

1. 编制总说明

作为概算指标使用指南的编制总说明，通常列在概算指标手册的最前面，说明概算指标的编制依据、适用范围、使用方法及概算指标的作用等重要问题。

2. 概算指标项目

每个具体的概算指标都包括：示意图、经济指标表、结构特征及工程量指标表、主要材料消耗指标表和工日消耗指标表等内容。

（三）概算指标的编制

必须按照国家颁发的建筑标准、设计规范及施工验收规范；标准设计图和各类工程的典型设计；现行的建筑工程概算定额、预算定额；现行的材料预算价格和其他价格资料；有代表性的、经济合理的工程造价资料；国家颁发的工程造价指标、有关部门测算的各类建筑物的单方造价指标等依据，采用如下步骤、方法进行编制。

①选定有代表性的、经济合理的工程造价资料。

②取数据。从选定的工程造价资料中，取出土建、给水排水、供暖、电气照明等各单位工程的经济指标、主要结构的工程量、人工及主要材料（设备、器具）消耗指标等项相关数据。

③计算经济指标。每100m2建筑面积的经济指标即各单位工程每100m2建筑面积的人工费、材料费、施工机械使用费指标。

④计算主要结构的工程量指标。

⑤计算实物消耗指标。

⑥填制概算指标各表并按要求绘制出示意图。

（四）建筑工程概算指标的使用

使用概算指标编制工程概算的主要方法有：直接用概算指标中的经济指标编制概算；调整概算指标中的经济指标编制概算；用指标中的实物指标编制概算；用换算后的概算指标（即修正概算指标）编制概算。

七、投资估算指标概述

工程建设投资估算指标是编制建设项目建议书、可行性研究报告等前期工作阶段投资估算的依据，也可以作为编制固定资产计划投资额的参考。与概预算定额相比较，估算指标以独立的建设项目、单项工程或单位工程为对象，综合项目全过程投资和建设中的各类成本和费用，反映出其扩大的技术经济指标，既是定额的一种表现形式，但又不同于其他的计价定额。投资估算指标既具有宏观指导作用，又能为编制项目建议书和可行性研究阶段投资估算提供依据。

①在编制项目建议书阶段，它是项目主管部门审批项目建议书的依据之一，并对项目的规划及规模起参考作用。

②在可行性研究报告阶段，它是项目决策的重要依据，也是多方案比选、优化设计方案、正确编制投资估算、合理确定项目投资额的重要基础。

③在建设项目评价及决策过程中，它是评价建设项目投资可行性、分析投资效益的主要经济指标。

④在项目实施阶段，它是限额设计和工程造价确定与控制的依据。

⑤是核算建设项目建设投资需要额和编制建设投资计划的重要依据。

⑥合理准确地确定投资估算指标是进行工程造价管理改革，实现工程造价事前管理和主动控制的前提条件。

（一）投资估算指标编制原则和依据

1. 投资估算指标的编制原则

由于投资估算指标属于项目建设前期进行估算投资的技术经济指标，它不但要反映实施阶段的静态投资，还必须反映项目建设前期和交付使用期内发生的动态投资，以投资估算指标为依据编制的投资估算，包含项目建设的全部投资额。这就要求投资估算指标比其他各种计价定额具有更大的综合性和概括性。因此，投资估算指标的编制工作，除应遵循一般定额的编制原则外，还必须坚持以下原则：

①投资估算指标项目的确定，应考虑以后几年编制建设项目建议书和可行性研究报告投资估算的需要。

②投资估算指标的分类、项目划分、项目内容、表现形式等要结合各专业的特点，并且要与项目建议书、可行性研究报告的编制深度相适应。

③投资估算指标的编制内容，典型工程的选择，必须遵循国家的有关建设方针政策，符合国家技术发展方向，贯彻国家发展方向原则，使指标的编制既能反映正常建设条件下的造价水平，也能适应今后若干年的科技发展水平。坚持技术上先进、可行和经济上的合理，力争以较少的投入求得最大的投资效益。

④投资估算指标的编制要反映不同行业、不同项目和同工程的特点，投资估算指标要适应项目前期工作深度的需要，而且具有更大的综合性。投资估算指标要密切结合行业特点，项目建设的特定条件，在内容上既要贯彻指导性、准确性和可调性原则，又要有一定的深度和广度。

⑤投资估算指标的编制要贯彻静态和动态相结合的原则。要充分考虑到在市场经济条件下，由于建设条件、实施时间、建设期限等因素的不同，考虑到建设期的动态因素，费用差等"动态"因素对投资估算的影响，对上述动态因素给予必要的调整办法和调整参数，尽可能减少这些动态因素对投资估算准确度的影响，使指标具有较强的实用性和可操作性。

2. 投资估算指标的编制依据

①依照不同的产品方案、工艺流程和生产规模，确定建设项目主要生产、辅助生产、公用设施及生活福利设施等单项工程内容、规模、数量以及结构形式，选择相应具有代表性、符合技术发展方向、数量足够的已经建成或正在建设的并具有重复使用可能的设计图样及其工程量清册、设备清单、主要材料用量表和预算资料、决算资料，经过分类、筛选、整理出编制依据。

②国家和主管部门制订颁发的建设项目用地定额、建设项目工期定额、单项工程施

工工期定额及生产定员标准等。

③编制年度现行全国统一、地区统一的各类工程概预算定额、各种费用标准。

④编制年度的各类工资标准、材料单价、机具台班单价及各类工程造价指数，应以所处地区的标准为准。

⑤设备价格。

（二）投资估算指标的内容

投资估算指标是确定和控制建设项目全过程各项投资支出的技术经济指标，其范围涉及建设前期、建设实施期和竣工验收交付使用期等各个阶段的费用支出，内容因行业不同而各异，一般可分为建设项目综合指标、单项工程指标和单位工程指标三个层次。

1. 建设项目综合指标

建设项目综合指标指按规定应列入建设项目总投资的从立项筹建开始至竣工验收交付使用的全部投资额，包括单项工程投资、工程建设其他费用和预备费等。建设项目综合指标一般以项目的综合生产能力单位投资表示，如"元/t""元/kW"，或以使用功能表示，如医院床位为"元/床"。

2. 单项工程指标

单项工程指标指按规定应列入能独立发挥生产能力或使用效益的单项工程内的全部投资额，包括建筑工程费，安装工程费，设备、工器具及生产家具购置费和可能包含的其他费用。单项工程一般划分原则如下：

①主要生产设施。直接参加生产产品的工程项目，包括生产车间或生产装置。

②轴助生产设施。为主要生产车间服务的工程项目，包括集中控制室、中央实验室、机修、电修、仪器仪表修理及木工（模）等车间，原材料、半成品、成品及危险品等仓库。

③公用工程。公用工程包括给水排水系统（给水排水泵房、水塔、水池及全厂给排水管网）、供热系统（锅炉房及水处理设施、全厂热力管网）、供电及通信系统（变配电所、开关所及全厂输电、电信线路）以及热电站、热力站、煤气站、空压站、冷冻站、冷却塔和全厂管网等。

④环境保护工程，包括废气、废渣、废水等处理和综合利用设施及全厂性绿化。

⑤总图运输工程，包括厂区防洪、围墙大门、传达及收发室、汽车库、消防车库、厂区道路、桥涵、厂区码头及厂区大型土石方工程。

⑥厂区服务设施，包括厂部办公室、厂区食堂、医务室、浴室、哺乳室、自行车棚等。

⑦生活福利设施，包括职工医院、住宅、生活区食堂、职工医院、俱乐部、托儿所、幼儿园、子弟学校、商业服务点以及与之配套的设施。

⑧厂外工程，如水源工程、厂外输电、输水、排水、通信、输油等管线以及公路、铁路专用线等。

3. 单位工程指标

单位工程指标按规定应列入能独立设计、施工的工程项目的费用，即建筑安装工程费用。单位工程指标一般以如下方式表示：房屋区别不同结构形式以"元/m²"表示；道路区别不同结构层、面层以"元/m²"表示；水塔区别不同结构层、容积以"元/座"表示；管道区别不同材质、管径以"元/m"表示。

第三节　建筑安装工程单价

一、人工工日单价

人工工日单价（也称"人工工资单价"、"日工资单价"）是指施工企业平均技术熟练程度的生产工人在每工作日（国家法定工作时间内）按规定从事施工作业应得的日工资总额。它是平均用工等级的建筑安装工人一个工作日的人工费标准，即在每工作日中所能获得劳动报酬的计算尺度。人工工日单价是确定人工费的基础价格资料，包括计时或计件工资、奖金、津贴补贴、特殊情况下支付的工资等。

（一）影响人工工日单价的主要因素

影响建筑安装工人工工日单价的主要因素有：社会平均工资水平；消费指数；人工单价内容的变化；劳动力市场供求的变化；国家社会保障及社会福利政策的变化等。

（二）人工工日单价的编制方法

1. 企业自主确定的人工工日单价

这种人工工日单价，是由企业根据自身的劳动生产率水平、价格方面的经验资料、市场劳动力的供求状况、国家的相关政策与法规等因素，先分别工人的不同工种、不同技术等级、不同劳动熟练程度等，用加权平均方法测算出各类工人的平均月计时或计件工资、平均月奖金、平均月津贴补贴、平均月特殊情况下支付的工资，再按照下列公式自主确定各类建筑安装工人相应的人工工日单价。

2. 工程造价管理机构确定的人工工日单价

工程造价管理机构确定人工工日单价应通过市场调查、根据工程项目的技术要求，参考实物工程量等因素综合分析确定。最低人工工日单价不得低于工程所在地人力资源和社会保障部门发布的最低工资标准的相应倍数规定：普工1.3倍、一般技工2倍、高级技工3倍。在建筑安装工人的人工工日单价计算过程中，需要注意几点：

①平均月工作日有三种，即每周休息1、1.5、2天，平均月工作天数分别为25.17、23.00、20.83，[平均月工作日=（365-星期日-法定节假日）÷12]

②法定节假日须按国家的现行规定执行。

③全年有效工作天数的确定公式为全年有效工作天数=365-星期日-法定节假

日－非作业日。

二、材料（工程设备）单价

在建筑工程中，材料费占总造价的60％～70％，在金属结构工程中所占比重还要大，是直接费的主要组成部分。因此，合理确定材料预算价格构成，正确计算材料预算单价，有利于合理确定和有效控制工程造价。

材料（包括原材料、辅助材料、构配件、零件、半成品或成品）单价，是材料由来源地（供应者仓库或提货地点）运到工地仓库或施工现场存放材料地点后的出库价格。根据现行制度的规定，材料单价由材料基价（包括材料原价、包装费、运杂费、采购及保管费等）和单独列项计算的检验试验费组成。

（一）材料基价

材料基价指材料在购买、运输、保管过程中形成的价格，其内容包括材料原价（或供应价格）、材料运杂费、运输损耗费、采购及保管费等。

1. 材料原价的确定

材料原价指材料的出厂价格或销售部门的批发牌价和零售价，进口材料的抵岸价。在确定原价时，凡同一种材料因来源地、交货地、供货单位、生产厂家不同，而有几种价格（原价）时，根据不同来源地供货数量比例，采取加权平均的方法确定其综合原价。

2. 包装费

包装费指为了保护材料和便于材料运输进行包装需要的一切费用，将其列入材料的预算价格中，包括水运、陆运的支撑、篷布、包装箱、绑扎材料等费用。

材料包装费一般有两种情况：一种情况是生产厂负责包装，如袋装水泥、玻璃、铁钉、油漆、卫生瓷器等，包装费已计入材料原价中，不得另行计算包装费，但应考虑扣回包装品的回收价值；另一种是购买单位自行包装，回收价值可按当地旧、废包装器材出售价计算或按生产厂主管部门的规定计算，如无规定者，可根据实际情况确定。

3. 材料运杂费的确定

材料运杂费，指材料由采购地点或发货地点至施工现场的仓库或工地存放地点所发生的全部费用，含外埠中转运输过程中所发生的一切费用和过境过桥费用，包括调车和驳船费、装卸费、运输费及附加工作费等。材料运杂费的取费标准，应根据材料的来源地、运输里程、运输方法，并根据国家有关部门或地方政府交通运输管理部门规定的运价标准分别计算。运杂费中应考虑装卸费和运输损耗费。同一品种的材料有若干个来源地，应采用加权平均的方法计算材料运杂费。

4. 材料运输损耗费的计算

此费是材料在运输、装卸过程中发生合理损耗所需的费用。材料运输损耗费应以材料原价、材料运杂费之和为计费基数，乘以材料运输损耗费率进行计算。损耗费率由各地相关部门根据本地的具体情况，测算确定。

材料运输损耗费＝（材料原价＋包装费＋材料运杂费）×材料运输损耗费率

5. 采购保管费的确定

采购保管费，系指材料部门（包括工地以上各级管理部门）在组织采购、供应和保管材料过程中所需要的各种费用。

通过有关部门规定的材料采购保管费率和规定的计费基数进行计算。

材料采购保管费的计算基数为材料原价、包装费、材料运杂费、材料运输损耗费之和。

材料采购保管费＝（材料原价＋包装费＋材料运杂费＋材料运输损耗费）×

采购保管费率

（二）检验试验费

检验试验费指对建筑材料、构件和建筑安装物进行一般鉴定、检查所发生的费用，包括自设实验室进行试验所耗用的材料和化学药品等费用，不包括新结构、新材料的试验费和建单位对具有出厂合格证明的材料进行检验，对构件做破坏性试验及其他特殊要求检验试验的费用。

（三）工程设备单价及其编制

工程设备单价，是工程设备由来源地运到工地仓库或施工现场后的出库价格。根据现行制度的规定，工程设备单价由设备原价、设备运杂费、设备采购保管费等因素组成。

（四）材料（工程设备）单价的使用

①使用材料（工程设备）单价计算工程所需的材料费、工程设备费。

②应用材料单价进行分项工程计价标准的换算。计价标准换算涉及材料费部分时，应按规定将允许换算的材料量和材料单价相乘求出材料费金额进行单价换算，以利合理计价。

③应用材料单价计算、调整材料费价格差额，正确进行工程结算中的材料费计算。

三、施工机械台班单价

施工机械使用费是根据施工中耗用的机械台班数量和机械台班单价确定的。施工机械台班耗用量按有关定额规定计算；施工机械台班单价是指一台施工机械，在正常运转条件下一个工作班中所发生的全部费用，每台班按 8 小时工作制计算。正确制定施工机械台班单价是合理确定和控制工程造价的重要方面。根据施工机械的获取方式不同，施工机械可分为自有施工机械和租赁施工机械。

施工机械台班单价由七项费用组成，包括折旧费、大修理费、经常修理费、安拆费及场外运费、人工费、燃料动力费、其他费用等。

（一）折旧费

折旧费是指施工机械在规定使用期限内，陆续收回其原值及购置资金的时间价值。

1. 机械预算价格

（1）国产机械的预算价格

国产机械预算价格按照机械原值、供销部门手续费和一次运杂费以及车辆购置税之和计算。

①机械原值。国产机械原值应按下列途径询价、采集：

A. 编制期施工企业已购进施工机械的成交价格。

B. 编制期国内施工机械展销会发布的参考价格。

C. 编制期施工机械生产厂、经销商的销售价格。

②供销部门手续费和一次运杂费可按机械原值的5%计算。

③车辆购置税的计算。车辆购置税应按下列公式计算：

$$车辆购置税＝计税价格 × 车辆购置税率（\%）$$

$$计税价格＝机械原值＋供销部分手续费和一次运杂费－增值税$$

车辆购置税应执行编制期间国家有关规定。

（2）进口机械的预算价格

进口机械的预算价格按照机械原值、关税、增值税、消费税、外贸手续费和国内运杂费、财务费、车辆购置税之和计算。

①进口机械的机械原值按其到岸价格确定。

②关税、增值税、消费税及财务费应执行编制期国家有关规定，并参照实际发生的费用计算。

③外贸部门手续费和国内一次运杂费应按到岸价格的6.5%计算。

④车辆购置税的计税价格是到岸价格、关税和消费税之和。

2. 残值率

残值率是指机械报废时回收的残值占机械原值的百分比。残值率按目前有关规定执行：运输机械2%，掘进机械5%，特大型机械3%，中小型机械4%。

3. 时间价值系数

时间价值系数指购置施工机械的资金在施工生产过程中随着时间的推移而产生的单位增值。其计算公式如下：

$$时间价值系数＝1＋（折旧年限 ±1）× 年折现率（\%）$$

其中，年折现率应按编制期银行年贷款利率确定。

4. 耐用总台班

耐用总台班指施工机械从开始投入使用至报废前使用的总台班数，应按施工机械的技术指标及寿命期等相关参数确定。

年工作台班是根据有关部门对各类主要机械最近 3 年的统计资料分析确定。

大修理间隔台班是指机械自投入使用起至第一次大修理止或自上一次大修理后投入使用起至下一次大修理止，应达到的使用台班数。大修理周期是指机械正常的施工作业条件下，将其寿命期（即耐用总台班）按规定的大修理次数划分为若干个周期，其计算公式为：

$$大修理周期＝寿命期大修理次数＋1$$

（二）大修理费

大修理费是指机械设备按规定的大修理间隔台班进行必要的大修理，以恢复机械正常功能所需的费用，台班大修理费是机械使用期限内全部大修理费之和在台班费用中的分摊额，取决于一次大修理费用、大修理次数和耐用总台班的数量。

1. 一次大修理费

指施工机械一次大修理发生的工时费、配件费、轴料费、油燃料费及送修运杂费。

2. 寿命期大修理次数

指施工机械在其寿命期（耐用总台班）内规定的大修理次数，应参照《全国统一施工机械保养修理技术经济定额》确定。

（三）经常修理费

经常修理费指施工机械除大修理以外的各级保养和临时故障排除所需的费用，包括为保障机械正常运转所需替换与随机配备工具附具的推销和维护费用，机械运转及日常保养所需润滑与擦拭的材料费用及机械停滞期间的维护和保养费用等。各项费用分到台班中，即为台班经常修理费。

（四）安拆费及场外运费

安拆费指施工机械在现场进行安装与拆卸所需的人工、材料、机械和试运转费用以及机械辅助设施的折旧、搭设、拆除等费用；场外运费指施工机械整体或分体自停放地点运至施工现场或由一施工地点运至另一施工地点的运输、装卸、辅助材料及架线等费用。

（五）人工费

人工费指机上司机（司炉）和其他操作人员的工作日人工费及上述人员在施工机械规定的年工作台班以外的人工费。

①人工消耗量指机上司机（司炉）和其他操作人员工日消耗量。

②年制度工作日应执行编制期国家有关规定。

③人工日工资单价应执行编制期工程造价管理部门的有关规定。

（六）燃料动力费

燃料动力费是指施工机械在运转作业中所耗用的固体燃料（煤、木柴）、液体燃料汽油、柴油）及水、电等费用。计算公式如下：

$$台班燃料动力费＝台班燃料动力消耗量 \times 相应单价$$

①燃料动力消耗量应根据施工机械技术指标及实测资料综合确定。可采用下列公式：

$$台班燃料动力消耗量＝（实测数 \times 4＋定额平均值＋调查平均值）\div 6$$

②燃料动力单价应执行编制期工程造价管理部门的有关规定。

（七）其他费用

其他费用是指按照国家和有关部门规定应交纳的养路费、车船使用税、保险费及年检用等。

①年养路费、年车船使用税、年检费用应执行编制期有关部门的规定。

②年保险费执行编制期有关部门强制性保险的规定，非强制性保险不应计算在内。

四、分项工程工料单价（定额基价）

分项工程工料单价也称"定额基价"，是有关单位按照特定的编制依据规定的，完成定额计量单位值的分项工程所需的人工费、材料费、施工机械使用费的标准。

它是消耗量定额规定的完成一定计量单位值的分项工程所需人工、材料、施工机械台班消耗指标的货币表现，是计算分项工程人工费、材料费、施工机械使用费的单价标准。

分项工程工料单价是计算确定建设工程造价的基本依据，是调整建设工程造价的基本依据，是施工企业进行经济核算的基本依据。

五、工程综合单价

现阶段国内施行工程量清单计价招投标中使用的分项工程综合单价，是投标人依据招标方提供的工程量清单数据编制的，完成清单计量单位值的分项工程、单价措施项目等的计价标准，由人工费、材料费、施工机具使用费、管理费、利润和一定的风险费构成，包括分项工程综合单价、措施项目综合单价、其他项目综合单价等几种，分别作为工程量清单计价中的分部分项工程费、单价措施项目费、其他项目费必需的重要计价依据。

（一）工程综合单价的编制依据

编制分项工程综合单价的主要依据是：业主工程量清单所列的分项工程项目、单价措施项目、其他项目及其数量；投标单位确定的相关项目数量数据；具体施工方案；企业定额；适用的基础单价、各种计价的百分率指标；有关合同条款的规定等。

（二）自主编制工程综合单价的程序和方法

1. 计算确定相关项目的工程量

根据企业定额及其工程量计算规则、具体施工方案等，慎重地计算、确定完成每个清单项目所需相关项目的实际工程量数据。

2. 计算确定相关项目的清单费用总额

以自行确定的工料单价与各相关项目的实际工程量相乘计算出人工费、材料费、施工机具使用费，再以此为基数乘以自行确定的管理费率、利润率计算出管理费和利润，酌情增加一定的风险费，即为清单费用总额。

3. 计算确定工程综合单价

计算工程综合单价时，人工费、材料费、施工机具费均应根据企业定额中分项工程的实物消耗量及其相应的市场价格计算确定。为适应清单法作投标报价，企业应建立自己的计价标准数据库，并据此计算工程的投标报价。在应用数据库的数据对某一具体工程进行投标报价时，须对选用的计价标准进行认真的分析与调整，使其既能符合拟投标工程的实际情况，又能较好地反映当时当地市场行情。使企业的投标报价能更具竞争优势。

（三）招标控制价中工程综合单价的编制

招标控制价中的工程综合单价，需依据招投标期间人工发布价及工程所在地材料市场信息价格资料，相应的企业管理费率、利润率，以及相应的实物消耗定额计算确定。

六、工程计价的百分率指标

（一）建筑安装工程费用定额

建筑安装工程费用定额的内容及分类

1. 建筑安装工程费用定额的概念

建筑安装工程费用定额，是有关单位规定的计算除人工费、材料（工程设备）费、施工机具使用费之外的建筑安装工程其他成本额的取费标准。通常以百分率指标表示，故也称之为"费率"。建筑安装工程费用定额是合理确定工程造价的又一重要依据。

2. 建筑安装工程费用定额的内容

现行的建筑安装工程费用定额包括措施费费率、企业管理费费率、规费费率。措施费费率是有关单位制定的总价措施费（不可计量的、属于组织措施的那部分措施费）所含费用项目的取费标准。一般须分别不同的费用项目以百分率指标的形式进行规定。总价措施费定额的主要项目包括：安全文明施工费定额、夜间施工费定额、二次搬运费定额、冬、雨期施工增加费定额、工程定位复测费定额等。其中，除安全文明施工费费率外，其余的统称为"其他总价措施费费率"。企业管理费费率是有关单位制定的企业管理费所含费用项目的取费标准。一般是以综合百分率指标的形式给予规定。规费费率是有关单位统一编制的规费计算的百分率标准。

3．建筑安装工程费用定额的编制程序

建筑安装工程费用定额的编制程序如下：确定典型、收集资料；分析整理资料，合理确定基础数据；计算费用定额；按一定的程序报送有关单位审查核准、颁发使用。

（二）利润率、税率

1．利润率

利润率是有关单位规定的建筑安装工程造价中利润额的计算标准，一般是以百分率指标的形式予以规定。使用利润率计算建筑安装工程价格中的利润额时，须分别工程的不同性质、不同类别等具体情况，正确选择计算基数及相应的利润率。

2．税率

目前，工程造价中的税金，主要包括按国家税法规定的应计入建筑安装工程造价内的增值税、城市维护建设税、教育费附加、地方教育附加等内容。有关单位在编制税率时，通常分别各个单项测算税率，再汇总确定综合税率。建筑安装工程造价中税金额的计算式如下：

$$税金＝（不含税的工程造价）\times 相应的综合税率$$

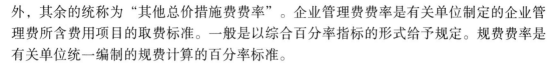

第四节　工程量清单计价与计量规范

工程量清单是载明建设工程分部分项工程项目、措施项目和其他项目的名称和相应数量以及规费和税金项目等内容的明细清单。其中由招标人根据国家标准、招标文件、设计文件以及施工现场实际情况编制的称为招标工程量清单，而作为投标文件组成部分的已标明价格并经承包人确认的称为已标价工程量清单。招标工程量清单应由具有编制能力的招标人或受其委托，具有相应资质的工程造价咨询人或招标代理人编制。采用工程量清单方式招标，招标工程量清单必须作为招标文件的组成部分，其准确性和完整性由招标人负责。招标工程量清单应以单位（项）工程为单位编制，由分部分项工程项目清单，措施项目清单，其他项目清单，规费项目和税金项目清单组成。

一、工程量清单计价与计量规范概述

《建设工程工程量清单计价规范》（GB50500-2013）包括总则、术语、一般规定、工程量清单编制、招标控制价、投标报价、合同价款约定、工程计量、合同价款调整、合同价款期中支付、竣工结算与支付、合同解除的价款结算与支付、合同价款争议的解决、工程造价鉴定、工程计价资料与档案、工程计价表格及附录。

各专业工程量计算规范包括总则、术语、工程计量、工程量清单编制和附录。

（一）工程量清单计价的使用范围

清单计价规范适用于建设工程发承包及其实施阶段的计价活动。使用国有资金投资的建设工程发承包，必须采用工程量清单计价；非国有资金投资的建设工程，宜采用工程量清单计价；不采用工程量清单计价的建设工程，应执行计价规范中除工程量清单等专门性规定外的其他规定。国有资金投资的项目包括全部使用国有资金（含国家融资资金）投资的工程建设项目和国有资金投资为主的工程建设项目。

1. 国有资金投资的工程建设项目

①使用各级财政预算资金的项目。

②使用纳入财政管理的各种政府性专项建设资金的项目。

③使用国有企事业单位自有资金，并且国有资产投资者实际拥有控制权的项目。

2. 国家融资资金投资的工程建设项目

①使用国家发行债券所筹资金的项目。

②使用国家对外借款或者担保所筹资金的项目。

③使用国家政策性贷款的项目。

④国家授权投资主体融资的项目。

⑤国家特许的融资项目。

3. 国有资金（含国家融资资金）

国有资金为主的工程建设项目是指国有资金占投资总额50%以上，或虽国有资金占投资总额不足50%但国有投资者实质上拥有控股权的工程建设项目。

（二）工程量清单计价的作用

1. 提供一个平等的竞争条件

工程量清单报价就为投标者提供了一个平等竞争的条件，相同的工程量，由企业根据自身的实力来填报不同的单价。投标人的这种自主报价，使得企业的优势体现到投标报价中，可在一定程度上规范建筑市场秩序，确保工程质量。

2. 满足市场经济条件下竞争的需要

招投标过程就是竞争的过程，招标人提供工程量清单，投标人根据自身情况确定综合单价，利用单价与工程量逐项计算每个项目的合价，再分别填入工程量清单表内，计算出投标总价。单价的高低直接取决于企业管理水平和技术水平的高低，这种局面促成了企业整体实力的竞争。

3. 有利于提高工程计价效率

采用工程量清单计价方式，避免了传统计价方式下招标人与投标人之间的在工程量计算上的重复工作。各投标人以招标人提供的工程量清单为统一平台，结合自身的管理

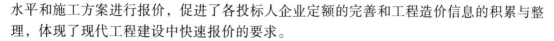

水平和施工方案进行报价，促进了各投标人企业定额的完善和工程造价信息的积累与整理，体现了现代工程建设中快速报价的要求。

4. 有利于工程款的拨付和工程造价的最终结算

中标后，业主要与中标单位签订施工合同，中标价就是确定合同价的基础，投标清单上的单价就成了拨付工程款的依据。业主根据施工企业完成的工程量，可以很容易地确定进度款的拨付额。工程竣工后，根据设计变更、工程量增减等，业主也很容易确定工程的最终造价，可在某种程度上减少业主与施工单位之间的纠纷。

5. 有利于业主对投资的控制

采用现在的施工图预算形式，业主对因设计变更、工程量的增减引起的工程造价变化不敏感，往往等到竣工结算时才知道这些变化对项目投资的影响有多大，但此时常常是为时已晚。而采用工程量清单报价的方式则可对投资变化一目了然，在要进行设计变更时，能马上知道它对工程造价的影响，业主就能根据投资情况来决定是否变更或进行方案比较，以决定最恰当的处理方法。

二、分部分项工程项目清单

分部分项工程是分部工程和分项工程的总称。分部分项工程项目清单必须载明项目编码、项目名称、项目特征、计量单位和工程量。分部分项工程项目清单必须根据各专业工程量计算规范规定的项目编码、项目名称、项目特征、计量单位和工程量计算规则进行编制。

在分部分项工程项目清单的编制过程中，由招标人负责前六项内容填列，金额部分在编制招标控制价或投标报价时填列。

（一）项目编码

项目编码是分部分项工程和措施项目清单名称的阿拉伯数字标识。清单项目编码以五级编码设置，用12位阿拉伯数字表示。一、二、三、四级编码为全国统一，即1～9位应按工程量计算规范附录的规定设置；第五级即10～12位为清单项目编码，应根据拟建工程的工程量清单项目名称设置，不得有重号，这三位清单项目编码由招标人针对招标工程项目具体编制，并应自001起顺序编制。

各级编码代表的含义如下：

①第一级表示专业工程代码（分两位）。

②第二级表示附录分类顺序码（分两位）。

③第三级表示分部工程顺序码（分两位）。

④第四级表示分项工程项目名称顺序码（分三位）。

⑤第五级表示工程量清单项目名称顺序码（分三位）。

当同一标段（或合同段）的一份工程量清单中含有多个单位工程且工程量清单是以单位工程为编制对象时，在编制工程量清单时应特别注意对项目编码10-12位的设置不得有重码。例如，一个标段（或合同段）的工程量清单中含有三个单位工程，每一单位工程中都有项目特征相同的实心砖墙砌体，在工程量清单中又需反映三个不同单位工程的实心砖墙砌体工程量时，则第一个单位工程的实心砖墙的项目编码应为010401003001，第二个单位工程的实心砖墙的项目编码应为010401003002，第三个单位工程的实心砖墙的项目编码应为010401003003，并分别列出各单位工程实心砖墙的工程量。

（二）项目名称

分部分项工程项目清单的项目名称应按各专业工程量计算规范附录的项目名称结合拟建工程的实际确定。工程量计算规范附录表中的项目名称为分项工程项目名称，是形成分部分项工程项目清单项目名称的基础，即在编制分部分项工程项目清单时，以附录中的分项工程项目名称为基础，考虑该项目的规格、型号、材质等特征要求，结合拟建工程的实际情况，使其工程量清单项目名称具体化、细化，以反映影响工程造价的主要因素。例如门窗工程中特种门应区分冷藏门、冷冻闸门、保温门、变电室门、隔音门、防射线门、人防门、金库门等。清单项目名称应表达详细、准确，各专业工程量计算规范中的分项工程项目名称若有缺陷，招标人可做补充，并报当地工程造价管理机构（省级）备案。

（三）项目特征

项目特征是构成分部分项工程项目、措施项目自身价值的本质特征。项目特征是对项目的准确描述，是确定一个清单项目综合单价不可缺少的重要依据，是区分清单项目的依据，是履行合同义务的基础。分部分项工程项目清单的项目特征应按各专业工程工程量计算规范附录中规定的项目特征，结合技术规范、标准图集、施工图，按照工程结构、使用材质及规格或安装位置等，予以详细而准确的表述和说明。凡项目特征中未描述到的其他独有特征，由清单编制人视项目具体情况确定，以准确描述清单项目为准。在各专业工程工程量计算规范附录中还有关于各清单项目工程内容的描述。工程内容是指完成清单项目可能发生的具体工作和操作程序，但应注意的是，在编制分部分项工程项目清单时，工程内容通常无须描述，因为在工程量计算规范中，工程量清单项目与工程量计算规则、工程内容有一一对应的关系，当采用工程量计算规范这一标准时，工程内容均有规定。

（四）计量单位

计量单位应采用基本单位，除各专业另有特殊规定外均按以下单位计量：

①以重量计算的项目——t 或 kg（吨或千克）。

②以体积计算的项目——m^3（立方米）。

③以面积计算的项目——m^2（平方米）。

④以长度计算的项目——m（米）。

⑤以自然计量单位计算的项目——个、套、块、组、台等。

⑥没有具体数量的项目 —— 宗、项等。

各专业有特殊计量单位的，应另外加以说明，当计量单位有两个或两个以上时，应根据所编工程量清单项目的特征要求，选择最适宜表现该项目特征并方便计量的单位。例如，门窗工程计量单位为樘和 m2 两个计量单位，实际工作中，就应选择最适宜、最方便计量和组价的单位来表示。

（五）工程数量的计算

工程数量主要通过工程量计算规则计算得到。工程量计算规则是指对清单项目工程量计算的规定。除另有说明外，所有清单项目的工程量应以实体工程量为准，并以完成后的净值计算；投标人投标报价时，应在单价中考虑施工中的各种损耗和需要增加的工程量。

根据工程量清单计价与工程量计算规范的规定，工程量计算规则可以分为房屋建筑与装饰工程、仿古建筑工程，通用安装工程、市政工程、园林绿化工程、构筑物工程、矿山工程、城市轨道交通工程、爆破工程等九大类。

随着工程建设中新材料、新技术、新工艺等的不断涌现，工程量计算规范附录所列的工程量清单项目不可能包含所有项目。在编制工程量清单时，当出现工程量计算规范附录中未包括的清单项目时，编制人应予以补充。

三、措施项目清单

措施项目是指为完成工程项目施工，发生于该工程施工准备和施工过程中的技术、生活、安全、环境保护等方面的项目。

措施项目清单应根据相关工程现行工程量计算规范的规定编制，并应根据拟建工程的实际情况列项。

（一）措施项目清单的格式

1. 措施项目清单的类别

措施项目费用的发生与使用时间、施工方法或者两个以上的工序相关，如安全文明施工费，夜间施工，非夜间施工照明，二次搬运，冬、雨期施工，地上、地下设施和建筑物的临时保护设施，已完工程及设备保护等。但是有些措施项目则是可以计算工程量的项目，如脚手架工程，混凝土模板及支架（撑），垂直运输，超高施工增加，大型机械设备进出场及安拆，施工排水、施工降水等，这类措施项目按照分部分项工程项目清单的方式采用综合单价计价，更有利于措施费的确定和调整。措施项目中可以计算工程量的项目（单价措施项目）宜采用分部分项工程项目清单的方式编制，列出项目编码、项目名称、项目特征、计量单位和工程量；不能计算工程量的项目（总价措施项目），以项为计量单位进行编制。

2. 措施项目清单的编制依据

措施项目清单的编制需考虑多种因素，除工程本身的因素外，还涉及水文、气象、环境、安全等因素。措施项目清单应根据拟建工程的实际情况列项。若出现工程量计算规范中未列的项目，可根据工程实际情况补充。

措施项目清单的编制依据主要有：

①施工现场情况、地勘水文资料、工程特点。

②常规施工方案。

③与建设工程有关的标准、规范、技术资料。

④拟定的招标文件。

⑤建设工程设计文件及相关资料。

四、其他项目清单

其他项目清单是指分部分项工程项目清单、措施项目清单所包含的内容以外，因招标人的特殊要求而发生的与拟建工程有关的其他费用项目和相应数量的清单。工程建设的标准、工程的复杂程度、工程的工期、工程的组成内容、发包人对工程管理的要求等都直接影响其他项目清单的具体内容。其他项目清单包括暂列金额、暂估价（包括材料暂估单价、工程设备暂估单价、专业工程暂估价）、计日工、总承包服务费。

（一）暂列金额

暂列金额是指招标人在工程量清单中暂定并包含在合同价款中的一笔款项。它用于工程合同签订时尚未确定或者不可预见的材料、工程设备、服务的采购，施工中可能发生的工程变更、合同约定调整因素出现时的合同价款调整，以及发生的索赔、现场签证确认等的费用。设立暂列金额并不能保证合同结算价格不再出现超过合同价格的情况，是否超出合同价格完全取决于工程量清单编制人对暂列金额预测的准确性，以及工程建设过程是否出现了其他事先未预测到的事件。暂列金额应根据工程特点，按有关计价规定估算。

（二）暂估价

暂估价是指招标人在工程量清单中提供的用于支付必然发生但暂时不能确定价格的材料、工程设备的单价以及专业工程的金额，包括材料暂估单价、工程设备暂估单价和专业工程暂估价。专业工程的暂估价一般应是综合暂估价，包括人工费、材料费、施工机具使用费、企业管理费和利润，不包括规费和税金。暂估价中的材料、工程设备暂估单价应根据工程造价信息或参照市场价格估算，列出明细表；专业工程暂估价应分不同专业，按有关计价规定估算，列出明细表。

（三）计日工

在施工过程中，承包人完成发包人提出的工程合同范围以外的零星项目或工作，按合同中约定的单价计价的一种方式。计日工是为了解决现场发生的零星工作的计价而设立的。国际上常见的标准合同条款中，大多数都设立了计日工计价机制。计日工对完成零星工作所消耗的人工工日、材料数量、施工机具台班进行计量，并按照计日工表中填报的适用项目的单价进行计价支付。计日工适用的零星项目或工作一般是指合同约定之外的或者因变更而产生的、工程量清单中没有相应项目的额外工作，尤其是那些难以事先商定价格的额外工作。计日工应列出项目名称、计量单位和暂估数量。

（四）总承包服务费

总承包服务费是指总承包人为配合协调发包人进行的专业工程发包，对发包人自行采购的材料、工程设备等进行保管以及施工现场管理、竣工资料汇总整理等服务所需的费用。招标人应预计该项费用并按投标人的投标报价向投标人支付该项费用。总承包服务费应列出服务项目及其内容等。

五、规费、税金项目清单

规费项目清单应按照下列内容列项：社会保险费，包括养老保险费、失业保险费、医疗保险费、工伤保险费、生育保险费；住房公积金；工程排污费；出现计价规范中未列的项目，应根据省级政府或省级有关部门的规定列项。税金项目清单应包括增值税。出现计价规范未列的项目，应根据税务部门的规定列项。

第五节　工程造价信息

信息是现代社会使用最多、最广、最繁的一个词，不仅在人类社会生活的各个方面和各个领域被广泛使用，也在自然界的生命现象与非生命现象研究中被广泛采用。按狭义理解，信息是一种消息、信号、数据或资料；按广义理解，信息是物质的种属性，是物质存在方式和运动规律与特点的表现形式。进入现代社会以后，信息逐渐被人们认识，其内涵越来越丰富，外延越来越广。在工程造价管理领域，信息也有它自己的定义。

一、工程造价信息的概念

工程造价信息是一切有关工程造价的特征、状态及其变动的消息的组合，在工程承发包市场和工程建设过程中，工程造价总是在不停地运动着、变化着，并呈现出种种不同特征。人们对工程承发包市场和工程建设过程中工程造价运动的变化，是通过工程造价信息来认识和掌握的。

在工程承发包市场和工程建设中，工程造价是最灵敏的调节器和指示器，无论是政府工程造价主管部门还是工程承发包双方，都要通过接收工程造价信息来了解工程建设市场动态，预测工程造价发展，决定政府的工程造价政策和工程承发包价。因此，工程造价主管部门和工程承发包双方都要接收、加工、传递和利用工程造价信息，工程造价信息作为一种社会资源在工程建设中的地位日趋明显，特别是随着我国开始推行工程量清单计价制度，工程价格从政府计划的指令性价格向市场定价转化，而在市场定价的过程中，信息起着举足轻重的作用，因此工程造价信息资源开发的意义更为重要。

二、工程造价信息的分类

为便于对信息的管理，有必要将各种信息按一定的原则和方法进行区分和归集，并建立起一定的分类系统和排列顺序。因此，在工程造价管理领域，也应该按照不同的标准对信息进行分类。

1. 工程造价信息分类的基本原则

（1）稳定性

信息分类应选择分类对象最稳定的本质属性或特征作为信息分类的基础和标准。信息分类体系应建立在对基本概念和划分对象的透彻理解和准确把握基础上。

（2）兼容性

信息的分类体系必须考虑到项目各参与方所应用的编码体系的情况，应能满足不同参与方高效信息交换的需要。同时，还应考虑与有关国际、国内标准的一致性。

（3）可拓展性

信息分类体系应具备较强的灵活性，可以在使用过程中方便地扩展，以保证增加新的信息类型时不至于打乱已建立的分类体系。同时，一个通用的信息分类体系还应为具体环境中信息分类体系的拓展和细化创造条件。

（4）综合实用性

信息分类应从系统工程的角度出发，放在具体的应用环境中进行整体考虑。这体现在信息分类的标准与方法的选择上，应综合考虑项目的实施环境和信息技术工具。

2. 工程造价信息的具体分类

①按管理组织的角度可分为系统化工程造价信息和非系统化工程造价信息。

②按信息的形式可分为文件式工程造价信息和非文件式工程造价信息。

③按信息的来源可分为横向的工程造价信息和纵向的工程造价信息。

④按反映的经济层面可分为宏观工程造价信息和微观工程造价信息。

⑤按信息的动态性可分为过去的工程造价信息、现在的工程造价信息和未来的工程造价信息。

⑥按信息的稳定程度可分为固定工程造价信息和流动工程造价信息。

三、工程造价信息包括的主要内容

从广义上说，所有对工程造价的计价和控制过程起作用的资料都可以称为是工程造价信息，如各种定额资料、标准规范、政策文件等。但最能体现信息动态性变化特征，并且在工程价格的市场机制中起重要作用的工程造价信息主要包括价格信息、工程造价指数和已完工程信息三类。

（一）价格信息

价格信息包括各种建筑材料、装修材料、安装材料、工人工资、施工机械等的最新市场价格。这些信息是比较初级的，一般没有经过系统的加工处理，也可以称其为数据。

1. 人工价格信息

我国自 21 世纪初起开展建筑工程实物工程量与建筑工种人工成本信息（也称人工价格信息）的测算和发布工作。其成果是引导建筑劳务合同双方合理确定建筑工人工资水平的基础，是建筑业企业合理支付工人劳动报酬和调解、处理建筑工人劳动工资纠纷的依据，也是工程招投标中评定成本的依据。

（1）建筑工程实物工程量人工价格信息

这种价格信息以建筑工程的不同划分标准为对象，反映了单位实物工程量的人工价格。根据工程不同部位，体现作业的难易，结合不同工种作业情况将建筑工程划分为土石方工程、架子工程、砌筑工程、模板工程、钢筋工程、混凝土工程、防水工程、抹灰工程、木作与木装饰工程、油漆工程、玻璃工程、金属制品制作及安装、其他工程。

（2）建筑工种人工成本信息

这种价格信息以建筑工人的工种分类为对象，反映不同工种的单位人工日工资单价。建筑工种是根据有关规定，对从事技术复杂、通用性广、涉及国家财产、人民生命安全和消费者利益的职业（工种）的劳动者实行就业准入的规定，结合建筑行业实际情况确定的。

2. 材料价格信息

在材料价格信息的发布中，应披露材料类别、规格、单价、供货地区、供货单位及发布日期等。

3. 机械价格信息

机械价格信息包括设备市场价格信息和设备租赁市场价格信息两部分。相对而言，后者对于工程计价更为重要，发布的机械价格信息应包括机械种类，规格型号、供货厂商名称、租赁单价、发布日期等。

（二）工程造价指数

工程造价指数是反映一定时期价格变化对工程造价影响程度的指数，包括各种单项价格指数，设备、工器具价格指数，建筑安装工程造价指数，建设项目或单项工程造价指数。

1. 各种单项价格指数

各种单项价格指数是反映各类工程的人工费、材料费、施工机具使用费报告期对基期价格的变化程度的指标。各种单项价格指数属于个体指数（个体指数是反映个别现象变动情况的指数），编制比较简单。例如，直接费指数、间接费指数、工程建设其他费用指数等的编制可以直接用报告期的费用（率）与基期的费用（率）之比求得。

2. 设备、工器具价格指数

总指数是用来反映不同度量单位的许多商品或产品所组成的复杂现象总体方面的总动态。综合指数是总指数的基本形式，可以把各种不能直接相加的现象还原为价值形态，先综合（相加），再对比（相除），从而反映观测对象的变化趋势。设备、工器具由不同规格、不同品种组成，因此设备、工器具价格指数属于总指数。由于采购数量和采购价格的数据无论是基期还是报告期都很容易获得，因此，设备、工器具价格指数可以用综合指数的形式。

3. 建筑安装工程造价指数

建筑安装工程造价指数是一种综合指数，包括人工费指数、材料费指数、施工机具使用费指数、措施费指数、间接费指数等各项个体指数。建筑安装工程造价指数的特点是既复杂又涉及面广，利用综合指数计算分析难度大，可以用各项个体指数加权平均后的平均指数表示。

4. 建设项目或单项工程造价指数

建设项目或单项工程造价指数是由设备、工器具价格指数，建筑安装工程造价指数，工程建设其他费用指数综合得到的。建设项目或单项工程造价指数是一种总指数，用平均指数表示。

（三）已完工程信息

已完或在建工程的各种造价信息，可以为拟建工程或在建工程造价提供依据。这种信息也可称为工程造价资料。

四、工程造价资料分类及内容

（一）工程造价资料及其分类

工程造价资料是指已竣工和在建的有关工程可行性研究估算、设计概算、施工图预算、招标投标价格、工程竣工结算、竣工决算、单位工程施工成本，以及新材料、新结构、新设备、新施工工艺等建筑安装工程分部分项的单价分析等资料。

工程造价资料可以按以下方式分类：

①工程造价资料按照其不同工程类型（如厂房、铁路、住宅、公建、市政工程等）进行划分，并分别列出其包含的单项工程和单位工程。

②工程造价资料按照其不同阶段，一般分为项目可行性研究投资估算、初步设计概算、施工图预算、招标控制价、投标报价、竣工结算、竣工决算等。

③工程造价资料按照其组成特点，一般分为建设项目、单项工程和单位工程造价资

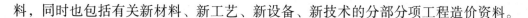

料，同时也包括有关新材料、新工艺、新设备、新技术的分部分项工程造价资料。

（二）工程造价资料积累的内容

工程造价资料积累的内容应包括"量"和"价"，还要包括对工程造价有重要影响的技术经济条件，如工程的概况、建设条件等。

1. 建设项目和单项工程造价资料

①对造价有主要影响的技术经济条件，如项目建设标准、建设工期、建设地点等。
②主要的工程量、主要的材料量和主要设备的名称、型号、规格、数量等。
③投资估算、概算、预算、竣工决算及造价指数等。

2. 单位工程造价资料

单位工程造价资料包括工程的内容、建筑结构特征、主要工程量、主要材料的用量和单价、人工日用量和人工费、机械台班用量和机械费，以及相应的造价等。

3. 其他

主要包括有关新材料、新工艺、新设备、新技术分部分项工程的人工工日、主要材料用量、机械台班用量。

第三章 施工阶段的工程造价管理

第一节 工程预付款和工程进度款

施工阶段是实现建设工程价值的主要阶段，也是资金投入量最大的阶段。在实践中，此阶段工程造价管理一般是指在建设项目已经完成施工图设计，并完成招标阶段工作和签订工程施工合同以后的工程造价确定与控制工作，其主要内容包括工程预付款确定、进度款确定、工程变更价款确定和索赔费用确定以及办理竣工结算等

一、工程预付款

工程预付款是建设工程施工合同订立后，由发包人按照合同的约定，在正式开工前预先支付给承包人的工程款。它是施工准备和所需购买主要材料、结构件等的流动资金的主要来源，国内习惯上又称为预付备料款。工程预付款的支付，表明该工程已经实质性启动。

（一）工程预付款的确定

工程预付款的确定要适应承包的方式，并在施工合同中明确约定。一般建筑施工工程承包有以下 3 种方式：

1. 包工包全部材料工程

当预付款数额确定后，由建设单位通过其开户银行，将备料款一次性或按施工合同

规定分次付给施工单位。

2. 包工包地方材料工程当

供应材料范围和数额确定后，建设单位应及时向施工单位结算。

3. 包工不包料工程

建设单位不需要向施工单位预付备料款。

工程预付备料款是我国工程项目建设中一项行之有效的制度，中国人民建设银行对备料款的拨付作了专门规定，明确备料款作为一种制度必须执行，对全国各地区、各部门贯彻预付款制度的工作在原则和程序上起过重要的指导作用。各地区、各部门结合地区和部门的实际情况，制定了相应的实施办法，对不同承包方式、年度内开竣工和跨年度工程等进行了具体的规定。例如，某市规定：凡是实行包工包料的工程项目，备料款由发包人通过经办银行办理，且应在双方签订工程承包合同后的一个月内付清；包工不包料的工程，原则上不应预收备料款。承包人对当年开工、当年竣工的工程，按施工图预算和合同造价规定备料款额度预收备料款；跨年度工程，按当年建筑安装工程投资额和规定的备料款额度预收备料款，下年初应按下年的建筑安装投资额调整上年已预收的备料款。凡合同规定工程所需"三大材"（钢材、木材、水泥），全部由发包人负责供应实物，并根据工程进度或合同规定按期交料的，所提交材料可按材料预算价格作价并视作预收备料款；对虽在工程合同中规定工程所需"三大材"全部由发包人负责供应实物，而未能遵照合同规定按期、按品种、按数量交料的，承包人可按规定补足收取备料款；部分"三大材"由发包人采购供应实物的，相应扣减备料款额度，或将这部分材料抵作部分备料款。在对备料款的具体操作进行了规定后，同时又规定了违规操作的处理办法：凡是没有签订工程合同或协议和不具备施工条件的工程，发包人不得拨给承包人备料款，更不准以付给备料款为名转移资金；承包人收取备料款两个月后仍不开工，或发包人不按合同规定付给备料款的，经办银行可根据双方工程承包合同的约定分别从有关账户收回和付出备料款。

预付工程款的具体事宜由发承包双方根据建设行政主管部门的规定，结合工程款、建设工期和包工包料情况在合同中约定。实行工程预付款的，双方应当在专用条款内约定发包人向承包人预付工程款的时间和数额，开工后按约定的时间和比例逐次扣回。预付时间应不迟于约定的开工日期前7天。发包人不按约定预付，承包人在约定预付时间7天后向发包人发出要求预付的通知，发包人收到通知后仍不能按要求预付，承包人可在发出通知后7天停止施工，发包人应从约定应付之日起向承包人支付应付款的贷款利息，并承担违约责任。

工程预付款在国际工程承发包活动中也是一种通行的做法。国际上的工程预付款不仅有材料设备预付款，还有为施工准备和进驻场地的动员预付款。根据国际土木工程建筑施工合同规定，预付款一般为合同总价的10%～15%。世界银行贷款的工程项目预付款较高，但也不超过20%。近几年来，国际上减少工程预付款额度的做法有扩展的趋势。但是无论如何，工程预付款仍是支付工程价款的前提，未支付预付款，由承包人自己带资、垫资进行施工的做法对承包人来说是十分危险的。通常的做法是在合同签署后支付预付款，由承包人从自己的开户银行中出具与预付款额相等的保函，并提交给发包人，以后就可从发包人开户银行里领取该项预付款。

（二）工程预付款额度

工程预付款额度，各地区、各部门的规定不完全相同，主要是保证施工所需材料和构件的正常储备。数额太少，备料不足，可能造成生产停工待料；数额太多，影响投资有效使用。工程预付款额度一般是根据施工工期、建筑安装工作量、主要材料和构件费用占建筑安装工作量的比例以及材料储备周期等因素经测算来确定。下面简要介绍几种确定额度的方法。

1. 百分比法

百分比法是按年度工作量的一定比例确定预付备料款额度的一种方法。各地区和各部门根据各自的条件从实际出发分别制定了地方、部门的预付备料款比例。例如建筑工程一般不得超过当年建筑（包括水、电、暖、卫等）工程工作量的25%，大量采用预制构件以及工期在5个月以内的工程，可以适当增加；安装工程一般不得超过当年安装工作量的10%，安装材料用量较大的工程，可以适当增加；小型工程（一般指30万元以下）可以不预付备料款，直接分阶段拨付工程进度款，等等。

2. 数学计算法

数学计算法是根据主要材料（含结构件等）占年度承包工程总价的比重，材料储备定额天数和年度施工天数等因素，通过数学公式计算预付备料款额度的一种方法。年度施工天数按365日历天计算；材料储备定额天数由当地材料供应的在途天数、加工天数、整理天数、供应间隔天数、保险天数等因素决定。

3. 协商议定关于工程备料款

在较多情况下是通过承发包双方自愿协商一致来确定的。通常，建设单位作为投资方，通过投资来实现其项目建设的目标，工程备料款是其投资的开始。在商洽时，施工单位作为承包人，应争取获得较多的备料款，从而保证施工有一个良好的开端得以正常进行。但是，因为备料款实际上是发包人向承包人提供的一笔无息贷款，可使承包人减少自己垫付的周转资金，从而影响到作为投资人的建设单位的资金运用，如不能有效控制，则会加大筹资成本，因此，发包人和承包人必然要根据工程的特点，工期长短、市场行情、供求规律等因素，最终经协商确定备料款，从而保证各自目标的实现，达到共同完成建设任务的目的。

由协商议定工程备料款，符合建设工程规律、市场规律和价值规律，必将被建设工程承发包活动越来越多地加以采用。

（三）工程备料款的回扣

发包人支付给承包人的工程备料款的性质是预支。随着工程进度的推进，拨付的工程进度款数额不断增加，工程所需主要材料、构件的用量逐渐减少，原已支付的预付款应以抵扣的方式予以陆续扣回。扣款的方法是从未施工工程尚需的主要材料及构件的价值相当于预付备料款数额时扣起，从每次中间结算工程价款中按材料及构件比重抵扣工程价款，至竣工之前全部扣清。因此，确定起扣点是工程预付款起扣的关键。

确定工程预付款起扣点的依据是：未完施工工程所需主要材料和构件的费用，等于工程预付款的数额。

因为：

未施工工程主要材料、结构件价值＝未施工工程价值 × 主要材料费比重

所以：

未施工工程价值 × 主要材料费比重＝预付备料款

即：

未施工工程价值＝预付备料款 / 主要材料费比重

此时，工程所需的主要材料、结构件储备资金，可全部由预付备料款供应，之后就可陆续扣回备料款。

开始扣回预付备料款时的工程价值＝年度承包工程总值 − 预付备料款 / 主要材料费比重

工程预付款起扣点可按下式计算；

$$T = P - M/N$$

式中：

T——起扣点，即预付备料款开始扣回的累计完成工作量金额；

M——付备料款数额；

N——主要材料，构件所占比重；

P——承包工程价款总额（或建筑安装工作量价值）。

当已完工程超过开始扣回预付备料款时的工程价值时，就要从每次结算工程价款中陆续扣回预付备料款。每次应扣回的数额按下列方法计算：

第一次应扣回预付备料款＝（累计已完工程价值－开始扣回预付备料款时的工程价值）× 主要材料费比重

以后各次应扣回预付备料款＝每次结算的已完工程价值 × 主要材料费比重

在实际工作中，由于工程的情况比较复杂，工程形象进度的统计，主、次材料采购和使用不可能很精确。因此，工程备料款的回扣方法也可由发包人和承包人通过洽商用合同的形式予以确定，还可针对工程实际情况具体处理。如有些工程工期较短、造价较低，就无须分期扣还；有些工程工期较长（如跨年度工程），其备料款的占用时间很长，根据需要可以少扣或不扣。在国际工程承包中，国际土木建筑施工承包合同也对工程预付款回扣做了规定，其方法比较简单，一般当工程进度款累计金额达到合同价格

的 10% ～ 20% 时开始起扣，每月从支付给承包人的工程款内按预付款占合同总价的同一百分比扣回。

二、工程进度款

所谓工程进度款，是指承包人在施工过程中，根据合同约定的结算方式，按月或形象进度或控制界面，按已经完成的工程量计算各项费用，向发包人办理工程结算的过程，也叫中间结算。工程进度款支付程序是：承包人提交已完工程量报告→工程师确认→发包人审批认可→支付工程进度款。

（一）工程进度款的计算

为了保证工程施工的正常进行，发包人应根据合同的约定和有关规定按工程的形象进度按时支付工程进度款。

关于支付工程进度款，有关部门已作了相应的规定。建筑工程发承包双方应当按照合同约定，定期或者按工程进度分阶段进行工程款结算。在确认计量结果后 14 天内，发包人应向承包人支付工程款（进度款）。发包人超过约定的支付时间不支付工程款（进度款），承包人可向发包人发出要求付款的通知，发包人接到承包人通知后仍不能按要求付款，可与承包人协商签订延期付款协议，经承包人同意后可延期支付。协议应明确延期支付的时间和从计量结果确认后第 15 天起计算应付款的贷款利息。发包人不按合同约定支付工程款（进度款），双方又未达成延期付款协议，导致施工无法进行，承包人可停止施工，由发包人承担违约责任。

工程进度款的计算主要涉及两个方面，一是工程量的核实确认，二是单价的计算方法。工程量的核实确认，应由承包人按协议条款约定的时间，向发包人代表提交已完工程量清单或报告，发包人代表接到工程量清单或报告后 7 天内按设计图纸核实已完工程数量，经确认的计量结果作为工程价款的依据。发包人代表收到已完工程量清单或报告后 7 天内未进行计量，从第 8 天起，承包人报告中开列的工程量即视为确认，可作为工程价款支付的依据。

工程进度款单价的计算方法，主要根据由发包人和承包人事先约定的工程价格的计价方法决定。一般来讲，工程价格的计价方法可以分为工料单价法和综合单价法两种方法。所谓工料单价法是指单位工程分部分项的单价为直接成本单价，按现行计价定额的人工、材料和机械台班的消耗量及其预算价格确定，其他直接成本、间接成本、利润（酬金）、税金等按现行计算方法计算。所谓综合单价法是指单位工程分部分项工程量的单价是全部费用单价，既包括直接成本，也包括间接成本、利润（酬金）、税金等一切费用。二者在选择时，既可采取可调价格的方式，即工程价格在实施期间可随价格变化而调整，也可采取固定价格的方式，即工程价格在实施期间不因价格变化而调整。在工程价格中已考虑价格风险因素，并在合同中明确了固定价格所包括的内容和范围。实际工程中工程进度款单价的计算方法采用的是可调工料单价法和固定综合单价法。

1. 工程价格的计价方法

可调工料单价法和固定综合单价法在分项编号、项目名称、计量单位、工程量计算方面是相通的，都可按照国家或地区的单位工程分部分项进行划分、排列，包含了统一的工作内容，使用统一的计量单位和工程量计算规则。所不同的是，可调工料单价法将工、料、机再配上预算价格作为直接成本单价，其他直接成本、间接成本、利润、税金分别计算；因为价格是可调的，其材料等费用在竣工结算时按工程造价管理机构公布的竣工调价系数或按主材计算差价或主材用工料分析法计算，次要材料按系数计算差价进行调整；固定综合单价法是包含了风险费用在内的全费用单价，故不受时间价值的影响。由于有两种不同的计价方法，因此工程进度款的计算方法也不同。

2. 工程进度款的计算

（1）可调工料单价法计算的工程进度款

在确定所完工程量之后，可按以下步骤计算工程进度款：

①根据所完工程量的项目名称，配上分项编号、单价得出合价。

②将本月所完全部项目合价相加，得出直接费小计。

③按规定计算其他直接费、间接费、利润。

④按规定计算主材差价或差价系数。

⑤按规定计算税金。

⑥累计本月应收工程进度款。

（2）用固定综合单价法计算的工程进度款

用固定综合单价法计算工程进度款比用可调工料单价法更为方便。工程量得到确认后，只要将工程量与综合单价相乘得出合价，再叠加即可完成本月工程进度款的计算工作。

（二）工程进度款的支付

工程进度款的支付是工程施工过程中的经常性工作，其具体的支付时间、方式都应在合同中作出规定。

1. 时间规定和总额控制

建筑安装工程进度款的支付，一般实行月中按当月施工计划工作量的50%支付，月末按当月实际完成工作量扣除上半月支付数进行结算，工程竣工后办理竣工结算的办法。在工程竣工前，施工单位收取的备料款和工程进度款的总额，一般不得超过合同金额（包括工程合同签订后经发包人签证认可的增减工程价值）的95%，其余5%尾款，在工程竣工结算时除保修金外一并清算。承包人向发包人出具履约保函或其他保证的，可以不留尾款。

2. 操作程序

承包人月中按月度施工计划工作量的50%收取工程款时，应填写特制的"工程付款结算账单"，送发包人或工程师确认后办理收款手续。每月终了时，承包人应根据当月实际完成的工作量以及单价和费用标准，计算已完工程价值，编制特制的"工程价款结算账单"和"已完工程量月报表"送发包人或工程师审查确认后办理结算。一般情况下，审查确认应在 5 天内完成。

（三）付款方式

承包人收取工程进度款，可以按规定采用汇兑、委托收款、支票、本票等各种手段，但应按开户银行的有关规定办理；工程进度款也可以使用期票结算，发包人在开户银行存款总额内开出一定期限的商业汇票，交承包人，承包人待汇票到期后持票到开户银行办理收款；还可以因地域情况采用同城结算和异地结算的方式。总之，工程进度款的付款方式可从实际情况出发，由发包人和承包人商定和选择。

（四）关于总包和分包付款

通常情况下，发包人只办理总包的付款事项。分包人的工程款由分包人根据总分包合同规定向总包提出分包付款数额，由总包人审查后列入"工程价款结算账单"统一向发包人办理收款手续，然后结转给分包人。由发包人直接指定的分包人，可以由发包人指定总包人代理其付款，也可以由发包人单独办理付款，但须在合同中约定清楚，事先征得总包人的同意。

第二节　工程变更价款的确定

一、工程变更的分类及处理要求

工程变更顾名思义是工程局部做出修改而引起工程项目、工程量增（减）等的变化，包括设计变更、进度计划变更、施工条件变更等。

（一）工程变更的分类

由于工程建设的周期长、涉及的经济关系和法律关系复杂，受自然条件和客观因素的影响大，导致项目的实际情况与项目招标投标的情况相比会发生一些变化。工程变更包括工程量变更、工程项目变更（如发包人提出增加或删除原项目内容）、进度计划变更、施工条件变更等。如果按照变更的起因划分，变更的种类有很多，如发包人的变更指令（包括发包人对工程有了新的要求、发包人修改项目计划、发包人削减预算、发包人对项目进度有了新的要求等）；由于设计错误，必须对设计图纸做修改；工程环境变化；由于产生了新的技术和知识，有必要改变原设计、实施方案或实施计划；法律、法规或者政府对建设项目有了新的要求，等等。当然，这样的分类并不是十分严格的，变更原因也不是相互排斥的。这些变更最终往往表现为设计变更，因为我国要求严格按图施工，因此，如果变更影响了原来的设计，则首先应当变更原设计。考虑到设计变更在工程变更中的重要性，通常将工程变更分为设计变更和其他变更两大类。

1. 设计变更

在施工过程中如果发生设计变更，将对施工进度产生很大的影响。因此，应尽量减少设计变更，如果必须对设计进行变更，必须严格按照国家的规定和合同约定的程序进行。

由于发包人对原设计进行变更，以及经工程师同意的，承包人要求进行的设计变更，导致合同价款的增减及造成的承包人损失，由发包人承担，延误的工期相应顺延。

2. 其他变更

合同履行中发包人要求变更工程质量标准及发生其他实质性变更，由双方协商解决。

（二）工程变更的处理要求

1. 如果出现了必须变更的情况，应当尽快变更

如果变更不可避免，不论是停止施工等待变更指令，还是继续施工，无疑都会增加损失。

2. 工程变更后，应尽快落实变更工作变更

指令发出后，应当迅速落实指令，全面修改相关的各种文件。承包人也应当抓紧落实，如果承包人不能全面落实变更指令，则扩大的损失应当由承包人承担。

3. 对工程变更的影响应进行进一步分析

工程变更的影响往往是多方面的，影响持续的时间也往往较长，对此应当有充分的分析。

二、工程变更的内容和控制

（一）工程变更的内容

1. 建筑物功能未满足使用上的要求引起工程变更

例如，某工厂的生产车间为多层框架结构，因工艺调整，需增加一台进口设备。在对原设计荷载进行验算后，发现现有的设计荷载不能满足要求，需要加固、对设备所处部位如基础、柱、梁、板提供了新的变更施工图。

2. 设计规范修改引起的工程变更

一般来讲，设计规范相对成熟，但在某些特殊情况下，需进行某种调整或禁止使用：例如，碎石桩基础作为地基处理的一种措施，在大多数地区是行之有效的，并得到了大量推广应用；但由于个别地区地质不符合设计或采用碎石桩的要求，同时地下水的过量开采，地下暗浜、流沙等发生频繁，不易控制房屋的沉降，因而受到禁止，原设计图不

得不进行更改。

3. 采用复用图或标准图的工程变更

某些设计人和发包人（如房地产开发商）为节省时间，复用其他工程的图纸或采用标准图集施工—这些复用图或标准图在过去使用时，已作过某些设计变更，或虽未作变更，也仅适用原来所建设实施的项目，并不完全适用现时的项目。由于不加分析全部套用，在施工时不得不进行设计修改，从而引起变更。

4. 技术交底会上的工程变更

在发包人组织的技术交底会上，经承包人或发包人技术人员审查研究的施工图，发现的诸如轴线、标高、位置和尺寸、节点处理、建筑图与结构图互相矛盾等问题，提出意见而产生的设计变更。

5. 施工中遇到需要处理的问题引起的工程变更

承包人在施工过程中，遇到一些原设计未考虑到的具体情况，需进行处理，因而发生的工程变更。例如挖沟槽时遇到古河道、古墓或文物，经设计人、发包人和承包人研究，认为必须采用换土、局部增加垫层厚度或增设基础梁等办法进行处理造成的设计变更。

6. 发包人提出的工程变更

工程开工后，发包人由于某种需要，提出要求改变某种施工方法，如要求设计人按逆作施工法进行设计调整，或增加、减少工程项目，或缩短施工工费等。

7. 承包人提出的工程变更

这是指施工中由于进度或施工方面的原因，例如某种建筑材料一时供应不上，或无法采购，或施工条件不便，承包人认为需要改用其他材料代替，或者需要改变某些工程项目的具体设计等，因而引起的设计变更。

可引起工程变更的原因很多，如合理化建议，工程施工过程中发包人与承包人的各种洽商，都可能是工程变更的内容或会引起工程的变更。

（二）工程变更的控制

由于工程变更会增加或减少某些工程细目或工程量，引起工程价格的变化，影响工期甚至影响工程质量，又会增加无效的重复劳动，造成不必要的各种损失，因而设计人、发包人和承包人都有责任严格控制，尽量减少变更，为此，可从多方面进行控制。

1. 不提高建设标准

主要是指不改变主要设备和建筑结构，不扩大建筑面积，不提高建筑标准，不增加某些不必要的工程内容，避免结算超预算、预算超概算、概算超估算"三超"现象发生。如确属必要，应严格按照审查程序，经原批准机关同意，方可办理。

2. 不影响建设工期

有些工程变更由于提出的时间较晚，又缺乏必要的准备（如某些必需材料的准备，施工设备的调遣，人员的组织等），可能影响工期，忙中添乱，应该加以避免。承包人在施工过程中遇到困难而提出工程变更，一般也不应影响工程的交工日期，增加费用。

3. 不扩大范围

工程设计变更应该有一个控制范围，不属于工程设计变更的内容，不应列入设计变更。例如，设计时在满足设计规范和施工验收规范的条件下，可在施工图中说明钢筋搭接的方法、搭接倍数、钢筋锚固等。这样可以避免因设计不明确而可能提出采用钢筋锥螺纹、冷压套管、电渣压力焊等方法，引起设计变更，增加费用。即使由于材料供应上的原因不能满足钢筋的定尺长度规定，也可由承包人在技术交底会上提出建议，由发包人或设计人作为一般性的签证，适当微调，而不必作为设计变更，从而引起大的价格变化。

4. 建立工程变更的相关制度

工程发生变化，除了某些不可预测、无法事先考虑到的客观因素之外，其主要原因是规划欠妥、勘察不明、设计不周及工作疏忽等主观原因引起面积扩大、提高标准或增加不必要的工程内容等不良后果。要避免因客观原因造成的工程变更，就要提高工程的科学预测，保证预测的准确性；要避免因主观原因造成的工程变更，就要建立工程变更的相关制度。首先要建立项目法人制度，由项目法人对工程的投资负责；其次规划要完善，尽可能树立超前意识；还要强化勘察、设计制度，落实勘察、设计责任制，要有专人负责把关，认真进行审核，谁出事，谁负责，建立勘察、设计内部赔偿制度；更要加强工作人员的责任心，增强职业道德观念。在措施方面，既要有经济措施，又要有行政措施，还要有法律措施。只有建立完善的工程变更相关制度，才能有效地把工程变更控制在合理的范围之内。

5. 要有严格的程序

工程设计变更，特别是超过原设计标准和规模时，须经原设计审查部门批准取得相应的追加投资和有关材料指标。对于其他工程变更，要有规范的文件形式和流转程序。设计变更的文件形式可以是设计单位出具的设计变更单，其他工程变更应是根据洽商结果写成的洽商记录。变更后的施工图、设计变更通知单和洽商记录同时应经过三方或双方签证认可方可生效。

6. 合同责任

合同责任主要是民事经济责任。责任方应向对方承担民事经济责任，因工程勘察、设计、监理和施工等原因造成工程变更，从而导致非正常的经济支出和损失时，按其所应承担的责任进行经济赔偿或补偿。

三、工程变更

工程变更包括工程变更的程序、工程变更价款的确定、工程变更价款的处理。

（一）工程变更的程序

1. 设计变更的程序

从合同的角度看，不论因为什么原因导致的设计变更，必须首先由一方提出，因此可以分为发包人对原设计进行变更和承包人原因对原设计进行变更两种情况。

（1）发包人对原设计进行变更

施工中发包人如果需要对原工程设计进行变更，应不迟于变更前14天以书面形式向承包人发出变更通知。承包人对于发包人的变更通知没有拒绝的权利，这是合同赋予发包人的一项权利。因为发包人是工程的出资人、所有人和管理者，对将来工程的运行承担主要的责任，只有赋予发包人这样的权利才能减少更大的损失。但是，变更超过原设计标准或者批准的建设规模时，须经原规划管理部门和其他有关部门审查批准，并由原设计单位提供变更的相应的图纸和说明。

（2）承包人原因对原设计进行变更

承包人应当严格按照图纸施工，不得随意变更设计。施工中承包人提出的合理化建议，涉及对设计图纸或者施工组织设计的更改及对原材料、设备的更换的，须经工程师同意，并经原规划管理部门和其他有关部门审查批准，并由原设计单位提供变更的相应图纸和说明。承包人未经工程师同意不得擅自更改或换用设计图纸，否则承包人承担由此发生的费用并赔偿发包人的有关损失，延误的工期不予顺延。

（3）设计变更事项

能够构成设计变更的事项包括以下变更：

①更改有关部分的标高、基线、位置和尺寸。

②增减合同中约定的工程量。

③改变有关工程的施工时间和顺序。

④其他有关工程变更需要的附加工作。

2. 其他变更的程序

从合同角度看，除设计变更外，其他能够导致合同内容变更的都属于其他变更。如双方对工程质量要求的变化（指强制性标准以上的变化）、双方对工期要求的变化、施工条件和环境的变化导致施工机械和材料的变化等。这些变更的程序，首先应当由一方提出，与对方协商一致，签署补充协议后方可进行变更。

（二）工程变更价款

工程变更价款一般是由设计变更、施工条件变更、进度计划变更以及为完善使用功能提出的新增（减）项目而引起的工程价款变化，其中设计变更引起价款变化占主导地位。

工程变更价款的确定，同工程价格的编制和审核基本相同。所不同的是，由于在施工过程中情况发生了某些新的变化，应针对工程变化的特点采取相应的办法来处理工程变更价款。

工程变更价款的确定仍应根据原报价方法和合同的约定以及有关规定来办理，但应强调以下几个方面：

1. 手续应齐全

凡工程变更，都应该有发包人和承包人的盖章及代表人的签字，涉及设计上的变更还应该由设计单位盖章和有关人员的签字后才能生效。在确定工程变更价款时，应注意和重视上述手续是否齐全，否则，没有合乎程序的手续，工程变更再大也不能进行调整。

2. 内容应清楚

工程变更的资料应该齐全，内容应该清楚，要能够满足编制工程变更价款的要求。资料过于简单或不能反映工程变更的全部情况时，会给编制和确认工程变更价款增加困难。遇到这种情况时应与有关人员联系，重新填写有关记录，同时可以防止事后发生纠纷。

3. 应符合编制工程变更价款的有关规定

不是所有的工程变更通知书都可以作为计算工程变更价款的依据。应首先考虑工程变更内容是否符合规定，采用预算定额编制价格的应符合相应的规定，如已包含在定额子目工作内容中的，则不可重复计算；如果是原编预算已有的项目，则不可重复列项；采用综合单价报价的，重点应放在原报价所含的工作内容，不然容易混淆；此外，更应结合合同的有关规定，因为合同的规定最直接、最有针对性。如存在疑问，先与原签证人员联系，再熟悉合同和定额，使所签的工程变更通知书符合规定后，再编制价格。

4. 办理应及时

工程变更是一个动态的过程，工程变更价款的确认应在工程变更发生时办理，有些工程细目在完工之后或隐蔽在工程内部，或已经不复存在，如道路大石块基层因加固所增加的工程量、脚手架等，不及时办理变更手续便无法计量与计算。承包人在双方确定变更后 14 天内不向工程师提出变更工程价款报告时，视为该项变更不涉及合同价款的变更。

（三）工程变更价款的处理

工程变更发生后，应及时做好工程变更对工程造价增减的调整工作，在合同规定的时间里，先由承包人根据设计变更单、洽商记录等有关资料提出变更价格，再报发包人代表批准后调整合同价款。工程变更价款的处理应遵循下列原则：

1. 适用原价格

中标价、审定的施工图预算或合同中已有适用于变更工程的价格，按中标价、审定的施工图预算价或合同已有的价格计算，变更合同价款。通常有很多的工程变更项目可以在原价格中找到，编制人员应认真检查原价格，一一对应，避免不必要的争议。

2. 参照原价格

中标价、审定的施工图预算或合同中没有与变更工程相同的价格，只有类似于变更工程情况的价格，应按中标价、定额价或合同中类似项目为基础确定变更价格，变更合同价款。此种方法可以从两个方面考虑，其一是寻找相类似的项目，如现浇钢筋混凝土异型构件，可以参照其他异型构件，折合成以 m3 为单位，根据难易程度、人工、模板及钢筋含量的变化，增加或减少系数后返还成以件、只为单位的价格；其二是按计算规则、定额编制的一般规定，合同商定的人工、材料和机械价格，参照消耗量定额确定合同价款。

3. 协商价格

中标价、审定的施工图预算定额分项、合同价中既没有可采用的，也没有类似的单价时，应由承包人编制适当的一次性变更价格，送发包人代表批准执行。承包人应以客观、公平、公正的态度，实事求是地制定一次性价格，尽可能取得发包人的理解并使之接受。

4. 临时性处理

如果发包人代表不能同意承包人提出的变更价格，在承包人提出变更价格后规定的时间内通知承包人，提请工程师暂定，事后可请工程造价管理机构或以其他方式解释处理。

5. 争议的解决方式

对解释等其他方式有异议，可采用以下方式解决：

①向协议条款约定的单位或人员要求调解。

②向有管辖权的经济合同仲裁机关申请仲裁。

③向有管辖权的人民法院起诉。

在争议处理过程中，涉及工程价格鉴定的，由工程造价管理机构、仲裁委员会或法院指定具有相应资质的咨询代理单位负责。

四、FIDIC 合同条件下的工程变更

在 FIDIC 合同条件下，业主提供的设计一般较为粗略，有的设计（施工图）是由承包人完成的，因此设计变更少于我国施工合同条件下的施工。

（一）工程变更的范围

由于工程变更属于合同履行过程中的正常管理工作，工程师可以根据施工进展的实际情况，在认为必要时就以下几个方面发布变更指令。

1. 对合同中任何工作工程量的改变

由于招标文件中的工程量清单中所列的工程量是依据初步设计概算的量值，是为承包人编制投标书时合理进行施工组织设计及报价之用，因此实施过程中会出现实际工程量与计划值不符的情况。为了便于合同管理，当事人双方应在专用条款内约定工程量变化较大可以调整单价的百分比（视工程具体情况，可在 15% ~ 25% 范围内确定）。

2. 任何工作质量或其他特性的变更

如在强制性标准外提高或者降低质量标准。

3. 工程任何部分标高、位置和尺寸的改变

这方面的改变无疑会增加或者减少工程量，因此也属于工程变更。

4. 删减任何合同约定的工作内容

省略的工作应是不再需要的工程，不允许用变更指令的方式将承包范围内的工作变更给其他承包人实施。

5. 新增工程按单独合同对待

新增工程是指进行永久工程所必需的任何附加工作、永久设备、材料供应或其他服务，包括任何联合竣工检验、钻孔和其他检验以及勘察工作。这种变更指令应是增加与合同工作范围性质一致的新增工作内容，而且不应以变更指令的形式要求承包人使用超过他目前正在使用或计划使用的施工设备范围去完成新增工程。除非承包人同意此项工作按变更对待，一般应将新增工程按一个单独的合同来对待。

6. 改变原定的施工顺序或时间安排

此类变更属于合同工期的变更，既可能由于增加工程量或工作内容等情况，也可能源于工程师为了协调几个承包人施工之间的相互干扰而发布的变更指示。

（二）变更程序

颁发工程接收证书之前的任何时间，工程师都可以通过发布变更指示或以要求承包人递交建议书的方式提出变更。

1. 指示变更

工程师在发包人授权范围内，根据施工现场的实际情况，在确属需要时有权发布变更指示。指示的内容应包括详细的变更内容、变更工程量、变更项目的施工技术要求和有关部门文件图纸，以及变更处理的原则。

2. 要求承包人递交建议书后再确定的变更

其变更的程序为：

①工程师将计划变更事项通知承包人，并要求对方递交实施变更的建议书。

②承包人应尽快予以答复。一种情况可能是通知工程师由于受到某些非自身原因的限制而无法执行此项变更，如无法得到变更所需的物资等，工程师应根据实际情况和工程的需要再次发出取消、确认或修改变更指示的通知。另一种情况是承包人依据工程师的指示递交实施此项变更的说明，内容包括将要实施的工作的说明书以及该工作实施的进度计划；承包人依据合同规定对进度计划和竣工时间作出任何必要修改的建议，提出工期顺延要求；承包人对变更估价的建议，提出变更费用要求。

③工程师作出是否变更的决定，尽快通知承包人说明批准与否或提出意见。

④承包人在等待答复期间，不应延误任何工作。

⑤工程师发出每一项实施变更的指示时，应要求承包人记录支出的费用。

⑥承包人提出的变更建议书只作为工程师决定是否实施变更的参考。除了工程师作出指示或批准以总价方式支付的情况外，每一项变更应依据计量工程量进行估价和支付。

（三）变更估价

1. 变更估价的原则

承包人按照工程师的变更指示实施变更工作后，往往会涉及对变更工程的估价问题。变更工程的价格或费率，往往是双方协商时的焦点。计算变更工程应采用的费率或价格，可分为3种情况：

①变更工作在工程量表中有同种工作内容的单价或价格，应以该单价计算变更工程费用。实施变更工作未引起工程施工组织和施工方法发生实质性变动时，不应调整该项目的单价。

②工程量表中虽然列有同类工作的单价或价格，但对具体变更工作而言已不适用，则应在原单价或价格的基础上制定合理的新单价或价格。

③变更工作的内容在工程量表中没有同类工作的单价或价格，应按照与合同单价水平相一致的原则，确定新的单价或价格。任何一方不能以工程量表中没有此项价格为借口，将变更工作的单价定得过高或过低。

2. 可以调整合同工作单价的原则

具备以下条件时，允许对某一项工作规定的单价或价格加以调整：

①此项工作实际测量的工程量比工程量表或其他报表中规定的工程量的变动大于 10%。

②工程量的变更与对该项工作规定的具体单价的乘积超过了接受的合同款额的0.01%。

③由此工程量的变更直接造成该项工作每单位工程量费用的变动超过1%。

3. 删减原定工作后对承包商的补偿

工程师发布删减工作的变更指示后，承包人不再实施部分工作，合同价款中包括的直接费部分没有受到损害，但摊销在该部分的间接费、税金和利润则实际上不能合理回收。因此承包人可以就其损失向工程师发出通知并提供具体的证明资料，工程师与合同双方协商后确定一笔补偿金额加入到合同价内。

（四）承包人申请的变更

承包人根据工程施工的具体情况，可以向工程师提出对合同内任何一个项目或工作的详细变更请求报告。未经工程师批准前承包人不得擅自变更，若工程师同意则按工程师发布变更指示的程序执行。

承包人提出变更建议。承包人可以随时向工程师提交一份书面建议。建议的内容包括以下几项：

①加速完工。

②降低业主实施、维护或运行工程的费用。

③对业主而言能提高竣工工程的效率或价值。

④为业主带来其他利益。

承包人应自费编制此类建议书。

如果由工程师批准的承包人建议包括一项对部分永久工程的设计的改变，通用条件的条款规定如果双方没有其他协议，承包人应设计该部分工程。如果承包人不具备设计资质，也可以委托有资质单位进行分包。变更的设计工作应按合同规定承包人负责设计的规定执行，包括：

①承包人应按照合同中说明的程序向工程师提交该部分工程的承包人的文件。

②承包人的文件必须符合规范和图纸的要求。

③承包人应对该部分工程负责，并且该部分工程完工后应适合于合同中规定的预期目的。

④在开始竣工检验之前，承包人应按照规范规定向工程师提交竣工文件以及操作和维修手册。

接受变更建议的估价：

①如果此变更造成该部分工程的合同的价值减少，工程师应与承包人商定或决定一笔费用，并将之加入合同价格。这笔费用应是以下金额差额的一半（50％）：

合同价的减少。由此变更造成的合同价值的减少，不包括依据后续法规变化作出的调整和因物价浮动调价所作的调整。

变更对使用功能的影响。考虑到质量、预期寿命或运行效率的降低，对业主而言已变更工作价值上的减少（如果存在）。

②如果降低工程功能的价值大于减少合同价格对业主的好处，则没有该笔奖励费用。

（五）按照计日工作实施的变更

对于一些小的或附带性的工作，工程师可以指示按计日工作实施变更。这时，工作应当按照包括在合同中的计日工作计划表进行估价。

在为工作订购货物前，承包人应向工程师提交报价单。当申请支付时，承包人应向工程师提交各种货物的发票、凭证，以及账单或收据。除计日工作计划表中规定不应支付的任何项目外，承包人应当向工程师提交每日的精确报表，一式两份，报表应当包括前一工作日中使用的各项资源的详细资料。

第三节　工程索赔费用的确定

一、工程索赔

工程索赔是在工程承包合同履行中，当事人一方由于另一方未履行合同所规定的义务或者出现了应当由对方承担的风险而遭受损失时，向另一方提出赔偿要求的行为。在实际工作中，索赔是双向的，如我国索赔就是双向的，既包括承包人向发包人的索赔，也包括发包人向承包人的索赔。但在工程实践中，发包人索赔数量较小，而且处理方便，可以通过冲账、扣拨工程款、扣保证金等实现对承包人的索赔；而承包人对发包人的索赔则比较困难一些。通常情况下，索赔是指承包人（施工单位）在合同实施过程中，对非自身原因造成的工程延期、费用增加而要求发包人给予补偿损失的一种权利要求。

（一）工程索赔产生的原因

1. 当事人违约

当事人违约常常表现为没有按照合同约定履行自己的义务。发包人违约常常表现为没有为承包人提供合同约定的施工条件、未按照合同约定的期限和数额付款等。工程师未能按照合同约定完成工作，如未能及时发出图纸、指令等也视为发包人违约。承包人违约的情况则主要是没有按照合同约定的质量、期限完成施工，或者由于不当行为给发包人造成其他损害。

2. 不可抗力事件

不可抗力又可以分为自然事件和社会事件。自然事件主要是不利的自然条件和客观障碍，如在施工过程中遇到了经现场调查无法发现、业主提供的资料中也未提到的、无法预料的情况，如地下水、地质断层等；社会事件则包括国家政策、法律、法令的变更等。

3. 合同缺陷

合同缺陷表现为合同文件规定不严谨甚至矛盾，合同中存在遗漏或错误。在这种情况下，工程师应当给予解释，如果这种解释将导致成本增加或工期延长，发包人应当给予补偿。

4. 合同变更

合同变更表现为设计变更、施工方法变更、追加或取消某些工作和合同其他规定的变更等。

5. 工程师指令

工程师指令有时也会产生索赔。如工程师指令承包人加速施工、进行某项工作、更换某些材料或采取某些措施等。

6. 其他第三方原因

其他第三方原因常常表现为与工程有关的第三方的问题而引起的对本工程的不利影响。

（二）工程索赔的分类

工程索赔依据不同的标准可以进行不同的分类。

1. 按索赔的合同依据分类

按索赔的合同依据可以将工程索赔分为合同中明示的索赔和合同中默示的索赔。

（1）合同中明示的索赔

合同中明示的索赔是指承包人所提出的索赔要求，在该工程项目的合同文件中有文字依据，承包人可以据此提出索赔要求，并取得经济补偿。这些在合同文件中有文字规定的合同条款，称为明示条款。

（2）合同中默示的索赔

合同中默示的索赔，即承包人的该项索赔要求，虽然在工程项目的合同条款中没有专门的文字叙述，但可以根据该合同的某些条款的含义，推论出承包人有索赔权。这种索赔要求，同样有法律效力，有权得到相应的经济补偿。这种有经济补偿含义的条款，在合同管理工作中被称为"默示条款"或称为"隐含条款"。默示条款是一个广泛的合同概念，它包含合同明示条款中没有写入、但符合双方签订合同时设想的愿望和当时环境条件的一切条款。这些默示条款，或者从明示条款所表述的设想愿望中引申出来，或者从合同双方在法律上的合同关系引申出来，经合同双方协商一致，或被法律和法规所指明，都成为合同文件的有效条款，要求合同双方遵照执行。

2. 按索赔目的分类

按索赔目的可以将工程索赔分为工期索赔和费用索赔。

（1）工期索赔

由于非承包人责任的原因而导致施工进程延误，要求批准顺延合同工期的索赔，称之为工期索赔。工期索赔形式上是对权利的要求，以避免在原定合同竣工日不能完工时，被发包人追究拖期违约责任。一旦获得批准合同工期顺延后，承包人不仅免除了承担拖期违约赔偿费的严重风险，而且可能得到工期提前的奖励，最终仍反映在经济收益上。

（2）费用索赔

费用索赔的目的是要求经济补偿。当施工的客观条件改变导致承包人增加开支，要求对超出计划成本的附加开支给予补偿，以挽回不应由承包人承担的经济损失。

3. 按索赔事件的性质分类

按索赔事件的性质可以将工程索赔分为工程延误索赔、工程变更索贴、合同被迫终止索赔、工程加速索赔、意外风险和不可预见因素索赔和其他索赔。

（1）工程延误索赔

因发包人未按合同要求提供施工条件，如未及时交付设计图纸、施工现场、道路等，或因发包人指令工程暂停或不可抗力事件等原因造成工期拖延的，承包人对此提出索赔。这是工程中常见的一类索赔。

（2）工程变更索赔

由于发包人或监理工程师指令增加或减少工程量，或增加附加工程、修改设计、变更工程顺序等，造成工期延长和费用增加，承包人对此提出索赔。

（3）合同被迫终止的索赔

由于发包人或承包人违约以及不可抗力事件等原因造成合同非正常终止，无责任的受害方因其蒙受经济损失而向对方提出索赔。

（4）工程加速索赔

由于发包人或工程师指令承包人加快施工速度，缩短工期，引起承包人人力、财力、物力的额外开支而提出的索赔。

（5）意外风险和不可预见因素索赔

在工程实施过程中，因人力不可抗拒的自然灾害、特殊风险以及有经验的承包人通常不能合理预见的不利施工条件或外界障碍，如地下水、地质断层、溶洞或地下障碍物等引起的索赔：

（6）其他索赔

如因货币贬值、汇率变化、物价、工资上涨和政策法令变化等原因引起的索赔。

4. 按索赔的有关当事人分类

①承包商同业主之间的索赔。

②总承包商同分包商之间的索赔。

③承包商同供货商之间的索赔。

④承包商向保险公司、运输公司索赔等。

5. 按索赔的对象分类

可分为索赔和反索赔，

①索赔是指承包商向业主提出的索赔

②反索赔主要是指业主向承包商提出的索赔。

6. 按索赔的处理方式分类

可分为单项索赔和总索赔。

（1）单项索赔

单项索赔就是采取一事一索赔的方式，即在每一件索赔事项发生后，报送索赔通知书，编报索赔报告，要求单项解决支付，不与其他的索赔事项混在一起。这是工程索赔通常采用的方式，它避免了多项索赔的相互影响和制约，解决起来较容易。

（2）总索赔

总索赔又称综合索赔或一揽子索赔，即对整个工程（或某项工程）中所发生的数起索赔事项，综合在一起进行索赔。总索赔是在特定的情况下采用的一种索赔方法，应尽量避免采用，因为它涉及的因素十分复杂，不太容易索赔成功。

二、工程索赔的处理原则和计算

（一）工程索赔的处理原则

1. 索赔必须以合同为依据

不论是风险事件的发生，还是当事人不完成合同工作，都必须在合同中找到相应的依据，当然，有些依据可能是合同中隐含的。工程师依据合同和事实对索赔进行处理是其公平性的重要体现。在不同的合同条件下，这些依据很可能是不同的。如因为不可抗力导致的索赔，在国内，承包人机械设备损坏的损失，是由承包人承担的，不能向发包人索赔；但在 FIDIc 合同条件下，不可抗力事件一般都列为业主承担的风险，损失都应当由业主承担如果到了具体的合同中，各个合同的协议条款不同，其依据的差别就更大了。

2. 及时、合理地处理索赔

索赔事件发生后，索赔的提出应当及时，索赔的处理也应当及时。索赔处理得不及时，对双方都会产生不利的影响，如承包人的索赔长期得不到合理解决，索赔积累的结果会导致其资金困难，同时会影响工程进度，给双方都带来不利的影响处理索赔还必须坚持合理性原则，既考虑到国家的有关规定，也应当考虑到工程的实际情况。如承包人提出索赔，要求机械停工按照机械台班单价计算损失显然是不合理的，因为机械停工不发生运行费用：

3. 加强主动控制，减少工程索赔

对于工程索赔应当加强主动控制，尽量减少索赔。这就要求在工程管理过程中，应当尽量将工作做在前面，减少索赔事件的发生。这样能够使工程更顺利地进行，降低工程投资，缩短施工工期。

（二）工程索赔程序

当合同当事人一方向另一方提出索赔时，要有正当的索赔理由，且有索赔事件发生时的有效证据，如发包人未能按合同约定履行自己的各项义务或发生错误以及第三方原因，给承包人造成延期支付合同价款、延误工期或其他经济损失，包括不可抗力延误的工期等。

①承包人提出索赔申请。合同实施过程中，凡不属于承包人责任导致项目拖期和成本增加事件发生后的 28 天内，必须以正式函件通知工程师，声明对此事项要求索赔，同时仍须遵照工程师的指令继续施工。如果逾期申报，工程师有权拒绝承包人的索赔

要求。

②发出索赔意向通知后 28 天内，向工程师提出补偿经济损失和（或）延长工期的索赔报告及有关资料。正式提出索赔申请后，承包人应抓紧准备索赔的证据资料，包括事件的原因、对其权益影响的证据资料、索赔的依据，以及其他计算出的该事件影响所要求的索赔额和申请顺延工期天数，并在索赔申请发出的 28 天内报出。

③工程师审核承包人的索赔申请。工程师在收到承包人送交的索赔报告和有关资料后，于 28 天内给予答复，或要求承包人进一步补充索赔理由和证据。接到承包人的索赔信件后，工程师应该立即研究承包人的索赔资料，在不确认责任属谁的情况下，依据自己的同期纪录资料客观分析事故发生的原因，依据有关合同条款，研究承包人提出的索赔证据。必要时还可以要求承包人进一步提交补充资料，包括索赔的更详细说明材料或索赔计算的依据。工程师在 28 天内未予答复或未对承包人作进一步要求，视为该项索赔已经认可。

④当该索赔事件持续进行时，承包人应当阶段性地向工程师发出索赔意向，在索赔事件终了后 28 天内，向工程师提供索赔的有关资料和最终索赔报告。

⑤工程师与承包人谈判，双方各自依据对这一事件的处理方案进行友好协商，若能通过谈判达成一致意见，则该事件较容易解决，如果双方对该事件的责任、索赔款额或工期顺延天数分歧较大，通过谈判达不成共识的话，按照条款规定，工程师有权确定一个他认为合理的单价或价格作为最终的处理意见报送业主并相应通知承包人。

⑥发包人审批工程师的索赔处理证明。发包人首先根据事件发生的原因、责任范围、合同条款审核承包人的索赔申请和工程师的处理报告，再根据项目的目的、投资控制和竣工验收要求，以及针对承包人在实施合同过程中的缺陷或不符合合同要求的地方提出反索赔方面的考虑，决定是否批准工程师的索赔报告。

⑦承包人是否接受最终的索赔决定。承包人同意了最终的索赔决定，索赔事件即告结束。若承包人不接受工程师的单方面决定或业主删减的索赔或工期顺延天数，就会导致合同纠纷。通过谈判和协调，双方达成互让的解决方案是处理纠纷的理想方式。如果双方不能达成谅解就只能诉诸仲裁或者诉讼。

承包人未能按合同约定履行自己的各项义务和发生错误给发包人造成损失的，发包人也可按上述时限向承包人提出索赔。

（三）FIDIC 合同条件规定的工程索赔程序

FIDIC 合同条件只对承包人的索赔作出了规定。

1. 承包人发出索赔通知

如果承包人认为有权得到竣工时间的任何延长期和（或）任何追加付款，应当向工程师发出通知，说明索赔的事件或情况。该通知应当尽快在承包人察觉或者应当察觉该事件或情况后 28 天内发出。

2. 承包人未及时发出索赔通知的后果

如果承包人未能在上述 28 天期限内发出索赔通知，则竣工时间不得延长，承包人无权获得追加付款，而业主应免除有关该索赔的全部责任。

3. 承包人递交详细的索赔报告

在承包人察觉或者应当察觉该事件或情况后 42 天内，或在承包人可能建议并经工程师认可的其他期限内，承包人应当向工程师递交一份充分详细的索赔报告，包括索赔的依据、要求延长的时间和（或）追加付款的全部详细资料。如果引起索赔的事件或者情况具有连续影响，则：

①上述充分详细的索赔报告应被视为中间索赔报告；

②承包人应当按月递交进一步的中间索赔报告，说明累计索赔延误时间和（或）金额，以及所有可能的要求合理的详细资料；

③承包人应当在索赔的事件或者情况产生的影响结束后 28 天内，或在承包人可能建议并经工程师认可的其他期限内，递交一份最终索赔报告。

4. 工程师的答复

工程师在收到索赔报告或对过去索赔的所有进一步证明资料后 42 天内，或在工程师可能建议并经承包人认可的其他期限内作出回应，表示批准或不批准、或不批准并附具体意见。工程师应当商定或者确定应给予竣工时间的延长期及承包人有权得到的追加付款。

（四）索赔的依据

提出索赔的依据有以下几个方面：

①招标文件、施工合同文本及附件，其他各签约（如备忘录、修正案等）文件，经认可的工程实施计划、各种工程图纸、技术规范等。这些索赔的依据可在索赔报告中直接引用。

②双方的往来信件及各种会谈纪要。在合同履行过程中，业主、监理工程师和承包人定期或不定期的会谈所作出的决议或决定，是合同的补充，应作为合同的组成部分。但会谈纪要只有经过各方签署后才可作为索赔的依据。

③进度计划和具体的进度以及项目现场的有关文件。进度计划和具体的进度安排是现场有关文件变更索赔的重要证据。

④气象资料、工程检查验收报告和各种技术鉴定报告，工程中送停电、送停水、道路开通和封闭的记录和证明。

⑤国家有关法律、法令、政策文件，官方的物价指数、工资指数，各种会计核算资料，材料的采购、订货、运输、进场及使用方面的凭据。

可见，索赔要有证据，证据是索赔报告的重要组成部分。证据不足或没有证据，索赔就不可能成立。总之，施工索赔是利用经济杠杆进行项目管理的有效手段，对承包人、发包人和监理工程师来说，处理索赔问题水平的高低，反映了对项目管理水平的高低。

由于索赔是合同管理的重要环节，也是计划管理的动力，更是挽回成本损失的重要手段，所以随着建筑市场的建立和发展，它将成为项目管理中越来越重要的问题。

（五）索赔的计算

1. 可索赔的费用

费用内容一般可以包括以下几个方面：

①人工费。包括增加工作内容的人工费、停工损失费和工作效率降低的损失费等累计，但不能简单地用计日工费计算。

②设备费。可采用机械台班费、机械折旧费、设备租赁费等几种形式。

③材料费。

④保函手续费。工程延期时，保函手续费相应增加；反之，取消部分工程且发包人与承包人达成提前竣工协议时，承包人的保函金额相应折减，则计入合同价内的保函手续费也应扣减。

⑤贷款利息。

⑥保险费。

⑦利润。

⑧管理费。此项又可分为现场管理费和公司管理费两部分，由于二者的计算方法不一样，所以在审核过程中应区别对待。

2. 费用索赔的计算

计算费用索赔的方法有实际费用法、修正总费用法等。

（1）实际费用法

该方法是按照每索赔事件所引起损失的费用项目分别分析计算索赔值，然后将各费用项目的索赔值汇总，即可得到总索赔费用值。这种方法以承包人为某项索赔工作所支付的实际开支为依据，但仅限于由于索赔事项引起的、超过原计划的费用，故也称额外成本法。在这种计算方法中，需要注意的是不要遗漏费用项目。

（2）修正总费用法

这种方法是对总费用法的改进，即在总费用计算的原则上，去掉一些不确定的可能因素，对总费用法进行相应的修改和调整，使其更加合理。

3. 工期索赔中应当注意的问题

在工期索赔中特别应当注意以下问题：

（1）划清施工进度拖延的责任

因承包人的原因造成施工进度滞后，属于不可原谅的延期；只有承包人不应承担任何责任的延误，才是可原谅的延期有时工期延期的原因中可能包含有双方责任，此时工程师应进行详细分析，分清责任比例，只有可原谅延期部分才能批准顺延合同工期。可原谅延期，又可细分为可原谅并给予补偿费用的延期和可原谅但不给予补偿费用的延期；后者是指非承包人责任的影响并未导致施工成本的额外支出，大多属于发包人应承担风险责任事件的影响，如异常恶劣的气候条件影响的停工等。

（2）被延误的工作应是处于施工进度计划关键线路上的施工内容

只有位于关键线路上工作内容的滞后，才会影响到竣工日期但有时也应注意，既要看被延误的工作是否在批准进度计划的关键路线上，又要详细分析这一延误对后续工作的可能影响。因为若对非关键路线工作的影响时间较长，超过了该工作可用于自由支配的时间，也会导致进度计划中非关键路线转化为关键路线，其滞后将导致总工期的拖延。此时，应充分考虑该工作的自由时间，给予相应的工期顺延，并要求承包人修改施工进度计划

4. 工期索赔的计算

工期索赔的计算主要有网络图分析和比例计算法两种

（1）网络图分析法

网络图分析法是利用进度计划的网络图，分析其关键线路。如果延误的工作为关键工作，则总延误的时间为批准顺延的工期；如果延误的工作为非关键工作，当该工作由于延误超过时差限制而成为关键工作时，可以批准延误时间与时差的差值；若该工作延误后仍为非关键工作，则不存在工期索赔问题。

（2）比例计算法的计算公式

对于已知部分工程的延期的时间：

$$工期索赔值＝（受干扰部分工程的合同价／原合同总价）\times$$
$$该受干扰部分工期拖延时间$$

对于已知额外增加工程量的价格：

$$工期索赔值＝（额外增加的工程量价格／原合同总价）\times 原合同总工期$$

比例计算法简单方便，但有时不尽符合实际情况。比例计算法不适用于变更施工顺序、加速施工、删减工程量等事件的索赔。

三、索赔报告的内容

索赔报告的具体内容，随该索赔事件的性质和特点而有所不同。但从报告的必要内容与文字结构方面而论，一个完整的索赔报告应包括以下4个部分。

（一）总论部分一般包括以下内容

序言；索赔事项概述；具体索赔要求；索赔报告编写及审核人员名单。

文中首先应概要地论述索赔事件的发生日期与过程；施工单位为该索赔事件所付出的努力和附加开支；施工单位的具体索赔要求。在总论部分最后，附上索赔报告编写组主要人员及审核人员的名单，注明有关人员的职称、职务及施工经验，以表示该索赔报

告的严肃性和权威性。总论部分的阐述要简明扼要，说明问题。

（二）根据部分

本部分主要是说明自己具有的索赔权利，这是索赔能否成立的关键。根据部分的内容主要来自该工程项目的合同文件，并参照有关法律规定。该部分中施工单位应引用合同中的具体条款，说明自己理应获得经济补偿或工期延长。

根据部分的篇幅可能很大，其具体内容随各个索赔事件的特点而不同。一般来说，根据部分应包括以下内容：索赔事件的发生情况；已递交索赔意向书的情况；索赔事件的处理过程；索赔要求的合同根据；所附的证据资料。

在写法结构上，按照索赔事件发生、发展、处理和最终解决的过程编写，并明确全文引用有关的合同条款，使建设单位和监理工程师能历史地、逻辑地了解索赔事件的始末，并充分认识该项索赔的合理性和合法性。

（三）计算部分

索赔计算的目的，是以具体的计算方法和计算过程，说明自己应得经济补偿的款额或延长时间。如果说依据部分的任务是解决索赔能否成立，则计算部分的任务就是决定应得到多少索赔款额和工期。前者是定性的，后者是定量的。

在款额计算部分，施工单位必须说明下列问题：索赔款的要求总额；各项索赔款的计算，如额外开支的人工费、材料费、管理费和损失的利润；指明各项开支的计算依据及证据资料。施工单位应注意采用合适的计价方法。首先，应根据索赔事件的特点及自己所掌握的证据资料等因素来确定。其次，应注意每项开支款的合理性，并指出相应的证据资料的名称及编号。切忌采用笼统的计价方法和不实的开支款额。

（四）证据部分

证据部分包括该索赔事件所涉及的一切证据资料，以及对这些证据的说明，证据是索赔报告的重要组成部分，没有翔实可靠的证据，索赔是不能成功的。在引用证据时，要注意该证据的效力或可信程度，因此，对重要的证据资料最好附以文字证明或确认件。例如，对一个重要的电话内容，仅附上自己的记录本是不够的，最好附上经过双方签字确认的电话记录，或附上发给对方要求确认该电话记录的函件。即使对方未予复函，也可说明责任在对方，因为对方未复函确认或修改，按惯例应理解为已默认。

第四节 工程价款结算

一、工程价款结算方法

所谓工程价款结算是指承包人在工程实施过程中，依据施工承包合同中关于付款条款的规定和已经完成的工程量，并按照规定的程序向建设单位（业主）收取工程价款的一项经济活动。

工程价款结算是工程项目承包中的一项十分重要的工作，主要表现在：

第一，工程价款结算是反映工程进度的主要指标。在施工过程中，工程价款结算的依据之一就是按照已完成的工程量进行结算。也就是说，承包人完成的工程量越多，所应结算的工程价款就应越多。所以，根据累计已结算的工程价款占合同总价款的比例，能够近似地反映出工程的进度情况，有利于准确掌握工程进度。

第二，工程价款结算是加速资金周转的重要环节。承包人能够尽快尽早地结算工程价款，有利于偿还债务，也有利于资金的回笼，降低内部运营成本。通过加速资金周转，提高资金使用的有效性。

第三，工程价款结算是考核经济效益的重要指标。对于承包人来说，只有工程价款如数地结算，才意味着避免了经营风险，承包人也才能够获得相应的利润，进而达到良好的经济效益。

（一）工程价款结算依据

工程价款结算应按合同约定办理。合同未作约定或约定不明的，发承包双方应依照下列规定与文件协商处理：

①国家有关法律、法规和规章制度。

②国务院建设行政主管部门、省、自治区、直辖市或有关部门发布的工程造价计价标准、计价办法等有关规定。

③建设项目的合同、补充协议、变更签证和现场签证，以及经发承包人认可的其他有效文件。

④其他可依据的材料。

（二）工程价款的主要结算方式

我国现行工程价款结算根据不同情况，可采取多种方式。工程进度款的结算与支付应当符合下列规定：

1. 按月结算

月支付即实行按月支付进度款，竣工后清算的方法。合同工期在两个年度以上的工程，在年终进行工程盘点，办理年度结算。我国现行建筑安装工程价款结算中，相当一部分实行这种按月结算与支付的方法。

2. 分段结算与支付

即当年开工，当年不能竣工的单项工程或单位工程按照工程形象进度，划分不同阶段进行支付工程进度款。具体划分在合同中进行明确规定。

（三）工程价款的结算程序

我国现行建设工程价款结算中，相当一部分是实行按月结算的。这种结算办法是按分部分项工程，即以假定建筑安装产品为对象，按月结算（或预支），待工程竣工后再办理竣工结算，一次结清，找补余款。

按分部分项工程结算，便于建设单位和银行根据工程进展情况控制分期付款额度，也便于施工单位的施工消耗及时得到补偿，并同时实现利润，且能按月考核工程成本的执行情况。

1. 工程预付款及工程进度款

施工企业承包工程一般都实行包工包料，这就需要有一定数量的备料周转金。在工程承包合同条款中，一般要明文规定发包人（甲方）在开工前拨付给承包人（乙方）一定限额的工程预付备料款。此预付款构成施工企业为该承包工程项目储备主要材料、结构件所需的流动资金。

工程进度款是施工企业在施工过程中，按逐月（或形象进度、控制界面等）完成的工程数量计算各项费用，向建设单位（业主）办理工程进度价款。

2. 工程变更价款及工程索赔费用

工程变更及索赔费用的确定，一般伴随工程进度款支付一并考虑，但也有在工程竣工结算前完成的。

3. 工程价款价差的确定

在经济发展过程中，物价水平是动态的、经常不断变化的，有时上涨快、有时上涨慢，有时甚至表现为下降。工程建设项目中合同周期较长的项目，随着时间的推移，经常要受到物价浮动等多种因素的影响，其中主要是人工费、材料费、施工机械费和运费等的动态影响。因此有必要在工程价款结算中充分考虑动态因素，也就是要把多种动态因素纳入到结算过程中认真加以计算，使工程价款结算能够基本上反映工程项目的实际消耗费用。这对避免承包人（或业主）遭受不必要的损失，获取必要的调价补偿，从而维护合同双方的正当权益是十分必要的。

工程价款价差调整的方法有工程造价指数调整法、实际价格调整法、调价文件计算法和调值公式法等，下面分别加以介绍。

（1）工程造价指数调整法

这种方法是承发包方采用当时的预算（或概算）定额单价计算出承包合同价，待竣工时，根据合理的工期及当地工程造价管理部门所公布的该月度（或季度）的工程造价指数，对原承包合同价予以调整。调整重点为由于实际人工费、材料费和施工机械费等费用上涨及工程变更因素造成的价差，并对承包人给予调价补偿。

（2）实际价格调整法

在我国，由于建筑材料需要市场采购的范围越来越大，有些地区规定对钢材、木材、水泥等三大材的价格采取按实际价格结算的方法。工程承包人可凭发票按实报销。这种方法方便而准确。但由于是实报实销，因而承包人对降低成本不感兴趣，为了避免副作用，地方主管部门要定期发布最高限价，同时合同文件中应规定建设单位或工程师有权要求承包人选择更廉价的供应来源。

（3）调价文件计算法

这种方法是承发包方采取按当时的预算价格承包，在合同工期内，按照造价管理部门调价文件的规定，进行抽料补差（在同一价格期内按所完成的材料用量乘以价差。也有的地方定期发布主要材料供应价格和管理价格，对这一时期的工程进行抽料补差）。

（4）调值公式法

根据国际惯例，对建设项目工程价款的动态结算一般采用调值公式法。事实上，在绝大多数国际工程项目中，甲乙双方在签订合同时就明确列出调值公式，并以此作为价差调整的计算依据。

建筑安装工程费用价格调值公式一般包括固定部分、材料部分和人工部分。但当建筑安装工程的规模和复杂性增大时，公式也变得更为复杂。

在运用调值公式进行工程价款价差调整中要注意以下几点：

①固定要素通常的取值范围在 0.15 ～ 0.35。固定要素对调价的结果影响很大，它与调价余额成反比关系。固定要素微小的变化，隐含着在实际调价时很大的费用变动，所以，承包人在调值公式中采用的固定要素取值要尽可能偏小。

②调值公式中有关的各项费用，按一般国际惯例，只选择用量大、价格高且具有代表性的一些典型人工费和材料费，通常是大宗的水泥、砂石料、钢材、木材和沥青等，并用它们的价格指数变化综合代表材料费的价格变化，以便尽量与实际情况接近。

③在许多招标文件中要求承包人在投标中提出各部分成本的比重系数，并在价格分析中予以论证。但也有的是由发包人（业主）在招标文件中即规定一个允许范围，由投标人在此范围内选定。

④调整有关各项费用要与合同条款规定相一致。例如，签订合同时，承发包双方一般应商定调整的有关费用和因素，以及物价波动到何种程度才进行调整。在国际工程中，一般在超过 ±5% 时才进行调整。如有的合同规定，在应调整金额不超过合同原始价5%时，由承包人自己承担；在5% ～ 20%时，承包人负担10%，发包人（业主）负担90%；超过20%时，则必须另行签订附加条款。

⑤调整有关各项费用应注意地点与时点。地点一般指工程所在地或指定的某地市场价格。时点是指某月某日的市场价格。这里要确定两个时点价格，即签订合同时间某个时点的市场价格（基础价格）和每次支付前一定时间的时点价格。这两个时点就是计算调值的依据。

⑥确定每个品种的系数和固定要素系数，品种的系数要根据该品种价格对总造价的影响程度而定。各品种系数之和加上固定要素系数应该等于1。

（四）工程保修金（尾留款）

按照有关规定，工程项目总造价中应预留出一定比例的尾留款作为质量保修费用（又称保留金），待工程项目保修期结束后最后拨付。有关尾留款应如何扣除，一般有两种做法：

①当工程进度款拨付累计额达到该建筑安装工程造价的一定比例（一般为95%～97%）时，停止支付，预留造价部分作为尾留款。

②尾留款（保留金）的扣除也可以从发包人向承包人第一次支付的工程进度款开始，在每次承包人应得的工程款中扣留投标书附录中规定金额作为保留金，直至保留金总额达到投标书附录中规定的限额为止。

（五）其他费用

1. 安全施工方面的费用

承包人按工程质量、安全及消防管理有关规定组织施工，采取严格的安全防护措施，承担由于自身的安全措施不力造成事故的责任和因此发生的费用。非承包人责任造成的安全事故，由责任方承担责任和发生的费用。

发生重大伤亡及其他安全事故时，承包人应按有关规定立即上报有关部门并通知工程师，同时按政府有关部门要求处理，发生的费用由事故责任方承担。

承包人在动力设备、输电线路、地下管道、密封防震车间、易燃易爆地段以及临街交通要道附近施工时，施工开始前应向工程师提出安全保护措施，经工程师认可后实施，防护措施费用由发包人承担。

实施爆破作业，在放射、毒害性环境中施工（含存储、运输、使用）及使用毒害性、腐蚀性物品施工时，承包人应在施工前14天以书面形式通知工程师，并提出相应的安全保护措施，经工程师认可后实施。安全保护措施费用由发包人承担。

2. 专利技术及特殊工艺涉及的费用

发包人要求使用专利技术或特殊工艺的，须负责办理相应的申报手续，承担申报、试验、使用等费用。承包人按发包人要求使用，并负责试验等有关工作。承包人提出使用专利技术或特殊工艺的，报工程师认可后实施。承包人负责办理申报手续并承担有关费用。

擅自使用专利技术侵犯他人专利权的，责任者承担全部后果及所发生的费用。

3. 文物和地下障碍物涉及的费用

在施工中发现古墓、古建筑遗址等文物及化石或其他有考古、地质研究等价值的物品时，承包人应立即保护好现场并于4小时内以书面形式通知工程师，工程师应于收到书面通知后24小时内报告当地文物管理部门，承发包双方按文物管理部门的要求采取妥善的保护措施。发包人承担由此发生的费用，延误的工期相应顺延。

如施工中发现古墓、古建筑遗址等文物及化石或其他有考古、地质研究等价值的物品，隐瞒不报致使文物遭受破坏的，责任方、责任人依法承担相应责任。

施工中发现影响施工的地下障碍物时，承包人应于8小时内以书面形式通知工程师，同时提出处置方案，工程师收到处置方案后8小时内予以认可或提出修正方案。发包人承担由此发生的费用，延误的工期相应顺延。

（六）竣工结算

工程竣工结算是指施工企业按合同规定的内容完成全部所承包的工程，经验收质量合格，并符合合同要求后，向发包单位进行的最终工程价款的结算。是工程价款确定的最后环节。

①工程竣工验收报告经发包人认可后28天内，承包人向发包人递交竣工结算报告及完整的结算资料，双方按照协议书约定的合同价款及专用条款约定的合同价款调整内容，进行工程竣工结算。

②发包人收到承包人递交的竣工结算报告及结算资料后28天内进行核实，给予确认或者提出修改意见。发包人确认竣工结算报告后通知经办银行向承包人支付工程竣工结算价款。承包人收到竣工结算价款后14天内将竣工工程交付发包人。

③发包人收到竣工结算报告及结算资料后28天内无正当理由不支付工程竣工结算价款的，从第29天起按承包人同期向银行贷款利率支付拖欠工程价款的利息，并承担违约责任。

④发包人收到竣工结算报告及结算资料后28天内不支付工程竣工结算价款的，承包人可以催告发包人支付结算价款。发包人在收到竣工结算报告及结算资料后56天内仍不支付的，承包人可以与发包人协议将该工程折价，也可以由承包人申请人民法院将该工程按法拍卖，承包人就该工程折价或者拍卖的价款优先受偿。

⑤工程竣工验收报告经发包人认可后28天内，如承包人未能向发包人递交竣工结算报告及完整的结算资料，造成工程竣工结算不能正常进行或工程竣工结算价款不能及时支付，发包人要求交付工程的，承包人应当交付；发包人不要求交付工程的，承包方承担保管责任。

⑥发包人和承包人对工程竣工结算价款发生争议时，按争议的约定处理。在实际工作中，当年开工、当年竣工的工程，只需办理一次性结算。跨年度的工程，在年终办理一次年终结算，将未完工程结转到下一年度，此时竣工结算等于各年度结算的总和。办理工程价款竣工结算的一般计算公式为：

竣工结算工程价款＝预算（或概算）或合同价款＋施工过程中预算或合同价款调整

数额－预付及已结算工程价款－保修金

二、竣工结算的编制与审查

（一）竣工结算概述

一般来讲，任何一项工程，不管其投资主体或资金来源如何，只要是采取承发包方式营建并实行按工程预算、结算的，当工程竣工点交后，承包人与发包人都要办理竣工结算。从理论上讲，实行按投资概算包干或按施工图预算包干的工程以及招标投标发包的工程，不存在竣工结算问题，只要依照合同，合同价就是分次支付和最终结清工程价款的依据。但从我国建设市场运作的实际情况和工程建设的一般规律来看，一方面由于立项、报批、可行性研究、规划、勘察和设计等制度还不完善，项目法人制度不健全，行政干预的情况较严重，市场机制不成熟，承发包双方法治观念不强，合同意识淡薄等，在项目上马以后，往往产生工程条件不成熟，工程规模、建设标准变化大，设计修改多，合同存有先天性缺陷或隐患，造成实行投资的该包干的包干不了，实行招标投标的其范围又涵盖不了工程的全部情况，造价调整频繁。另一方面，工程建设是一项系统工程，受到很多方面的牵制，工程的初始阶段和结束阶段难免有所调整，就是实行投资包干的工程也会考虑预留一些调整余地，例如增加一定的不可预见系数，以满足调整的需要。因而在施工合同中往往订立有关调整价格和经济补偿的特别条款，发包人承诺必要时负担某些费用，在项目竣工阶段就可能出现补充结算的情况，以对承发包、价格进行最后的调整。因此，办理竣工结算仍是发包人和承包人合同部门的重要职责，也是咨询机构、代理人员的主要工作之一。

办理竣工结算，实际上就是按编制施工图预算、招标投标报价、工程变更价款、工程索赔款的方法确定工程的最终建筑安装价格。承包人通过竣工结算，最终取得工程项目的应收价款发包人与承包人共同编制、审核、认可的工程竣工结算书，是银行支付款项的依据。同时，发包人与承包人双方的财务部门，也要根据竣工结算书办理往来款的清账结算，如发包人扣回承包人已支的预付款和进度款，应收的发包人供材料款、设备款和水电费等其他代付费用竣工结算办理完毕后，承包人一方面要据此调整实际完成的建筑安装工程工作量，另一方面要对照分析考核成本，即工程盈亏情况，与分包人办理结算；发包人要据此调整投资计划，对超支的投资应设法平衡补上，对节约的投资可安排他用工程竣工结算文件不仅是竣工决算的重要依据，还是一种历史性资料在实际工作中，有些竣工结算文件也是主管部门编制建筑安装技术经济指标和价格指数的重要来源，也是咨询代理人、承包人编制标底、投标报价的重要信息资源。

1. 竣工结算的原则

办理工程竣工结算，要求遵循以下基本原则：

①任何工程的竣工结算，必须在工程全部完工、经点交验收并提出竣验收报告以后方能进行。对于未完工程或质量不合格者，一律不得办理竣工结算对于竣工验收过程中

提出的问题，未经整改达到设计或合同要求，或已整改而未经重新验收认可者，也不得办理竣工结算当遇到工程项目规模较大且内容较复杂时，为了给竣工结算创造条件，应尽可能提早做好结算准备，在施工进入最后收尾阶段即将全面竣工之前，结算双方取得一致意见，就可以开始逐项核对结算的基础资料，但办理结算手续仍应到竣工以后，不能违反原则，擅自结算。

②工程竣工结算的各方应共同遵守国家有关法律、法规、政策方针和各项规定，要依法办事，防止抵触、规避法律、法规、政策方针和其他各项规定及弄虚作假行为的发生。要对国家负责，对集体负责，对工程项目负责，对投资主体的利益负责，严禁通过竣工结算，高估冒算，甚至串通一气，套用国家和集体资金，挪作他用或牟取私利

③工程竣工结算一般都会涉及许多具体复杂的问题，要坚持实事求是，针对具体情况具体分析，从实际出发，对于具体疑难问题的处理要慎重，要有针对性，做到既合法，又合理，既坚持原则，又灵活对待。不得以任何借口和强调特殊原因，高估冒算和增加费用，也不得无理压价，以致损害相对方的合法利益。

④应强调合同的严肃性。合同是工程结算最直接、最主要的依据之一，应全面履行工程合同条款，包括双方根据工程实际情况共同确认的补充条款同时，应严格执行双方据以确定合同造价的包括综合单价、工料单价及取费标准和材料设备价格等计价方法，不得随意变更，变相违反合同以达到不正当目的

⑤办理竣工结算必须依据充分，基础资料齐全。包括设计图纸、设计修改手续、现场签证单、价格确认书、会议记录、验收报告和验收单，其他施工资料，原施工图预算和报价单，发包发供材料及设备清单等，保证竣工结算建立在事实基础上，防止走过场或虚构事实的情况发生。

2. 竣工结算的程序

办理竣工结算应按一定的程序进行。由于建设工程的施工周期大多比较长，跨年度的工程较多，且多数情况下作为一个项目的整体可能包括很多单位工程，涉及面广。各个单位工程的完工按计划有先有后，承包人不能等到建设项目报竣工时统一来办理结算。因此在实际工作中，竣工结算以单位工程为基础，完成一项，结算一项，直至项目全部完成为止。以下是竣工结算的一般程序：

①对确定作为结算对象的工程项目内容进行全面认真的清点，备齐结算依据和资料。

②以单位工程为基础，对施工图预算、报价的内容，包括项目、工程量、单价及计算方面进行检查核对。为了尽可能做到竣工结算不漏项，可在工程即将竣工时，召开单位内部由施工、技术、材料、生产计划、财务和预算人员参加的办理竣工结算预备会议，必要时也可邀请发包人、监理单位等参加会议，做好核对工作。包括：

A.核对开工前施工准备与水、电、煤气、路、污水、通信、供热、场地平整等。

B.核对土方工程挖、运数量，堆土处置的方法和数量。

C.核对基础处理工作，包括淤泥、流砂、暗浜、河流、塌方等引起的基础加固有

无漏算。

D. 核对钢筋混凝土工程中的钢筋含量是否按规定进行调整，包括为满足施工需要所增加的钢筋数量。

E. 核对加工订货的规格、数量与现场实际施工数量是否相符。

F. 核对特殊工程项目与特殊材料单价有无应调整而未调整的。

G. 核对室外工程设计要求与施工实际是否相符。

H. 核对因设计修改引起的工程变更记录与增减账是否相符。

I. 核对分包工程费用支出与预算收入是否有矛盾。

J. 核对施工图要求与施工实际有无不符的项目。

K. 核对单位工程结算书与单项工程结算书有关相同项目、单价和费用是否相符。

L. 核对施工过程中有关索赔的费用是否有遗漏。

M. 核对其他有关的事实、根据、单价和与工程结算相关联的费用。

经检查核对，如发生多算、漏算或计算错误以及定额分部分项或单价错误，应及时进行调整漏项应予补充，如有重复或多算应删减。

③对发包人要求扩大的施工范围和由于设计修改、工程变更、现场签证引起的增减预算进行检查，核对无误后，分别归入相应的单位工程结算书。

④将各个专业的单位工程结算分别以单项工程为单位进行汇总，并提出单项工程综合结算书。

⑤将各个单项工程汇总成整个建设项目的竣工结算书。

⑥编写竣工结算编制说明，内容主要为结算书的工程范围、结算内容、存在的问题以及其他必须加以说明的事宜。

⑦复写、打印或复印竣工结算书，经相关部门批准后送发包人审查签认。

（二）竣工结算方法

竣工结算方法同编制施工图预算或投标报价的方法在很多地方基本一样，可以相通，但也有所不同，有其特点，主要应从以下几个方面着手。

1. 注重检查原施工图预算、报价单和合同价

在编制竣工结算的工作中，一方面，应当注重检查原预算价、报价和合同价，熟悉所必备的基础资料，尤其是对报价的单价内容，即每个分项内容所包括的范围，哪些项目允许按设计和招标要求予以调整或换算，哪些项目不允许调整和换算都应予以充分了解。另一方面，要特别注意项目所示的计算单位，计算调整工程量所示的计量单位，一定要与原项目计量单位相符合；对用定额的，就要熟悉定额子目的工作内容、计量单位、附注说明、分项说明、总说明及定额中规定的工、料、机的数量，从中发现按定额规定可以调整和换算的内容；对合同价，主要是检查合同条款对合同价格是否可以调整的规定。

2. 熟悉竣工图纸，了解施工现场情况

工作人员在编制竣工结算前，必须充分熟悉竣工图，了解工程全貌，对竣工图中存在的矛盾和问题应及时提出。要克服进行竣工结算时自认为已经熟悉施工图及怕麻烦的思想，应充分认识到竣工图是反映工程全貌和最终反映工程实际情况的图纸。同时还要了解现场全过程实际情况，如土方是挖运还是填运，土壤的类别，运输距离，是场外运输还是场内运输，钢筋混凝土和钢构件采用什么方法运输、吊装，采用哪种脚手架进行施工，等等。如已按批准的施工方案实施的可按施工方案办理，如没有详细明确的施工方案，或施工方案有调整的，则应向有关人员了解清楚，这样才能正确确定有关分部分项的工程量和工程价格，避免竣工结算与现场脱节，影响结算质量和脱离实际的情况发生。

3. 计算和复核工程量

计算和复核工程量的工作在整个竣工结算过程中仍是重要的一道工序。尽管原先做施工图预算和报价时已经完成了大量的计算任务，但由于设计修改、工程变更等原因会引起工程量的增减或重叠，有些子目有时会有重大的变化甚至推倒重来，所以不仅要对原计算进行复核，而且有可能需要重新计算。因此，计算和复核工作量花费的时间有时会很长，会影响结算的及时性，只有充分予以重视，才能保证结算的质量和如期完成。

工程量的计算和复核应与原工程量计算口径相一致，对新增子目的，可以直接按照国家和地方的工程量计算规则的规定办理。

4. 汇总竣工工程量

工程量计算复核完毕经仔细核对无误后，一般应根据预算定额或原报价的要求，按分部分项工程的顺序逐项汇总，整理列项，列项可以分为增加栏目和减少栏目，既为套用单价提供方便，也可以使发包人在审核时方便对照。对于不同的设计修改但内容相同的项目，应先进行同类合并，在备注栏内加以说明以免混淆或漏算。

5. 套用原单价或确定新单价

汇总的工程结算工程量经核对无误就可以套用原定额单价和报价单价。选用的单价应与原预算或原报价的单价相同，对于新增的项目必须与竣工结算图纸要求的内容相适应，分项工程的名称、规格、计量单位要与预算定额分部分项工程所列的内容一致，施工预算或原报价中没有相同的单价时，应按定额或原报价单价相类似的项目确定价格，没有相类似项目的价格时，应由承包人根据定额编制的基本方法、原则或报价确定或合同确定的基本原则编制一次性补充单价作为结算的依据，以免重套、漏套或错套单价以及不符合实际的乱定价，影响工程结算。

6. 正确计算有关费用

单价套完经核对无误后，应计算合价，并按分部分项计算分部工程的价格，再把各分部的价格相加得合计。如果是按预算定额、可调工料单价估价法或固定综合单价估价法编制结算的，应根据这些计算方法和当地的规定，分别按价差调整办法计算价差，求

出管理费、利润、税金等，然后把这些费用相加就得出该单位工程的结算总造价。

7. 作竣工结算工料分析

竣工结算工料分析是承包人进行经济核算的重要工作和主要指标，也是发包人进行竣工决算总消耗量统计的必要依据，同时还是提高企业管理水平的重要措施，此外还是造价主管机构统计社会平均物耗水平真实的信息来源。作竣工结算工料分析，应按以下方法进行：

①逐项从竣工结算中的分项工程结算中查出各种人工、材料和机械的单位用量并乘以该工程项目的工程量，就可以得出该分项工程各种人工、材料和机械的数量。

②按分部分项的顺序，将各分部工程所需的人工、材料和机械分别进行汇总，得出该分部工程各人工、材料和机械的数量。

③将各分部工程进行再汇总，就得出该单位工程各种人工、材料和机械的总数量，并可进而得知万元和平方米的消耗量。在进行工料分析时，要注意把钢筋混凝土、钢结构等制品、半制品单独进行分析，以便进行成本核算和结算"三大材"指标。

8. 写竣工结算编制说明

编写竣工结算说明，应明确结算范围、依据和发包人供材料的基本内容、数量，对尚不明确的事实做出说明。

①竣工结算范围既是项目的范围，也包括专业工程范围。工程项目范围可以是全部建设工程或单项工程和单位工程，应视具体情况而定；专业工程范围是指土建工程，安装工程，防水、耐酸等特殊工程，在明确专业工程范围时应注意竣工图已有反映，但由发包人直接发包的专业项目，以免引起误解。

②竣工结算依据主要应写明采用的竣工图纸及编号，采用的计价方法和依据，现行的计价规定，合同约定的条件，招标文件及其他有关资料。

③发包人供材料的基本内容通常为钢材、木材、水泥、设备和特殊材料，应列明规格数量和供货的方式，以便财务清账，一目了然。

④其他有关事宜。

（三）竣工结算的审查与监督

1. 竣工结算的审查

竣工结算书编制完成后，须按照一定的程序进行审查确认才能生效。发包人在收到承包人提出的工程竣工结算书后，由发包人或其委托的具有相应资质的工程咨询代理单位对之进行审查，并按合同约定的时间提出审查意见，作为办理竣工结算的依据。

竣工结算的审查目的在于保证结算的合法性和合理性，正确反映工程所需的费用，只有经审核的竣工结算才具有合法性，才能得到正式的确认，从而成为发包人与承包人支付款项的有效凭证。

（1）竣工结算审查方法

竣工结算审查有全面审查法、重点审查法、经验审查法和分析对比法等。

①全面审查法。顾名思义是对结算项目进行全面的审查，包括招标投标文件，合同的约定条款，工程量和单价、取费等各项费用，等等，是按各分部分项施工顺序和定额分部分项顺序，对各个分项工程中的工程细目从头到尾逐一详细审查的一种方法，是最全面、最彻底、最客观、最有效且符合竣工结算审查根本要求的一种审查方法。竣工结算直接涉及利益分配，随着市场经济机制的建立和进一步发展成熟，发包人以及承包人的经济意识不断增强，必然会对之予以高度重视。此外，工程招投标代理机构和相关的咨询机构也以较快的速度发展起来，适应市场变化，参与到承发包价格的控制和管理活动中来，以服务的方式和较强的专业技术力量进行价格审查。因此，全面审查法已成为竣工结算常用的和主要的方法之一。

②重点审查法。是抓住竣工结算重点进行审核，例如选择工程量大的或造价较高的项目进行重点审查，对补充单价进行重点审查，对计取的各项费用进行重点审查，对招标投标项目尤其是对现场签证、设计修改所增加的费用进行重点审查。

③经验审查法。主要是凭实践经验，审查容易发生差错的那部分工程量等问题，如土方工程，会遇到土壤类别、挖土放坡比例、挖运和填运、土方堆置相互混淆和交叉等问题；又如钢筋工程，施工图往往不能很详细地反映现浇钢筋混凝土构件交叉节点：搭接、定尺长度和施工措施用钢筋等。凭经验发现差错，较容易解决问题。

④分析对比法。是针对相类似的建筑物，特别是通常使用定型标准图和标准设计的城镇住宅建设的审查方法。例如用单元组合的条形住宅，通过分析对比只要解决合用轴线部分的工程量分配问题，就可很快地在标准消耗量上进行调整，得到较准确的结算依据。

总之，竣工结算审查的方法很多，除了以上的方法外，还有统筹审核法、快速审核法、分组计算审核法和利用手册审核法，等等。

（2）竣工结算审查的主要内容

竣工结算的主要内容，应放在招标投标文件、合同约定的条款、工程量是否正确、单价套用是否正确、各项费用是否符合现行规定等方面。

①审查招标投标文件及合同约定的条款。建设工程承发包，或是采用公开招标、邀请招标、议标方式，或是采用直接发包、指定发包方式，每种发包方式最终都以合同或协议的形式规定双方的权利和义务。采用招标投标方式的，有招标书、投标书等，其实质是要约邀请、要约、承诺的过程。合同一般在适用格式条款基础上，对具体可变的某种情况进行调整。例如，每个工程都有其特征，即使同样的工程由于建设工程周期有长有短，时期不一，环境地域不同，市场价格变化大，供求关系变化大，也都会影响发包人的招标策略。如采用预算定额报价方式的，由于供求关系发生了变化，发包人提出按预算定额下降一定的幅度；某些材料的用量很大，对造价有很大的影响，发包人根据已有的生产或采购便利，以发包人供材料方式供货且要求施工管理费用按规定的费率乘以折扣系数；开办费用一次报价，包干使用等，这些调整都是审查的内容，是发包人和承包人在招标投标及订立合同时的要约和承诺，也是竣工结算时必须遵守的。采用直接发

包或指定发包的，发包人通常会要求承包人明示人工单价、主要材料单价、施工设备台班单价、费用、利润标准等，以合同条款制约承包人，也是一方要约，一方承诺。作为承包人，需要对招标投标文件和合同约定的条款予以响应，并作为自己的义务。因此，竣工结算审查一开始，首先要对招标文件和合同条款进行审查，以指导工程量和单价费用的审查。

②审查工程量。审查工程量应先审查是否按计算规则进行计算建筑物的实体与按计算规则计算出的实物工程量概念不同，结果并不完全相等，前者可以直接用数学计算式进行计算，而后者则需先执行计算规则，在计算规则指导下再用数学计算式进行计算，只有按计算规则计算的实物工程量才符合规范。

例如，挖掘沟槽、基坑土石方工程量的计算规则是：图示沟底宽在 3m 内，且沟槽长大于宽 3 倍以上的为沟槽，图示基坑底面积在 20m^2 以内的为基坑，图示沟底宽 3m 以外，坑底面积 20m^2 以外，平整场地挖土方厚度在 300mm 以外，均按挖土方计算；挖沟槽、基坑，要增加放坡系数，如一、二类人工挖土，其深度超过 1.2m 时按 1：0.5 计算系数；如需增加挡土板时，应按图示沟槽，基坑底宽单面加 100mm，双面加 200mm 计算；挖土时，还需增加工作面，如砖基础每边各增加工作面宽度为 200mm；挖沟槽长度，外墙按图示中心线长度计算，内墙按图示基础底面之间净长度计算，内外突出部分体积并入沟槽土方工程量内计算。又如，混凝土工程量除另有规定者外，均按图示尺寸实体体积以 m^3 计算，不扣除构件内钢筋、预埋铁件及墙板中 0.3m^2 内的孔洞所占体积等。

再审查工程量计算式，按工程量计算规则进行计算，计算要正确。审查工程量计算是审查竣工结算的基础性、重复性的工作，涉及面广，数量多，所用时间长，容易发生差错，也是审查的重点，在审查中，应先按建筑，结构或水、暖、电等专业分类，在各专业的工程量计算式中，每一计算式应注明轴线编号和楼层部位；计算式应简练，尽量使用简便计算公式；计算式不要连成一体，以免混淆，难以辨认，要便于查阅，最后列表汇总。遇同一子目套用多种单价的工程量时，例如，某工程钢筋混凝土柱其总高度为 60，其中 20m 以下的柱断面为 750mm×750mm，40m 以下的柱断面为 600mm×600mm，60m 以下的柱断面为 450mm×450mm；根据设计要求，混凝土强度等级 45m 以下为 C35，45m 以上为 C30；20m 以下的柱断面共 3 层，第一层柱高为 9m，第二层柱高为 6m，第三层柱高为 5m。对这种同一根柱子涉及不同周长的模板，不同规格钢筋，两种强度等级混凝土的，计算式应按柱周长 3.6m 以内及超过 3.6m 的每超过支撑增加费用等复杂情况列成分表形式，不要顾此失彼，造成不必要的误差，这样才能使误差率减至最低程度，直至消除误差。

③审查分部分项子目。审查分部分项子目可按施工顺序和预算定额顺序，如按定额顺序审查，可从土石方工程，桩基础工程，脚手架工程，砌筑工程、钢筋混凝土、混凝土工程等的先后顺序一一过目，进行对照审查，该方法看起来很麻烦，不相干的子目也过了目，其实定额子目排列是有规律的，用此方法能达到事半功倍的效果。同时，遇到特殊工程时，应加以注意，这样可以提示审查者不漏项、不重复。在审查过程中，每审

查一个子目后在工程量计算书上标一记号，待按所有定额顺序过目后，未标记号的剩余项就不会遗漏，可以引起重视，达到审查效果。

④审查单价套用是否正确。审查结算单价，应注意以下几个方面：

A.结算单价是否与报价单价相符，子目内容没有变化的仍应套用原单价，如单价有变化的，则要查明原因；内容发生变化的要分析具体的内容，审查单价是否符合成立的条件。

B.结算单价是否与预算定额的单价相符，其名称、规格、计量单位和所包括的工程内容是否相一致。

C.对换算的单价，首先要审查换算的分项工程是否是定额所允许的，其次审查换算的过程是否正确。

D.对补充的单价，要审查补充单价是否符合预算定额编制原则或报价时关于工、料、机的约定，单位估价表是否正确。

⑤审查其他有关费用。

A.其他直接费的内容，各专业和各地的情况不同，具体审查计算时，应按专业和当地的规定执行，要符合规定和要求。

B.利润和税金的审查，重点为计取基础和费率是否符合当地有关部门的现行规定，有无多算或重算的现象。

在审核固定综合单价时，其基本的内容和方法与上述方法相同，重点是综合单价组成的所有费用应与报价和合同约定的相一致。

2. 竣工结算的监督

我国建设市场经济活动的情况表明，竣工结算历来是一个难点和热点。由于各种原因，建设工程投资失控，结算超预算、预算超概算、概算超估算的现象仍然普遍存在。因此，加强竣工结算监督已变得越来越重要。建立竣工结算的监督制度，将十分有利于提高工作人员的业务素质，调整各方利益，合理控制造价，防止腐败现象的发生。

（1）加强竣工结算的外部监督

①法律、规范监督。竣工结算的法律、规范监督首先是要建立起竣工结算相应的法律、规范制度。随着社会的进一步发展，指导竣工结算的针对性较强的各地各部门的实施办法或实施细则也将陆续出台。其次是有法必依、依法办事，要求发包人、承包人、咨询代理人等必须严格遵照法律、法规的规定，在法律、法规允许的范围内进行竣工结算工作，避免违法行为发生。再次是完善人民法院、仲裁委员会对于竣工结算合同双方当事人的争议进行司法鉴定、仲裁、判决的法律手段和程序，以法律的方式维护当事人的合法权益，保障当事人的权利不受侵犯，保证建设市场的正常运行。对于在竣工结算过程中有触犯刑法行为的，应按《中华人民共和国刑法》的规定严惩不贷。

②行政监督。各级人民政府的主管部门应是竣工结算行政监督的主体。工程承发包管理机构对工程竣工结算负有监督责任。政府部门的行政监督主要是运用宏观管理手段，通过咨询代理机构资质和人员资格的培训、考核、申请、批准，认定有资质的咨询代理

人和有资格的专业技术人员持证参与竣工结算活动；对于发包人，可以允许其自己办理竣工结算，但要符合基本条件，如不符合，则应委托有资质的单位或有资格的人员办理；同时，可以定期对咨询机构人员进行再教育培训、复查、评比、处理，以提高人员的整体素质。其次，政府和国有集体投资的工程项目竣工结算，应按有关规定报经工程承发包管理机构和有关部门审定。工程承发包管理机构有权定期和不定期地抽查工程竣工结算。对于其他工程竣工结算双方的争议，也可根据双方的要求进行调解，从而起到监督的作用。

③行业监督。随着改革的发展和深化，经济活动受市场支配的因素日益增大，行业监督已经显示出较强的社会性作用。在国外，行业监督是竣工结算的主要监督方式。在国内，要加强咨询代理机构、人员的行业监督，就应建立健全行业组织，规定行业会员准入制，在行业组织内，要加强行业自律和进行职业道德教育以及公德教育，可实行批评教育、劝退、制裁等方式，从而净化行业组织，扩大和提高行业在社会上的影响，使注册的机构和人员能够得到市场的承认。

④社会监督。社会监督是竣工结算体系的重要组成部分。社会监督不像其他监督那样有直接的联系，但它有自己独特的作用和意义。通过社会监督，如党的监督、人民群众团体的监督，专业性学术团体的监督、新闻舆论的监督，可以使竣工结算审查过程中没有被发现的问题及时得到反映，暴露在广大人民群众的视野之中，促进对竣工结算审查违法犯罪行为的揭露，有利于公开、公平、公正，有利于防止和惩治腐败现象的发生，有利于提高竣工结算的工作质量。

（2）实行竣工结算的内部监督

竣工结算的内部监督主要有：

①承包人的监督。办理竣工结算时，承包人应指定有资格的人员持证上岗操作，竣工结算完成后，交相关部门流转核对无误，签上编制人员的姓名，复核人员进行复核并签名后，交单位主管领导审核，最后盖上单位的公章或合同专用章送交发包人，从而保证竣工结算质量。

②发包人的监督。发包人对竣工结算文件进行研究后，应成立以主管人员为主，相关人员参与的审查班子进行监督管理。相关人员对相关的事务负责，如物资、设备采购人员应对物资和设备提出清单交主管人员审核；财务人员应将财务支付列出清单交主管人员；现场人员应对现场从开工到工程竣工验收后的所有签证、现场记录、会议备忘录等进行整理后交由主管人员。所有关于竣工结算的材料收齐后，再由主管人员根据实际情况，提出建议，或自办竣工结算，或委托咨询代理机构办理竣工结算，最后由发包人的主管负责人进行审定。在委托办理竣工结算时，应派专人对口予以协助和跟踪审查，竣工结算审查结束以后，应写出竣工结算的专题总结报告。

③咨询代理人的监督。咨询代理人是办理竣工结算审查的专业单位，应建立完整、规范的操作制度，应有持专业执业证书的人员上岗，每个工程项目由于涉及多项专业，应由主审人牵头，专业人员各司其职，不能互相代替。所有的计算公式、套用的单价和

取费等，均应增加透明度，防止暗箱操作、秘密交易或无理拒绝对方的建议和意见；需要多人受理和商洽的，不可以单独参与。竣工结算审查完成，签上审核人的名字后，应由专人复核，复核后也需签名并盖上咨询代理机构的审核专用章，写出竣工结算审查报告。发包人、承包人对审查报告有异议的，可向咨询代理人的行业行政主管部门提出复审的申请，经核准的，可以进行复审

（3）强调竣工结算监督的时间顺序

按时间顺序为标准，竣工结算的监督可分为事前监督、事中监督和事后监督。事前监督是指为防患于未然，在竣工结算之前实施监督，此种监督可采取教育、签订工作责任状等，做到未雨绸缪；事中监督是指在竣工结算过程中，根据事先制定的考核标准以及中间信息反馈，对竣工结算实施监督，这种监督比较有效，可将可能发生的各种问题在其发生之前予以解决；事后监督是指监督竣工结算实施结束之后对各方面的行为进行监督审查，以便及时处理和补救。三个阶段的监督按时间顺序前后相接，使竣工结算始终处于有效的控制和监督之中。

（4）咨询代理人应遵循的基本职责咨询代理人的基本职责

①遵守国家法律、法规，客观公正。

②不得参与与委托工程有关的经营活动或任职。

③独立承担受委托的工程代理业务，不得转让给其他单位。

④接受政府主管部门的监督、检查。

⑤按照国家法律、法规进行经营服务活动

咨询代理人员的基本职责：

①要有良好的职业道德、社会公德和敬业精神。

②在工作中必须遵守法律、法规和规章的规定。

③在资格证书指定的专业范围和有效期限内从事本工作。

④不得伪造、涂改、出借、转让、出卖资格证书、证章或岗位证书。

⑤完成工作文件时，加盖本人的执业证章。

⑥接受上级部门的检查。

（5）建立违反竣工结算基本职责的惩罚制度

竣工结算应严禁弄虚作假，高估冒算等不正当行为。对于不正当的竣工结算行为，有关部门和单位应当按照有关法律、法规的规定建立惩戒制度给予处罚；对于咨询代理机构，视其违纪行为可采取包括限期改正、降低资质等级，暂扣、吊销资质证书，责令停止活动、予以警告或没收非法所得、罚款等；因严重失职或者业务水平低劣，造成委托方重大经济损失的，应当承担相应的民事赔偿责任；因单位违反法律构成犯罪的，依法追究单位主管人员的刑事责任；对于咨询代理人员可采取批评、教育、警告、暂扣或吊销资格证书，如因严重失职或者业务水平低劣，造成他方损失的，应追究其个人连带责任；对玩忽职守、滥用职权、徇私舞弊、索贿受贿的执行者，构成犯罪的，依法追究刑事责任。

第四章　建设工程决策阶段工程造价控制

第一节　可行性研究

一、可行性研究的概念

建设项目的可行性研究是在投资决策前对与拟建项目有关的社会、经济、技术等各方面进行深入细致的调查研究和全面的技术经济论证，对项目建成后的经济效益进行科学的预测和评价，是为项目决策提供科学依据的一种科学分析方法。

二、可行性研究的作用

可行性研究是保证项目建设以最小的投资耗费取得最佳的经济效益，是实现项目在技术上先进、经济上合理和建设上可行的科学方法。可行性研究的主要作用表现在以下几个方面。

（一）可行性研究作为建设项目投资决策和编制可行性研究报告的依据

可行性研究项目投资建设的首要环节。一项投资活动能否成功、效率如何，受到社会多方面因素的影响，包括经济的、技术的、政治的、法律的、管理的以及自然的因素。

如何对这些因素进行科学的调查与预测、分析与计算、比较与评价，是一项非常重要而又十分复杂的系统性工作，应该说是一种跨专业和资源的活动，其难度非常大。可行性研究对建设项目的各方面都进行了深入细致的调查研究，系统地论证了项目的可行性。项目投资与否，主要依据项目可行性研究所做出的定性和定量的技术经济分析。因此，可行性研究是投资决策的主要依据。

（二）可行性研究是作为筹集资金，向银行等金融组织、风险投资机构申请贷款的依据

对于需要申请银行贷款的项目，可行性研究提供了可参考的经济效益水平以及偿还能力等评估结论。银行等金融机构在确认项目是否可以获得贷款前，要对可行性研究报告进行全面分析、评估，最终进行贷款决策。目前，我国的建设银行、国家开发银行和投资银行等，以及其他境内外的各类金融机构在接受项目建设贷款时，都会对贷款项目进行全面、细致的分析评估，银行等金融机构只有在确认项目具有偿还贷款的能力、不承担过大风险的情况下，才会同意贷款。

（三）可行性研究是作为项目主管部门商谈合同、签订协议的依据

根据可行性研究报告，建设项目主管部门可同国内有关部门签订项目所需原材料、能源资源和基础设施等方面的协议和合同，以便与国外厂商就引进技术和设备进行签约。

（四）可行性研究是作为项目基本建设前期工作的依据

可行性研究报告是编制设计文件、进行建设准备工作的主要根据。

（五）可行性研究是作为项目拟采用的新技术，进行地形、地质及工业性工作的依据

项目拟采用的新技术、新设备必须是经过技术经济论证认为是可行的，方能拟订研制计划。

（六）可行性研究是作为环保部门审查项目对环境影响的依据

可行性研究也作为向项目建设所在地地方政府和规划部门申请施工许可证的依据。

三、可行性研究的内容

建设项目可行性研究的内容是论证项目可行性所包含的各个方面，具体包括建设项目在技术、财务、经济、商业、管理、环境保护等方面的可行性。可行性研究的最后成果是编制成一份可行性研究报告作为正式文件，这份文件既是报审决策的依据，又是向银行贷款的依据，同时，也是向政府主管部门申请经营执照以及同有关部门或单位合作谈判、签订协议的依据。可行性研究的主要内容要以一定的格式反映在报告中，其主要内容包括以下几个方面。

（一）总论

主要说明建设项目提出的背景，项目投资的必要性和可能性，项目投资后的经济效益，以及开展此项目研究工作的依据和研究范围。

（二）产品的市场需求预测和建设规模

项目产品的市场需求预测是建设项目可行性研究的重要环节，它关系到项目是否具备市场需求、是否能够实现产品的有效供给。通过市场调查和市场预测了解市场对项目的需求程度和市场前景，有效地做出决策。市场调查和市场预测需要了解的情况有以下几个方面。

①项目产品在国内外市场的供需情况。

②项目产品的竞争状况和价格变化趋势。

③影响市场因素的变化情况。

④产品的发展前景。

进行市场需求预测之后，根据预测的结果可以合理地安排建设规模，该建设规模一定是适应市场需求并能够实现较大经济效益的规模。

（三）资源、原材料、燃料及公用设施情况

在报告中详尽说明资源储量、资源利用效率、资源有效水平和开采利用条件；原材料，辅助材料，燃料，电力等其他能源输入品的种类、数量、质量、价格、来源和供应件；所需公共配套设施的数量、质量、取得方式以及现有的供应条件。

（四）建厂条件和厂址选择

对建厂的地理位置和交通运输、原材料、能源、动力等基础资料，以及工程地质、水文地质条件、废弃物处理、劳动力供应等社会经济自然条件的现状和发展趋势进行分析，同时，深入细致地分析经济布局政策和财政法律等现状，进行多方案的比较，提出选择意见。

（五）项目设计方案

确定项目的构成范围包括：主要单项工程的组成、主要技术工艺和设备选型方案的比较、引进技术、设备的来源（国内或国外制造）、公共辅助设施和场内外交通运输方式的比较和初选、项目总平面图和交通运输的设计、项目土建部分工程量估算等。

（六）环境保护与建设过程安全生产

环境保护是采用行政、法律、经济、科学技术等多方面措施，合理利用自然资源，防止污染和破坏，以求保持生态平衡、扩大有用自然资源的再生产，保障人类社会的发展。因此，在可行性研究中要全面分析项目对环境的影响，提出治理对策，分析评价环保工程的资金投入数量、有无保证、是否落实，在建设过程中有无特殊安全要求，如何保证安全生产，安全生产的措施和资金投入情况等。

（七）企业组织、劳动定员和人员培训

确定企业的生产组织形式和人员管理系统，根据产品生产工艺流程和质量要求来组织相适应的生产程序和生产管理职能机构，保证合理地完成产品的加工制造、储存、运输、销售等各项工作，并根据对生产技术和管理水平的需要来确定所需的各类人员并进行人员培训。

（八）项目施工计划和进度要求

建设项目实施中的每一个阶段都必须与时间表相关联。简单的项目实施可采用甘特图，复杂的项目实施则应采用网络进度图。

（九）投资估算和资金筹措

投资估算包括建设项目从施工建设起到项目报废为止所需的全部投资费用，即项目在整个建设期内投入的全部资金；资金筹措应说明资金来源渠道、筹措方式、资金清偿方式等。

（十）项目的经济评价

项目的经济评价包括财务效益评价和国民经济评价，对财务基础数据进行估算，采用静态分析和动态分析的方法，从而得出评价结论。

（十一）综合评价与结论、建议

综合分析以上全部内容，对各种数据、资料进行审核，得出结论性意见及合理化建议。

从以上可以看出，建设项目可行性研究的内容可概括为三大部分，第一部分是市场研究，包括产品的市场调查和预测研究，这是项目可行性研究的前提和基础，其主要任务是要解决项目的"必要性"问题；第二部分是技术研究，即技术方案和建设条件研究，这是项目可行性研究的技术基础，它主要解决项目在技术上的"可行性"问题；第三部分是效益研究，即经济效益的分析和评价，这是项目可行性研究的核心部分，主要解决项目在经济上的"合理性"问题。市场研究、技术研究和效益研究共同构成项目可行性研究的三大支柱。

四、可行性研究报告的编制依据和要求

（一）可行性研究报告的编制依据

对建设项目进行可行性研究、编制可行性研究报告的主要依据有以下几点。

①项目建议书（初步可行性研究报告）及其批复文件。

②国家及地方的经济和社会发展规划、行业部门发展规划、国家经济建设的方针等。

③国家有关法律、法规和政策。

④对于大中型骨干项目，必须具有国家批准的资源报告、国土开发整治规划、区域

规划、江河流域规划、工业基地规划等有关文件。

⑤有关机构发布的工程建设方面的标准、规范和定额。

⑥合资、合作项目各方签订的协议书或意向书。

⑦委托单位的委托合同。

⑧经国家统一颁布的有关项目评价的基本参数和指标。

⑨有关的基础数据，包括地理、气象、地质、环境等自然和社会经济等基础资料和数据。

（二）可行性研究报告的编制要求

1. 编制单位必须具备承担可行性研究的条件

建设项目可行性研究报告的编写是一项专门性工作，技术要求很高。因此，编制可行性研究报告时，需要由具备一定的技术实力、技术装备、技术手段和丰富的实践经验的工程咨询公司、工程技术顾问公司、建筑设计院等专门从事可行性研究的单位来承担，这些单位同时还要具备一定的社会信誉。

2. 确保可行性研究报告的真实性和科学性

可行性研究的技术难度大，编制单位必须保持独立性和公正性，遵循事物发展的客观经济规律和科学研究工作的客观规律，在充分调查研究的基础上，依照实事求是的原则进行技术经济论证，科学地遴选方案，保证可行性研究的严肃性、客观性、真实性、科学性和可靠性。

3. 可行性研究的深度要规范化和标准化

不同行业、不同性质、不同特点的建设项目，其可行性研究的内容和深度要求标准是不同的，因此，研究深度及计算指标必须满足作为项目投资决策和进行设计的要求，具备一定的针对性和适用性。

4. 可行性研究报告必须经签证

可行性研究报告编制完成之后，应由编制单位的行政、技术、经济方面的负责人签字，并对研究报告的质量负责。

五、可行性研究报告的审批

建设项目可行性研究报告的审批与项目建议书的审批相同，即：对于政府投资项目或使用政府性资金、国际金融组织和外国政府贷款投资建设的项目，继续实行审批制并需报批项目可行性研究报告。凡不使用政府性投资资金（国际金融组织和外国政府贷款属于国家主权外债，按照政府投资资金进行管理）的项目，一律不再实行审批制，并区别不同情况实行核准制和备案制，无须报批项目可行性研究报告。

要逐步建立和完善政府投资责任追究制度，建立健全协同配合的企业投资监管体系，与项目审批、核准、实施有关的单位要各司其职，各负其责。

第二节　建设工程投资估算

一、投资估算的含义

建设项目投资估算是在对项目的建设规模、产品方案、工艺技术及设备方案、工程方案及项目实施进度等进行研究并基本确定的基础上，估算项目所需资金总额（包括建设投资和流动资金）并测算建设期分年资金使用计划。投资估算是拟建项目编制项目建议书、可行性研究报告的重要组成部分，是项目决策的重要依据之一。

投资估算的内容从费用构成来讲应包括该项目从筹建、设计、施工直至竣工投产所需的全部费用，可分为建设投资、建设期利息和流动资金三部分。建设投资估算内容按照费用的性质可划分为建筑安装工程费用（也称工程费用），设备及工、器具购置费用，工程建设其他费用和预备费用；建设期利息是指筹措债务资金时在建设期内发生并按照规定允许在投产后计入固定资产原值的利息，即资本化利息；流动资金是指生产经营性项目投产后，用于购买原材料、燃料、支付工资及其他经营费用等所需的周转资金。流动资金是伴随着建设投资而发生的长期占用的流动资产投资，即财务中的营运资金。

二、投资估算的作用

投资估算在项目开发建设过程中的作用如下。

①项目建议书阶段的投资估算，是项目主管部门审批项目建议书的依据之一，并对项目的规划、规模起参考作用。

②项目可行性研究阶段的投资估算，是项目投资决策的重要依据，也是研究、分析、计算项目投资经济效果的重要条件。

③投资估算对工程设计概算起控制作用，设计概算不得突破批准的投资估算额，并应控制在投资估算额以内。

④投资估算可作为项目资金筹措及制定建设贷款计划的依据，建设单位可根据批准的项目投资估算额，进行资金筹措和向银行申请贷款。

⑤投资估算是核算建设项目固定资产投资需要额和编制固定资产投资计划的重要依据。

⑥合理的投资估算是进行工程造价管理改革、实现工程造价事前管理和主动控制的前提条件。

三、投资估算的内容

投资估算文件一般由封面、签署页、编制说明、投资估算分析、总投资估算、单项工程估算、主要技术经济指标等内容组成。

（一）投资估算编制说明

投资估算编制说明一般包括以下内容。

①工程概况。

②编制范围。说明建设项目总投资估算中所包括的和不包括的工程项目和费用，如由几个单位共同编制时，应说明分工编制的情况。

③编制方法。

④编制依据。

⑤主要技术经济指标。包括投资、用地和主要材料用量指标。当设计规模有远、近期不同的考虑时，或者土建与安装的规模不同时，应分别计算后再综合。

⑥有关参数、率值选定的说明。如土地拆迁、供电供水、考察咨询等费用的费率标准选用情况。

⑦特殊问题的说明，包括采用新技术、新材料、新设备、新工艺时必须说明价格的确定，进口材料、设备、技术费用的构成与计算参数，采用矩形结构、异型结构的费用估算方法，环保（不限于）投资占总投资的比重，未包括项目或费用的必要说明等。

⑧采用限额设计的工程还应对投资限额和投资分解作进一步说明。

⑨采用方案比选的工程还应对方案比选的估算和经济指标作进一步说明。

（二）投资估算分析

①工程投资比例分析。一般建筑工程要分析土建、装饰、给排水、电气、暖通、空调、动力等主体工程，以及道路、广场、围墙、大门、室外管线、绿化等室外附属工程总投资的比例；一般工业项目要分析主要生产项目（列出各生产装置）、辅助生产项目、公用工程项目（给排水、供电和电信、供气、总图运输及外管）、服务性工程、生活福利设施、厂外工程占建设总投资的比例。

②分析设备及工器具购置费、建筑工程费、安装工程费、工程建设其他费用、预备费占建设总投资的比例，分析引进设备费用占全部设备费用的比例等。

③分析影响投资的主要因素。

④与国内类似工程项目的比较，分析说明投资高低原因。

（三）总投资估算

总投资估算包括汇总单项工程估算、工程建设其他费用，估算基本预备费、涨价预备费，计算建设期贷款利息等。

（四）单项工程投资估算

单项工程投资估算应按建设项目划分的各个单项工程分别计算组成工程费用的建筑

工程费、设备及工器具购置费、安装工程费。

（五）工程建设其他费用估算

工程建设其他费用估算应按预期将要发生的工程建设其他费用种类逐项详细估算其费用金额。

（六）其他说明

编制投资估算时除要完成上述表格编制和说明外，估算人员还应根据项目特点，计算并分析整个建设项目、各单项工程和主要单位工程的主要技术经济指标。

四、投资估算的编制依据、要求及步骤

（一）投资估算的编制依据

①国家、行业和地方政府的有关规定。

②工程勘察与设计文件，图示计量或有关专业提供的主要工程量和主要设备清单。

③行业部门，项目所在地工程造价管理机构或行业协会等编制的投资估算办法、投资估算指标、概算指标（定额）、工程建设其他费用定额（规定）、综合单价、价格指数和有关造价文件等。

④类似工程的各种技术经济指标和参数。

⑤工程所在地同期的人工、材料、设备的市场价格，建筑、工艺及附属设备的市场价格和有关费用。

⑥政府有关部门，金融机构等部门发布的价格指数、利率、汇率、税率等有关参数。

⑦与项目建设相关的工程地质资料、设计文件、图纸等。

⑧委托人提供的其他技术经济资料。

（二）投资估算的阶段划分与精度要求

在我国，项目投资估算是在做初步设计之前的一项工作。在做初步设计之前，根据需要可邀请设计单位参与编制项目规划和项目建议书，并可委托设计单位承担项目的初步可行性研究、可行性研究的编制工作，同时，应根据项目已明确的技术经济条件，编制和估算出精确度不同的投资估算额。

我国建设工程项目的投资估算可分为以下几个阶段。

1. 项目规划阶段的投资估算

建设工程项目规划阶段是指有关部门根据国民经济发展规划、地区发展规划和行业发展规划的要求编制一个项目的建设规划。此阶段是按项目规划的要求和内容，粗略地估算项目所需要的投资额，投资估算允许误差为 ±30%。

2. 项目建议书阶段的投资估算。

在项目建议书阶段，按项目建议书中的产品方案、项目建设规模、产品主要生产工

艺、企业车间组成、初选建厂地点等估算项目所需要的投资额。其对投资估算精度的要求为误差控制在 ±30% 以内。此阶段项目投资估算是为了判断一个项目是否需要进行下一阶段的工作。

3. 初步可行性研究阶段的投资估算

初步可行性研究阶段，是在掌握了更详细、更深入的资料条件下，估算项目所需的投资额，其对投资估算精度的要求为误差控制在 ±20% 以内。此阶段项目投资估算是为了确定是否进行详细可行性研究。

4. 详细可行性研究阶段的投资估算

详细可行性研究阶段的投资估算至关重要，因为这个阶段的投资估算经审查批准之后，便是工程设计任务中规定的项目投资限额，并可据此列入项目年度基本建设计划，其对投资估算精度的要求为误差控制在 ±10% 以内。

（三）投资估算的编制步骤

①分别估算各单项工程所需建筑工程费、设备及工器具购置费、安装工程费，在汇总各单项工程费用的基础上，估算工程建设其他费用和基本预备费，完成工程项目静态投资部分的估算。

②在静态投资部分的基础上，估算涨价预备费和建设期利息，完成工程项目动态投资部分的估算。

③估算流动资金。

④估算建设项目总投资。

五、投资估算的编制方法

根据投资估算的不同阶段，主要包括项目建议书阶段及可行性研究阶段的投资估算。可行性研究阶段的投资估算编制一般包含静态投资、动态投资与流动资金估算三部分。

（一）静态投资部分的估算方法

1. 单位生产能力估算法

单位生产能力估算法是根据已建成的、性质类似的建设项目的单位生产能力投资乘以建设规模，即得到拟建项目的静态投资额的方法。

这种方法将项目的建设投资与其生产能力的关系视为简单的线性关系，估算简便迅速。而事实上单位生产能力的投资会随生产规模的增加而减少，因此，这种方法一般只适用于与已建项目在规模和时间上相近的拟建项目，一般两者间的生产能力比值为0.2 ~ 2。

另外，由于在实际工作中不易找到与拟建项目完全类似的项目，通常是把项目按其构成的车间、设施和装置进行分解，分别套用类似车间、设施和装置的单位生产能力投资指标计算，然后加总求得项目总投资，或根据拟建项目的规模和建设条件，将投资进行适当调整后估算项目的投资额。

单位生产能力估算法要注意估算误差较大，可达 ±30%，应用该估算法时需要注意以下三个方面。

（1）地区性

建设地点不同，地区性差异主要表现为：两地经济情况不同；土壤、地质、水文情况不同；气候、自然条件的差异；材料、设备的来源、运输状况不同等。

（2）配套性

一个工程项目或装置，均有许多配套装置和设施，也可能产生差异，如公用工程、辅助工程、厂外工程和生活福利工程等，均随地方差异和工程规模的变化而各不相同，它们并不与主体工程的变化呈线性关系。

（3）时间性

工程建设项目的兴建，不一定是在同一时间建设，时间差异或多或少存在，在这段时间内可能在技术、标准、价格等方面发生变化。

2. 生产能力指数法

生产能力指数法又称指数估算法，它是根据已建成的类似项目生产能力和投资额来粗略估算拟建项目投资额的方法，是对单位生产能力估算法的改进。

生产能力指数是该法的关键因素，不同建设水平、生产率水平和不同性质的项目中，生产能力指数取值是不相同的。在正常情况下，0 ≤ 生产能力指数 ≤ 1。

若已建类似项目的生产规模与拟建项目生产规模相差不大，则指数的取值近似为1。

若已建类似项目的生产规模与拟建项目生产规模相差不大于 50 倍，且拟建项目生产规模的扩大仅靠增大设备规模来达到时，则生产能力指数的取值为 0.6 ~ 0.7；若是靠增加相同规格设备的数量达到时，则生产能力指数的取值为 0.8 ~ 0.9。

指数法主要应用于拟建装置或项目与用来参考的已知装置或项目的规模不同的场合。与单位生产能力估算法相比精度略高，其误差可控制在 ±20% 以内，尽管估价误差仍较大，但有它独特的好处，这种估价方法不需要详细的工程设计资料，只知道工艺流程及规模就可以，在总承包工程报价时，承包商大都采用这种方法估价。

3. 系数估算法

系数估算法也称为因子估算法，它是以拟建项目的主体工程费或主要设备费为基数，以其他工程费占主体工程费或设备费的百分比为系数估算拟建项目静态投资的方法。在我国国内常用的方法有设备系数法和主体专业系数法，世界银行项目投资估算常用的方法是朗格系数法。

（1）设备系数法

设备系数法是指以拟建项目的设备费为基数，根据已建成的同类项目的建筑安装费和其他工程费等与设备价值的百分比，求出拟建项目建筑安装工程费和其他工程费，进而求出建设项目的静态投资。其计算公式为：

$$C = E (1 + f_1P_1 + f_2P_2 + f_3P_3 + \cdots) + I$$

式中：

C——拟建项目静态投资；

E——拟建项目根据当时当地价格计算的设备费；

P_1、P_2、P_3、…——已建项目中建筑、安装及其他工程费占设备费的比例；

f_1、f_2、f_3、…——由于时间因素引起的定额、价格、费用标准等变化的综合调整系数；

I——拟建项目其他费用。

（2）主体专业系数法

主体专业系数法是指以拟建项目中投资比重较大，并与生产能力直接相关的工艺设备投资为基数，根据已建同类项目的有关统计资料，计算出拟建项目各专业工程（总图、土建、采暖、给排水、管道、电气、自控等）占工艺设备投资的百分比，据此求出拟建项目各专业投资，然后相加即为拟建项目的静态投资。其计算公式为：

$$C = E (1 + f_1P_1{}' + f_2P_2{}' + f_3P_3{}' + \cdots) + I$$

式中：$f_1{}'$、$f_2{}'$、$f_3{}'$、…——已建项目中各专业工程费用占工艺设备投资的比例。

（3）朗格系数法

朗格系数法是指以设备费为基数，乘以适当系数来推算项目的静态投资。这种方法在国内不常见，是世界银行项目投资估算常采用的方法。该方法的基本原理是将项目总成本费用中的直接成本和间接成本分别计算，再合为项目的静态投资。其计算公式为：

$$C = E (1 + \sum K_i) K_c$$

式中：

K_i——管线、仪表、建筑物等项费用的估算系数；

K_c——管理费、合同费、应急费等间接费项目费用的总估算系数。

静态投资与设备费之比为朗格系数 KL，即：

$$K_L = (1 + \sum K_i) K_c$$

（4）指标估算法

指标估算法是指依据投资估算指标，对各单位工程或单项工程费用进行估算，进而估算建设项目总投资的方法。首先把拟建建设项目以单项工程或单位工程按建设内容纵向划分为各个主要生产设施、辅助及公用设施、行政及福利设施以及各项其他基本建设费用，按费用性质横向划分为建筑工程、设备及工器具购置、安装工程等费用；然后，根据各种具体的投资估算指标，进行各单位工程或单项工程投资的估算；在此基础上汇集编制成拟建建设项目的各个单项工程费用和拟建项目的工程费用投资估算；再按相关规定估算工程建设其他费、基本预备费等，形成拟建建设项目静态投资。

①建筑工程费投资估算。建筑工程费投资估算一般采用以下方法。

A.单位建筑工程投资估算法。单位建筑工程投资估算法指以单位建筑工程量的投资乘以建筑工程总量来计算建筑工程费的方法。一般工业与民用建筑以单位建筑面积（m²）的投资，水库以水坝单位长度（m）的投资，铁路路基以单位长度（km）的投资，矿山掘进以单位长度（m）的投资。

B.单位实物工程量投资估算法。单位实物工程量投资估算法以单位实物工程量的投资乘以实物工程总量计算。土石方工程按每立方米投资，矿井巷道衬砌工程按每延长米数投资，路面铺设工程按每平方米投资。

C.概算指标投资估算法。对于没有上述估算指标且建筑工程费占总投资比例较大的项目，可采用概算指标估算法。采用这种估算法，应具有较为详细的工程资料、建筑材料价格和工程费用指标，投入的时间和工作量较大。具体估算方法见有关专业机构发布的概算编制办法。

②设备及工、器具购置费估算。分别估算各单项工程的设备和工器具购置费，需要主要设备的数量、出厂价格和相关运杂费资料。一般运杂费可按设备价格的百分比估算，进口设备要注意按照有关规定和项目实际情况估算进口环节的有关税费，并注明需要的外汇额。主要设备以外的零星设备费可按占主要设备费的比例估算，工、器具购置费一般也按占主要设备费的比例估算。

③安装工程费估算。需要安装的设备应估算安装工程费，包括各种机电设备装配和安装工程费用，与设备相连的工作台、梯子及其安装工程费用，附属于被安装设备的管线敷设工程费用，安装设备的绝缘、保温、防腐等工程费用，单体试运转和联动无负荷试运转费用等。

安装工程费通常按行业或专业机构发布的安装工程定额、取费标准和指标估算投资。具体计算可按安装费率、每吨设备安装费或者每单位安装工程实物量的费用估算，即：

$$安装工程费＝设备原价 \times 安装费率$$
$$安装工程费＝设备吨位 \times 每吨设备安装费$$
$$安装工程费＝安装工程实物量 \times 安装费用指标$$

④工程建设其他费用估算。其他费用种类较多，无论采取何种投资估算分类，一般其他费用都需要按照国家、地方或部门的有关规定逐项估算。要注意随着地区和项目性质的不同，费用科目可能会有所不同。在项目的初期阶段，也可按照工程费用的百分数综合估算。

⑤基本预备费估算。基本预备费以工程费用、其他费用之和为基数乘以适当的基本预备费率（百分数）估算。预备费率的取值一般按行业规定，并结合估算深度确定，通常对外汇和人民币分别取不同的预备费率。

使用指标估算法应根据不同地区、年代、条件等进行调整。因为地区、年代不同，设备与材料的价格均有差异，调整方法可以以主要材料消耗量或"工程量"为计算依据，也可以按不同的工程项目的"万元工料消耗定额"确定不同的系数。如果有关部门已颁布了有关定额或材料价差系数（物价指数），也可以根据其调整。

使用估算指标法进行投资估算绝不能生搬硬套，必须对工艺流程、定额、主要材料价格及费用标准进行分析，经过实际的调整与换算后才能提高其精确度。

（5）混合法

混合法是根据主体专业设计的阶段和深度，投资估算编制者所掌握的国家及地区、行业或部门相关投资估算基础资料和数据，以及其他统计和积累的、可靠的相关造价基础资料，对一个拟建建设项目采用生产能力指数法与比例估算法或系数估算法与比例估算法混合估算其相关投资额的方法。

（二）动态投资部分的估算方法

动态投资部分包括涨价预备费和建设期利息两部分。动态部分的估算应以基准年静态投资的资金使用计划为基础来计算，而不是以编制的年静态投资为基础计算。

1. 涨价预备费

如果是涉外项目，还应该计算汇率的影响。汇率是两种不同货币之间的兑换比率，汇率的变化意味着一种货币相对于另一种货币的升值或贬值。由于涉外项目的投资中包含人民币以外的币种，需要按照相应的汇率把外币投资额换算为人民币投资额，因此汇率变化就会对涉外项目的投资额产生影响。

（1）外币对人民币升值

项目从国外市场购买设备材料所支付的外币金额不变，但换算成人民币的金额增加；从国外借款，本息所支付的外币金额不变，但换算成人民币的金额增加。

（2）外币对人民币贬值

项目从国外市场购买设备材料所支付的外币金额不变，但换算成人民币的金额减少；从国外借款，本息所支付的外币金额不变，但换算成人民币的金额减少。

估计汇率变化对建设项目投资的影响，是通过预测汇率在项目建设期内的变动程度，以估算年份的投资额为基数，相乘计算求得。

2. 建设期利息

建设期利息包括银行借款和其他债务资金的利息以及其他融资费用。其他融资费是指某些债务融资中发生的手续费、承诺费、管理费、信贷保险费等融资费用，一般情况下应将其单独计算并计入建设期利息；在项目前期研究的初期阶段，也可作粗略估算并计入建设投资；对于不涉及国外贷款的项目，在可行性研究阶段，也可作粗略估算并计入建设投资。

（三）流动资金投资估算

流动资金是项目投产之后，为进行正常生产运营而用于支付工资、购买原材料等的周转性资金。流动资金估算一般是参照现有同类企业的状况采用分项详细估算法，个别情况或者小型项目可采用扩大指标估算法。

1. 分项详细估算法

流动资金的显著特点是在生产过程中不断周转，其周转额的大小与生产规模及周转速度直接相关。分项详细估算法是根据项目的流动资产和流动负债，估算项目所占用流动资金的方法。其中，流动资产的构成要素一般包括存货、库存现金、应收账款和预付账款；流动负债的构成要素一般包括应付账款和预收账款。流动资金等于流动资产和流动负债的差额，其计算公式为：

$$流动资金＝流动资产－流动负债$$
$$流动资产＝应收账款＋预付账款＋存货＋现金$$
$$流动负债＝应付账款＋预收账款$$
$$流动资金本年增加额＝本年流动资金－上年流动资金$$

进行流动资金估算时，首先计算各类流动资产和流动负债的年周转次数，然后再分项估算占用资金额。

（1）周转次数

周转次数是指流动资金的各个构成项目在一年内完成多少个生产过程，可用1年的天数（通常按360天计算）除以流动资金的最低周转天数计算，则各项流动资金年平均占用额度为流动资金的年周转额度除以流动资金的年周转次数，即：

$$周转次数＝360（天）/流动资金最低周转天数$$

各类流动资产和流动负债的最低周转天数，可参照同类企业的平均周转天数并结合项目特点确定，或按部门（行业）的规定。另外，在确定最低周转天数时应考虑储存天数、在途天数，并考虑适当的保险系数。

（2）应收账款

应收账款是指企业对外赊销商品、提供劳务尚未收回的资金。其计算公式为：

$$应收账款＝年经营成本/应收账款周转次数$$

（3）预付账款

预付账款是指企业为购买各类材料、半成品或服务所预先支付的款项。其计算公式为：

$$预付账款＝外购商品或服务年费用金额/预付账款周转次数$$

（4）存货

存货是指企业为销售或者生产耗用而储备的各种物资，主要有原材料、辅助材料、燃料、低值易耗品、维修备件、包装物、商品、在产品、自制半成品和产成品等。为简化计算，仅考虑外购原材料、燃料、其他材料和产成品，并分项进行计算。其计算公式为：

$$存货＝外购原材料、燃料＋其他材料＋在产品＋产成品$$
$$外购原材料、燃料＝年外购原材料、燃料费用／分项周转次数$$
$$其他材料＝年其他材料费用／其他材料周转次数$$
$$产成品＝（年经营成本－年其他营业费用）／产成品周转次数$$

（5）现金

项目流动资金中的现金是指货币资金，即企业生产运营活动中停留于货币形态的那部分资金，包括企业库存现金和银行存款。其计算公式为：

$$现金＝（年工资及福利费＋年其他费用）／现金周转次数$$
$$年其他费用＝制造费用＋管理费用＋营业费用－（以上三项费用中所含的$$
$$工资及福利费、折旧费、摊销费、修理费）$$

（6）流动负债估算

流动负债是指在一年或者超过一年的一个营业周期内，需要偿还的各种债务，包括短期借款、应付票据、应付账款、预收账款、应付工资、应付福利费、应交税金、其他暂收应付款、预提费用和一年内到期的长期借款等。在可行性研究中，流动负债的估算可以只考虑应付账款和预收账款两项。其计算公式为：

$$应付账款＝外购原材料、燃料动力及其他材料年费用／应付账款周转次数$$
$$预收账款＝预收的营业收入年金额／预收账款周转次数$$

2. 扩大指标估算法

扩大指标估算法是根据现有同类企业的实际资料，求得各种流动资金率指标，也可以根据行业或部门给定的参考值或经验确定比率，将各类流动资金率乘以相对应的费用基数来估算流动资金。一般常用的基数有营业收入、经营成本、总成本费用和建设投资等，究竟采用何种技术依行业习惯而定。其计算公式为：

$$年流动资金＝年费用基数 \times 各类流动资金率$$

扩大指标估算法简便易行，但准确度不高，适用于项目建议书阶段的估算。

六、投资估算文件的编制与审核

投资估算文件一般由封面、签署页、编制说明、投资估算分析、总投资估算表、单项工程估算表、主要技术经济指标等内容组成。在编制投资估算文件时，应严格按照规定的内容格式执行。

（一）投资估算的编制内容

①工程概况。

②编制范围。

③编制方法。

④编制依据。

⑤主要技术经济指标。

⑥有关参数、率值选定的说明。

⑦特殊问题的说明（包括采用新技术、新材料、新设备、新工艺时，必须说明的价格的确定，进口材料、设备、技术费用的构成与计算参数，采用矩形结构、异形结构的费用估算方法，环保投资占总投资的比重，未包括项目或费用的必要说明等）。

①采用限额设计的工程还应对投资限额和投资分解作进一步说明。

②采用方案比选的工程还应对方案比选的估算和经济指标作进一步说明。

（二）投资估算分析的内容

①工程投资比例分析。一般建筑工程要分析土建、装饰、给排水、电气、暖通、空调、动力等主体工程和道路、广场、围墙、大门、室外管线、绿化等室外附属工程占总投资的比例；一般工业项目要分析主要生产项目（列出各生产装置）、辅助生产项目、公用工程项目（给排水、供电和电信、供气、总图运输及外管）、服务性工程、生活福利设施、厂外工程占建设总投资的比例。

②分析设备购置费、建筑工程费、安装工程费、工程建设其他费用、预备费占建设总投资的比例；分析引进设备费用占全部设备费用的比例等。

③分析影响投资的主要因素。

④与国内类似工程项目的比较，分析说明投资高低的原因。

（三）投资估算文件的审核

1. 校核性审核

该方法是在分析投资估算编制的技术思路、测算手段、精度等满足要求的情况下，审核投资估算每一项的编制依据，特别是估算指标及其换算是否正确。这种方法适用于较全面的审核。

2. 重点逻辑性审核

该方法是以抓住重点审核和主要逻辑审核为主的一种审核方法。

3. 类比法审核

该方法是以同类建设项目为依据，经过分析测算调整后，采用比较的方法对投资估算的正确性做出初步判断。这种方法适用于项目建议书阶段的投资估算审核，也可用于可行性研究阶段对投资估算的初步审核。

第三节　建设工程项目财务评价

一、财务评价概述

所谓财务评价就是根据国民经济与社会发展以及行业、地区发展规划的要求，在拟定的工程建设方案、财务效益与费用估算的基础上，采用科学的分析方法对工程建设方案的财务可行性和经济合理性进行分析论证，为项目科学决策提供依据。

（一）财务评价的内容

财务评价又称财务分析，应在项目财务效益与费用估算的基础上进行。对于经营性项目，财务分析是从建设项目的角度出发，根据现行国家财政、税收和现行市场价格，计算项目的投资费用、产品成本与产品销售收入、税金等财务数据，通过编制财务分析报表计算财务指标，分析项目的盈利能力、偿债能力和财务生存能力，据此考察建设项目的财务可行性和财务可接受性，明确项目对财务主体及投资者的价值贡献，并得出财务评价的结论。投资者可根据项目财务评价结论、项目投资的财务状况和投资者所承担的风险程度决定是否应该投资建设。对于非经营性项目，财务分析应主要分析项目的财务生存能力。财务评价的基本方法包括确定性评价方法与不确定性评价方法两类，对同一个项目必须同时进行确定性评价和不确定性评价。按是否考虑资金时间价值，财务评价方法又可分为静态评价方法和动态评价方法。静态评价方法不考虑资金时间价值，其最大特点是计算简便，适用于方案的初步评价，或对短期投资项目进行评价，以及对于逐年收益大致相等的项目评价。动态评价方法考虑资金时间价值，能较全面地反映投资方案整个计算期的经济效果。因此，在进行方案比较时，一般以动态评价方法为主。

1. 财务盈利能力分析

项目的盈利能力是指分析和测算建设项目计算期的盈利能力和盈利水平。其主要分析指标包括项目投资财务内部收益率和财务净现值、项目资金财务内部收益率、投资回收期、总投资收益率和项目资本金净利润率等，可根据项目的特点及财务分析的目的和要求等选用。

2. 偿债能力分析

投资项目的资金构成一般可分为借入资金和自有资金，自有资金可长期使用，而借入资金必须按期偿还。项目的投资者主要关心项目偿债能力，借入资金的所有者—债权人则关心贷出资金能否按期收回本息。项目偿债能力分析可在编制项目借款还本付息计算表的基础上进行。在计算中，通常采用"有钱就还"的方式，贷款利息一般做如下约定：长期借款的，当年贷款按半年计息，当年还款按全年计息。

3. 财务生存能力分析

财务生存能力分析是根据项目财务计划现金流量表，通过考察项目计算期内的投资、融资和经营活动所产生的各项现金流入和流出，计算净现金流量和累计盈余资金，分析项目是否有足够的净现金流量维持正常运营，以实现财务可持续性。

（二）财务评价的程序

1. 熟悉建设项目的基本情况

熟悉建设项目的基本情况，包括投资目的、意义、要求、建设条件和投资环境，做好市场调研和预测以及项目技术水平研究和设计方案。

2. 收集、整理和计算有关技术经济数据资料与参数

技术经济数据资料与参数是进行项目财务评价的基本依据，所以在进行财务评价之前，必须先预测和选定有关的技术经济数据与参数。所谓预测和选定技术经济数据与参数就是收集、估计、预测和选定一系列技术经济数据与参数，主要包括以下几点。

①项目投入物和产出物的价格、费率、税率、汇率、计算期、生产负荷以及基准收益率等。

②项目建设期间分年度投资支出额和项目投资总额。项目投资包括建设投资和流动资金需要量。

③项目资金来源方式、数额、利率、偿还时间，以及分年还本付息数额。

④项目生产期间的分年产品成本。

⑤项目生产期间的分年产品销售数量、营业收入、营业税金及附加和营业利润及其分配数额。

3. 编制基本财务报表

财务评价所需财务报表包括：各类现金流量表（包括项目投资现金流量表、项目资本金现金流量表、投资各方现金流量表）、利润与利润分配表、财务计划现金流量表、资产负债表等。

4. 计算与分析财务效益指标

财务效益指标包括反映项目盈利能力和项目偿债能力的指标。

5. 提出财务评价结论

将计算出的有关指标值与国家有关基准值进行比较，或与经验标准、历史标准、目标标准等加以比较，然后从财务的角度提出项目是否可行的结论。

6. 进行不确定性分析

不确定性分析包括盈亏平衡分析和敏感性分析两种方法，主要分析项目适应市场变化的能力和抗风险的能力。

（三）财务评价指标体系

财务评价指标不是唯一的，根据不同的评价深度要求和可获得资料的多少，以及项目本身所处的条件不同，可选用不同的评价指标，这些指标有主有次，可以从不同侧面反映投资方案的经济效果。

根据是否考虑资金时间价值，可分为静态评价指标和动态评价指标。

1. 静态评价指标的分析

（1）总投资收益率（ROI）

总投资收益率是指项目达到设计生产能力后的一个正常生产年份的年息税前利润与项目总投资的比率。对生产期内各年的利润总额较大的项目，应计算运营期年平均息税前利润与项目总投资的比率。

总投资收益率可根据利润与利润分配表中的有关数据计算求得。项目总投资为固定资产投资、建设期利息、流动资金之和。计算出的总投资收益率要与规定的行业标准收益率或行业的平均投资收益率进行比较，若大于或等于标准收益率或行业平均投资收益率，认为项目在财务上可以被接受。

（2）项目资本金净利润率（ROE）

资本金净利润率是指项目达到设计生产能力后的一个正常生产年份的年净利润或项目运营期内的年平均利润与资本金的比率。资本金是指项目的全部注册资本金。计算出的资本金净利润率要与行业的平均资本金净利润率或投资者的目标资本金净利润率进行比较，若前者大于或等于后者，则认为项目是可以考虑的。

（3）静态投资回收期

静态投资回收期是指在不考虑资金时间价值因素条件下，用生产经营期回收投资的资金来源来抵偿全部初始投资所需要的时间，即用项目净现金流量抵偿全部初始投资所需的全部时间，一般用年来表示，其符号为在计算全部投资回收期时，假定了全部资金都为自有资金，而且投资回收期一般从建设期开始算起，也可以从投产期开始算起，使用这个指标时一定要注明起算时间。

计算出的投资回收期要与行业规定的标准投资回收期或行业平均投资回收期进行比较，如果小于或等于标准投资回收期或行业平均投资回收期，则认为项目是可以考虑接受的。

2. 动态评价指标的分析

（1）财务净现值（FNPV）。

财务净现值是指把项目计算期内各年的财务净现金流量，按照一个给定的标准折现率（基准收益率）折算到建设期初（项目计算期第一年年初）的现值之和，简称净现值，记作 FNPV。财务净现值是考察项目在其计算期内盈利能力的主要动态评价指标。

财务净现值的计算结果可能有 3 种情况，即 FNPV > 0，FNFV < 0 或 FNPV = 0，当 FNPV > 0 时，说明项目净效益大于用基准收益率计算的平均收益额，从财务角度考虑，项目是可以被接受的；当 FNFV = 0 时，说明拟建项目的净效益正好等于用基准收益率计算的平均收益额，这时判断项目是否可行，要看分析所选用的折现率，在财务评价中，若选用的折现率大于银行长期贷款利率，项目是可以被接受的，若选用的折现率等于或小于银行长期贷款利率，一般可判断项目不可行；当FNPV＜0时，说明拟建项目的净效益小于用基准收益率计算的平均收益额，一般认为项目不可行。

基准收益率也称基准折现率，是企业或行业投资者以动态的观点所确定的、可接受的投资方案最低标准的收益水平。其在本质上体现了投资决策者对项目资金时间价值的判断和对项目风险程度的估计，是投资资金应当获得的最低盈利率水平。

（2）财务内部收益率（FIRR）

财务内部收益率是使项目整个计算期内各年净现金流量现值累计等于零时的折现率，简称内部收益率。

财务内部收益率的计算是求解高次方程，为简化计算，在具体计算时可根据现金流量表中净现金流量用试差法进行，基本步骤如下：

第一步，用估计的某一折现率对拟建项目整个计算期内各年财务净现金流量进行折现，并求出净现值。如果得到的财务净现值等于零，则选定的折现率即为财务内部收益率；如果得到的净现值为正数，则再选一个更高的折现率再次试算，直至正数财务净现值接近零为止。

第二步，在第一步的基础上，再继续提高折现率，直至计算出接近零的负数财务净现值为止。

第三步，根据上两步计算所得的正、负财务净现值及其对应的折现率，运用试差法的公式计算财务内部收益率。

计算出的财务内部收益率要与行业的基准收益率或投资者的目标收益率进行比较，如果前者大于或等于后者，则说明项目的盈利能力超过行业平均水平或投资者的目标，因而是可以被接受的。

（3）动态投资回收期

动态投资回收期是指在考虑资金时间价值的条件下，以项目净现金流量的现值抵偿原始投资现值所需要的全部时间。动态投资回收期也从建设期开始计算，以年为单位。

计算出的动态投资回收期也要与行业标准动态投资回收期或行业平均动态投资回收期进行比较，如果小于或等于标准动态投资回收期或行业平均动态投资回收期，认为项目是可以被接受的。

3. 反映项目偿债能力的指标与评价。

（1）借款偿还期

借款偿还期是指项目投产后可用于偿还借款的资金来源还清固定资产投资国内借款本金和建设期利息（不包括已用自有资金支付的建设期利息）所需要的时间。偿还借款的资金来源包括：折旧、摊销费、未分配利润和其他收入等。借款偿还期可根据借款还本付息计算表和资金来源与运用表的有关数据计算，以年为单位。

对于涉外投资的项目还要考虑国外借款部分的还本付息。由于国外借款往往采取等本偿还或等额偿还的方式，借款偿还期限往往都是约定的，无须计算。

计算出借款偿还期以后，要与贷款机构的要求期限进行对比，等于或小于贷款机构提出的要求期限，即认为项目是有偿债能力的；否则，从偿债能力角度考虑，认为项目没有偿债能力。

（2）偿债备付率（DSCR）

偿债备付率是指项目在借款偿还期内，各年可用于还本付息於资金与当期应还本付息金额的比值。应还本付息金额包括当期应还贷款本金额及计入总成本费用的全部利息。融资租赁费用可视同借款偿还。运营期内的短期借款本息也应纳入计算。

如果项目在运行期内有维持运营的投资，可用于还本付息的资金应扣除维持运营的投资。

偿债备付率应分年计算，偿债备付率高，表明可用于还本付息的资金保障程度高。偿债备付率应大于1，并结合债权人的要求确定。当指标小于1时，表示当年资金来源不足以偿付当期债务，需要通过短期借款偿付已到期债务。参考国际经验和国内行业具体情况，根据我国企业历史数据统计分析，一般情况下，偿债备付率不宜低于1.3。

（3）利息备付率（ICR）

利息备付率是指项目在借款偿还期内各年可用于支付利息的息税前利润与当期应付利息的比值。息税前利润即利润总额与计入总成本费用的利息费用之和；应付利息即计入总成本费用的应付利息。

利息备付率应分年计算。利息备付率高，表明利息偿付的保障程度高。利息备付率应当大于1，并结合债权人的要求确定。当利息备付率小于1时，表示项目没有足够资金支付利息，偿债风险很大。参考国际经验和国内行业的具体情况，根据我国企业历史数据统计分析，一般情况下，利息备付率不宜低于2，而且利息备付率指标需要将该项目的指标取值与其他企业项目进行比较，来分析决定本项目的指标水平。

4. 财务比率

财务比率可分为资产负债率、流动比率、速动比率三种。

（1）资产负债率

资产负债率是反映项目各年所面临的财务风险程度及偿债能力的指标。

作为提供贷款的机构，可以接受100%以下（包括100%）的资产负债率。资产负债率大于100%，表明企业已资不抵债，已达到破产底线。

（2）流动比率

流动比率是反映项目各年偿付流动负债能力的指标。

计算出的流动比率越高，单位流动负债将有更多的流动资产作保障，短期偿债能力就越强。但是在不导致流动资产利用效率低下的情况下，流动比率保证在200%较好。

（3）速动比率

速动比率是反映项目快速偿付流动负债能力的指标。

速动比率越高，短期偿债能力越强，同时，速动比率过高也会影响资产利用效率，进而影响企业经济效益，因此速动比率保证在接近100%较好。

二、基本财务报表编制

（一）资产负债表

资产负债表是指综合反映项目计算期各年年末资产、负债和所有者权益的增减变化以及对应关系的一种报表。通过计算资产负债率、流动比率、速动比率等指标来分析项目的偿债能力。

资产负债表中，负债包括流动负债总额、建设投资借款、流动资金借款。其中，应付账款是指项目建设和运营中购进商品或接受外界提供劳务、服务而未付的欠款。流动资金借款是指从银行或其他金融机构借入的短期贷款。建设投资借款指项目建设期用于固定资产方面的期限在一年以上的银行借款、抵押贷款和向其他单位的借款。

资产负债表分析可以提供四个方面的财务信息，即项目所拥有的经济资源、项目所负担的债务、项目的债务清偿能力及项目所有者所享有的权益。

（二）利润与利润分配表

利润表反映项目计算期内各年的利润总额、所得税及净利润的分配情况，是用以计算投资利润率、投资利税率、资本金利润率等指标的一种报表。

利润总额是项目在一定时期内实现盈亏总额，即营业收入扣除营业税金，及附加、总成本费用和补贴收入之后的数额。

所得税后利润的分配按照下列顺序进行：①提取法定盈余公积金；②向投资者分配优先股股利；③提取任意盈余公积金；④向各投资方分配利润，即应付普通股股利；⑤未分配利润即为可供分配利润减去以上各项应付利润后的余额。

（三）现金流量表概述

1. 现金流量

现金流量是现金流入量与现金流出量的统称，又称为现金流动。它将一个项目作为一个独立系统，反映项目在计算期内实际发生的现金流入和现金流出活动情况及其流动数量。项目的现金流出量是指在某一时间内发生的能够导致现金存储量减少的现金流动，简称现金流出；项目的现金流入量是指能够导致现金存储量增加的现金流动，简称现金流入。

2. 现金流量表

（1）项目投资现金流量表

用于计算项目投资内部收益率及净现值等财务分析指标。其中，调整所得税为以息税前利润为基数计算的所得税，区别于"利润与利润分配表""项目资本金现金流量表"和"财务计划现金流量表"中的所得税。

（2）项目资本金现金流量表

项目资本金现金流量表是指以投资者的出资额作为计算基础，从项目资本金的投资者角度出发，把借款本金偿还和利息支付作为现金流出，用以计算项目资本金的财务内部收益率、财务净现值等技术经济指标的一种现金流量表。项目资本金包括用于建设投资、建设期利息和流动资金的资金。

（3）投资各方现金流量表

投资各方现金流量表反映项目投资各方现金流入流出情况，用于计算投资各方内部收益率。实分利润是指投资者由项目获取的利润；资产处置收益分配是指对有明确合资期限或合营期限的项目，在期满时对资产余值按股比或约定比例的分配；租赁费收入是指出资方将自己的资产租赁给项目使用所获得的收入。

（4）财务计划现金流量表

财务计划现金流量表是反映项目计算期各年的投资、融资及经营活动的现金流入和流出，用于计算累积盈余资金，分析项目的财务生存能力。

三、不确定性分析

不确定性分析是以计算和分析各种不确定性因素的变化对建设项目经济效益的影响程度为目标的一种分析方法。

影响建设项目的不确定性因素主要有以下几个方面。

（一）物价的浮动

在任何一个国家都存在着不同程度的物价变动，由于商品经济造成的市场竞争，通货膨胀造成的价格浮动司空见惯。因此，随着时间的推移，项目评估中所采用的产品价格和原材料价格，以及有关的各项费用和工资等必然会发生相应的变化。

（二）技术装备和生产工艺的创新

随着社会科学技术日新月异的迅速发展，在项目可行性研究和评价阶段拟定的生产工艺和技术方案，有可能在项目建设和实施的过程中发生变更。由此，按照原有技术条件和生产水平评估的项目收入及产品的数量、质量与价格，也将因新技术、新产品、新工艺以及新设备的出现和替代而发生相应的变化。

（三）生产能力的变化

由于知识经济时代，技术革新和改造的步伐加快，往往会导致项目建成投产后或者是远远超过评估分析时预期额定的设计生产能力而节约生产成本；或因种种原因会导致项目建成投产后达不到评估分析时预期额定的设计生产能力，使生产成本升和销售收入下降等情况的发生，随之将造成各种经济效益指标的改变。

（四）建设资金的不足和建设工期的延长

评价项目时，往往因基础的原始数据选择和估算不准或统计方法的局限性，而忽视了对非定量的无形因素的估计，或过低估算了项目固定资产投资和流动资金，或投资筹集措施不落实，外购生产设备不及时到货等原因，都会使项目建设的工期延长，推延投产时间，从而引起投资总额、经营成本、销售收入和其他各种收益的变化。

（五）政府的政策和规定发生了变化

由于国内外经济发展与体制改革等宏观因素的影响，各级政府的各项经济政策和财务制度的规定会发生必要的改变，都会给项目的分析评估带来不同程度的不确定性和一定程度的投资风险。

（六）汇率的变更

在开展涉外工程项目时，汇率的变动对项目各项经济指标会有重要影响，必须认真分析。

另外，除去上述主要原因，还会有许多难以控制的、影响项目经济效果和决策的政治经济风险。例如，某些国家经常发生的劳动罢工、市场垄断行为、重大技术突破和经济贸易情况的变化（如汇率波动），甚至自然灾害等。由此可见，对项目进行不确定分析是十分必要的，进行此分析和评价，可以预测项目未来可能承担的风险，进一步确定项目投资在财务上和经济上的可靠程度。

一般来说，对项目进行不确定性分析，就是要按照建设项目的类型、特点以及该项目对国民经济的影响程度，来确定分析的具体内容和方法。不确定性分析主要包括盈亏平衡分析、敏感性分析、概率分析和风险决策分析。通常在大中型项目的财务评估中只作盈亏平衡分析，而敏感性分析和概率与风险分析则可能同时用于财务评估和国民经济评价。目前由于统计数据不齐全，概率分析还不普及，可按照项目的特点和实际需要，在条件具备时进行概率分析。当不确定因素发生的概率能够用一定的方法事先予以评估时，对项目效益变动性的分析就变为风险分析。对某些重大关键骨干项目或风险性较大的项目，可由项目评价负责人和决策者提出要求，确定不确定性分析的深度。

四、盈亏平衡分析

盈亏平衡分析，又称损益平衡分析或量本利分析，它是研究产品质量、生产成本、销售收入（盈利能力）等因素的变化对项目经营过程中盈亏程度的影响，其实质是分析产量、成本和盈利三者之间的平衡关系。它是通过计算项目的盈亏平衡点（也称BEF点），就项目对市场需求变化的适应能力进行分析（做出反映）的一种方法。

盈亏平衡分析通常是按照建设项目正常生产年份的产品产量或销售量、可变成本、产品价格和销售税金等数据来计算盈亏平衡点的。在该点上的销售收入等于生产成本，它标志着该项目不盈不亏的生产经营水平，反映项目在达到一定生产水平时的收益与支出的平衡关系，因此也称为收支平衡点。盈亏平衡点通常用产量或最低生产能力的利用率表示，也可用最低的销售收入和保本价格来表示。

盈亏平衡点是盈利与亏损的分界点，在盈亏平衡图上表现为成本函数线与收入函数线之间的交点，故也称盈亏临界点或 BEP 点。由于销售收入与产品产量、产品成本与产量之间存在着线性的或非线性的函数关系，因此，盈亏平衡分析往往又可以分为线性盈亏平衡分析和非线性盈亏平衡分析。

线性盈亏平衡的分析通常可以采用数学法和几何法。

（一）数学法

在用数学计算法进行线性盈亏平衡分析时需要一些假设条件作为分析的前提，包括以下几种：

①产量变化，单位可变成本不变，总成本是生产量或销售量的函数。

②生产量等于销售量。

③变动成本随产量成正比例变化。

④在所分析的产量范围内固定成本保持不变。

⑤产量变化，销售单价不变，销售收入是销售价格和销售数量的线性函数。

⑥只计算一种产品的盈亏平衡点，如果是生产多种产品的，则产品组合，即生产数量的比例应保持不变。

盈亏平衡点的表达方式有很多种，可以用实物产销量、年销售额、单位产品售价、单位产品的可变成本以及年固定总成本的绝对量表示，也可以用某些相对值表示，例如生产能力利用率等。

（二）几何法（也称图解法）

几何法是通过图示的方法，把项目的销售收入、用、产销量三者之间的变动关系反映出来，从而确定盈亏平衡点的方法。在以表示收入与支出的价值量为纵坐标轴、以表示产品产量或销售量的价值量为横坐标轴的，按照正常年份的产量画出固定成本线和可变成本线，再画出总生产成本线，然后按照正常年份的生产量、销售量和产品单价画出销售收入线，这两条直线的交点即为盈亏平衡点。

在平衡点上的总成本与总收入相等，若生产的产量超过平衡点产量，则项目就盈利；反之，若低于此点，则项目就亏损。因此，平衡点越低，达到平衡点的产量和销售收入与成本也就越少，只要生产少量的产品就能达到项目的收支平衡，而且达到设计生产能力时企业盈利就越多。故平衡点的值越小，企业或项目的生命力就越强，项目的盈利机会就会越大，亏损的风险当然就越少。为了达到这个目的，就必须降低产品的固定成本和可变成本，适当提高产品的质量和销售价格。因此，在实际的运营过程中必须十分重视产品生产的科技创新，注意提高企业的经营管理水平。

五、敏感性分析

在经济评价和分析中，经常需要计算的一些指标，因其影响因素很多，例如前面章节中提到的评价指标 NPV（净现值）的计算就受到诸如投资、价格、产量、经营费用、寿命期和折现率等各种因素的影响，而这些因素又因为具有某些不确定性，故在对项目进行经济评价时，必须分析和研究各种因素的变化对指标的影响，以便减小项目的风险性。

所谓敏感性分析就是分析并测定各个因素的变化对指标的影响程度，即研究和分析项目的投资、成本、价格、产量和工期等主要变量发生变化时，导致对评价项目经济效益的主要指标发生变动的敏感程度，借以判断相对于某个项目的指标在其外部条件发生不利变化时的承受能力。

由于项目评价指标通常主要是项目内部收益率、净现值、投资收益率、投资回收期或偿还期等，敏感性分析就是要在诸多不确定因素中，找出对经济效益指标反应敏感的因素，并确定其影响程度，计算出这些因素在一定范围内变化时，有关效益指标变动的数量，从而建立主要变量因素与经济效益指标之间的对应定量关系（变化率）。如某个不确定性因素有较小的变动，而导致项目经济评价指标有较大的波动，则称项目方案对该不确定性因素敏感性强，相应的，这个因素被称为"敏感性因素"。

敏感性分析着重于对最敏感的因素及其敏感程度进行的分析检查。一般可分为单因素敏感性分析和多因素敏感性分析两种情况。

敏感性分析的基本方法包括以下几项。

（一）确定敏感性分析的经济评价指标

敏感性分析的经济评价指标是指敏感性分析的对象，必须针对不同项目的特点和要求，选择最能反映项目盈利能力和偿债能力的经济评价指标作为敏感性分析的对象，例如，项目的净现值和内部收益率等动态指标，投资回收期等静态指标。最常用的敏感性分析是分析全部投资内部收益率指标对变量因素的敏感程度。

（二）选取不确定变量因素，设定不确定因素的变化幅度和范围

所选取的不确定因素是有可能对经济评价指标的结果有较大影响、有可能成为敏感性因素的影响因素。所以在选择时，就要在预计的变化范围内，找出对经济评价指标值有较强影响的变量因素。

（三）计算不确定因素对经济评价指标值的影响程度

计算各变量因素对经济效益指标的影响程度，寻找和分析敏感因素。按预先制定的变化幅度（例如 ±10%、±20%），先改变某一个变量因素，而其他各因素暂不变，计算该因素的变化对经济效益指标（如收益率或还本期）的影响数值，并与原方案的指标对比，得出该指标变化的差额幅度（变化率）；然后再选另一个变量因素，同样进行效益指标的变化率计算，必要时可改变多个变量。这样，计算出不同变量对同一效益指标的不同变化率，再进行比较，选择其中变化率最大的变量因素为该项目的敏感因素，变化率小的为不敏感因素。

（四）绘制敏感性分析图求出变量变化极限值

作图表示各变量因素的变化规律，可以直观地反映出各个变量因素的变化对经济效

益指标的影响，而且还可以求出内部收益率等经济效果指标达到临界点（指财务内部收益率等于财务基准收益率或经济内部收益率等于社会折现率）时，各个变量因素允许变化的最大幅度（极限值）。

（五）综合分析项目方案的各类因素

针对所确定的敏感性因素，应分析研究不确定性产生的根源，并且在项目具体实施当中，尽量避免这些不确定性的发生，有效控制项目方案的实施。

第五章 建设工程设计阶段工程造价控制

第一节 工程设计及影响工程造价的因素

根据国家有关文件的规定，一般工业项目设计可按初步设计和施工图设计两个阶段进行，称为"两阶段设计"；对于技术上复杂、在设计时有一定难度的工程，根据项目相关管理部门的意见和要求，可以按初步设计、技术设计和施工图设计三个阶段进行，称为"三阶段设计"。小型工程建设项目，技术上较简单的，经项目相关管理部门同意可以简化为施工图设计—阶段进行。

工程设计是指在工程开始施工之前，设计者根据已批准的设计任务书，为具体实现拟建项目的技术、经济要求，拟定建筑、安装及设备制造等所需的规划、图纸、数据等技术文件的工作。设计是在技术和经济上对拟建工程实施进行全面的安排，不同的项目对应不同的设计阶段。

一、设计阶段的划分及设计程序

为保证工程建设及设计工作的衔接和有机配合，将工程设计划分为几段进行。工业项目和民用项目的内容不同，但其设计都可以分为两个或三个阶段。

不论是三阶段设计还是两阶段设计，也不论是工业项目还是民用项目，只有正确地认识设计阶段的特点，才能准确地控制工程造价。

二、设计阶段的工作特点

①设计阶段是决定建设工程价值和使用价值的主要阶段。

②设计工作表现为创造性的脑力劳动。

③设计质量对建设工程总体质量有决定性影响。

④设计工作需要反复协调。

⑤设计阶段是影响建设工程投资的关键阶段。

三、设计阶段与工程造价的关系

工程造价具有多次性计价的特点，这是由基本建设程序所决定的。建设项目周期长，资源消耗数量大，造价高。因此，其建设过程必须按照基本的建设程序来进行，应相应地在不同的建设阶段多次计价，以保证工程造价管理的准确性和有效性。随着建设工程的进展与逐步详化，工程造价也在逐步深化、细化，逐步接近实际工程造价。在不同的建设阶段，工程造价有着不同的名称，包含了不同的工程内容，发挥不同的作用。

（一）设计概算

设计概算是指在初步设计阶段，由设计单位根据初步设计和技术设计图纸，参考概算定额或者概算指标及各项费用定额或取费标准，建设地区的自然．技术经济条件和设备预算价格等资料，预先计算确定建设项目从筹建到竣工验收，交付使用的全部建设费用的文件。

（二）修正概算造价

修正概算造价是指采用三阶段设计时，在技术设计阶段，随着建筑设计内容的深化，可能会发现建设规模、结构性质，设备类型等与初步设计内容相比有出入，为此设计单位根据技术设计的图纸，参考概算定额或概算指标，以及各项费用取费标准等资料，对初步设计总概算进行修正而形成的经济文件。修正概算比设计概算更准确，但受设计概算控制。

（三）预算造价

预算造价也称为施工图预算，是指根据施工图设计成果，施工组织设计和国家规定的现行工程预算定额，单位估价表及各项费用的取费标准，建筑材料预算价格，建设地区的自然和技术经济条件等资料,计算和确定单位工程或单项工程建设费用的经济文件。

施工图预算比设计概算或者修正概算更为详尽和准确，但同样要受前一阶段所确定的工程造价的控制。

四、设计阶段影响工程造价的主要因素

根据工程项目类别的不同，在设计阶段需要考虑的影响工程造价的因素也有所不

同，以下就工业建设项目和民用建设项目分别介绍影响工程造价的因素。

根据国家有关文件的规定，一般工业项目设计可按初步设计和施工图设计两个阶段进行，称为"两阶段设计"；对于技术上复杂、在设计时有一定难度的工程，根据项目相关管理部门的意见和要求，可以按初步设计、技术设计和施工图设计三个阶段进行，称为"三阶段设计"。小型工程建设项目，技术上较简单的，经项目相关管理部门同意可以简化为施工图设计一阶段进行。

（一）影响工业建设项目工程造价的主要因素

总平面设计、工艺设计、建筑设计、材料选用及设备选用是影响造价的主要因素。

1. 总平面设计

总平面设计主要是指总图运输设计和总平面配置。其主要内容包括：厂址方案、占地面积、土地利用情况；总图运输、主要建筑物和构筑物及公用设施的配置；外部运输、水、电、气及其他外部协作条件等。

总平面设计是否合理对于整个设计方案的经济合理性有重大影响。正确合理的总平面设计可大大减少建筑工程量，节约建设用地，节省建设投资，加快建设进度，降低工程造价和项目运行后的使用成本，并为企业创造良好的生产组织、经营条件和生产环境，还可以为城市建设或工业区创造完美的建筑艺术整体。

总平面设计中影响工程造价的主要因素包括以下几项。

（1）现场条件

现场条件是制约设计方案的重要因素之一，对工程造价的影响主要体现在：地质、水文、气象条件等影响基础形式的选择、基础的埋深（持力层、冻土线）；地形地貌影响平面及室外标高的确定；场地大小、邻近建筑物地上附着物等影响平面布置、建筑层数、基础形式及埋深。

（2）占地面积

占地面积的大小，一方面影响征地费用的高低；另一方面也影响管线布置成本和项目建成运营的运输成本。因此，在满足建设项目基本使用功能的基础上，应尽可能节约用地。

（3）功能分区

无论是工业建筑还是民用建筑都有许多功能，这些功能之间相互联系、相互制约。合理的功能分区既可以使建筑物的各项功能充分发挥，又可以使总平面布置紧凑、安全。例如，在建筑施工阶段避免大挖大填，可以减少土石方量和节约用地，降低工程造价。对于工业建筑，合理的功能分区还可以使生产工艺流程顺畅，从全生命周期造价管理考虑还可以使运输简便，降低项目建成后的运营成本。

（4）运输方式

运输方式决定运输效率及成本，不同运输方式的运输效率和成本不同。例如，有轨运输的运量大，运输安全，但是需要一次性投入大量资金；无轨运输无须一次性大规模资金，但运量小、安全性较差。因此，要综合考虑建设项目生产工艺流程和功能区的要求以及建设场地等具体情况，选择经济合理的运输方式。

2. 工艺设计

工艺设计阶段影响工程造价的主要因素包括：建设规模、标准和产品方案；工艺流程和主要设备的选型；主要原材料、燃料供应情况；生产组织及生产过程中的劳动定员情况；"三废"治理及环保措施等。

按照建设程序，建设项目的工艺流程在可行性研究阶段已经确定。设计阶段的任务就是严格按照批准的可行性研究报告的内容进行工艺技术方案的设计，确定具体的工艺流程和生产技术。在具体项目工艺设计方案的选择时，应以提高投资的经济效益为前提，深入分析、比较，综合考虑各方面的因素。

3. 建筑设计

在进行建筑设计时，设计单位及设计人员应首先考虑业主所要求的建筑标准，根据建筑物、构筑物的使用性质、功能及业主的经济实力等因素确定；其次应在考虑施工条件和施工过程的合理组织的基础上，决定工程的立体平面设计和结构方案的工艺要求。

建筑设计阶段影响工程造价的主要因素包括以下几项。

（1）平面形状

一般来说，建筑物平面形状越简单，单位面积造价就越低。当一座建筑物的形状不规则时，将导致室外工程、排水工程、砌砖工程及屋面工程等复杂化，增加工程费用。即使在同样的建筑面积下，建筑平面形状不同，建筑周长系数（建筑物周长与建筑面积比，即单位建筑面积所占外墙长度）也不同。通常情况下，建筑周长系数越低，设计越经济。

圆形、正方形、矩形、T形、L形建筑的周长系数依次增大。但是圆形建筑物施工复杂，施工费用一般比矩形建筑增加20%～30%，所以，其墙体工程量所节约的费用并不能使建筑工程造价降低。虽然正方形的建筑既有利于施工，又能降低工程造价，但是若不能满足建筑物美观和使用要求，则毫无意义。因此，建筑物平面形状的设计应在满足建筑物使用功能的前提下，降低建筑的周长系数，充分注意建筑平面形状的简洁、布局的合理，从而降低工程造价。

（2）流通空间

在满足建筑物使用要求的前提下，应将流通空间减少到最小，这是建筑物经济平面布置的主要目标之一。因为门厅、走廊、过道、楼梯以及电梯井的流通空间并非为了获利目的设置，但采光、采暖、装饰、清扫等方面的费用却很高。

（3）空间组合

空间组合包括建筑物的层高、层数、室内外高差等因素。

①层高。在建筑面积不变的情况下，建筑层高的增加会引起各项费用的增加。例如，墙与隔墙及其有关粉刷、装饰费用的提高；楼梯造价和电梯设备费用的增加；供暖空间体积的增加；卫生设备、上下水管道长度的增加等。另外，由于施工垂直运输量增加，可能增加屋面造价；由于层高增加而导致建筑物总高度增加很多时，还可能增加基础

造价。

②层数。建筑物层数对造价的影响，因建筑类型、结构和形式的不同而不同。层数不同，则荷载不同，对基础的要求也不同，同时，也影响占地面积和单位面积造价。如果增加一个楼层不影响建筑物的结构形式，单位建筑面积的造价可能会降低。但是当建筑物超过一定层数时，结构形式就要改变，单位造价通常会增加，建筑物越高，电梯及楼梯的造价将有提高的趋势，建筑物的维修费用也将增加，但是采暖费用有可能下降。

③室内外高差。室内外高差过大，则建筑物的工程造价提高；高差过小又影响使用及卫生要求等。

（4）建筑物的体积与面积

建筑物尺寸的增加，一般会引起单位面积造价的降低。对于同一项目，固定费用不一定会随着建筑体积和面积的扩大而有明显的变化，一般情况下，单位面积固定费用会相应减少。对于民用建筑，结构面积系数（住宅结构面积与建筑面积之比）越小，有效面积越大，设计越经济。对于工业建筑，厂房、设备布置紧凑合理，可提高生产能力，采用大跨度、大柱距的平面设计形式，可提高平面利用系数，从而降低工程造价。

（5）建筑结构

建筑结构是指建筑工程中由基础、梁、板、柱、墙、屋架等构件所组成的起骨架作用的、能承受直接和间接荷载的空间受力体系。建筑结构因所用的建筑材料不同，可分为砌体结构、钢筋混凝土结构、钢结构、轻型钢结构、木结构和组合结构等。

建筑结构的选择既要满足力学要求，又要考虑其经济性。对于五层以下的建筑物一般选用砌体结构；对于大中型工业厂房一般选用钢筋混凝土结构；对于多层房屋或大跨度结构，选用钢结构明显优于钢筋混凝土结构；对于高层或者超高层结构，框架结构和剪力墙结构比较经济。由于各种建筑体系的结构各有利弊，在选用结构类型时应结合实际，因地制宜，就地取材，采用经济合理的结构形式。

（6）柱网布置

对于工业建筑，柱网布置对结构的梁板配筋及基础的大小会产生较大的影响，从而对工程造价和厂房面积的利用效率都有较大的影响。柱网布置是确定柱子的跨度和间距的依据。柱网的选择与厂房中有无吊车、吊车的类型及吨位、屋顶的承重结构以及厂房的高度等因素有关。对于单跨厂房，当柱间距不变时，跨度越大单位面积造价越低。因为除屋架外，其他结构架分摊在单位面积上的平均造价随跨度的增大而减小。对于多跨厂房，当跨度不变时，中跨数目越多越经济，这是因为柱子和基础分摊在单位面积上的造价减少。

4. 材料选用

建筑材料的选择是否合理，不仅直接影响到工程质量、使用寿命、耐火抗震性能，而且对施工费用、工程造价有很大的影响。建筑材料一般占直接费的70%，降低材料费用，不仅可以降低直接费，而且也可以降低间接费。因此，设计阶段合理选择建筑材料，控制材料单价或工程量，是控制工程造价的有效途径。

5. 设备选用

现代建筑越来越依赖于设备。对于住宅来说，楼层越多设备系统越庞大，如高层建筑物内部空间的交通工具电梯，室内环境的调节设备空调、通风、采暖等。各个系统的分布占用空间都在考虑之列，既有面积、高度的限额，又有位置的优选和规范的要求。因此，设备配置是否得当，直接影响建筑产品整个寿命周期的成本。

设备选用的重点因设计形式的不同而不同，应选择能满足生产工艺和生产能力要求的最适用的设备和机械。另外，根据工程造价资料的分析，设备安装工程造价占工程总投资的 20%～50%，由此可见设备方案设计对工程造价的影响。设备的选用应充分考虑自然环境对能源节约的有利条件，如果能从建筑产品的整个寿命周期分析，能源节约是一笔不可忽略的费用。

（二）影响民用建设项目工程造价的主要因素

民用建设项目设计是根据建筑物的使用功能要求，确定建筑标准、结构形式、建筑物空间与平面布置以及建筑群体的配置等。民用建筑设计包括住宅设计、公共建筑设计及住宅小区设计。住宅建筑是民用建筑中最大量、最主要的建筑形式。

1. 住宅小区建设规划中影响工程造价的主要因素

在进行住宅小区建设规划时，要根据小区的基本功能和要求，确定各构成部分的合理层次与关系，据此安排住宅建筑、公共建筑、管网、道路及绿地的布局，确定合理人口与建筑密度、房屋间距和建筑层数，布置公共设施项目、规模及服务半径，以及水、电、热、煤气的供应等，并划分包括土地开发在内的上述各部分的投资比例。小区规划设计的核心问题是提高土地利用率。

（1）占地面积

居住小区的占地面积不仅直接决定着土地费的高低，而且影响着小区内道路、工程管线长度和公共设备的多少，而这些费用对小区建设投资的影响通常很大。因而，用地面积指标在很大程度上影响小区建设的总造价。

（2）建筑群体的布置形式

建筑群体的布置形式对用地的影响不容忽视，可通过采取高低搭配、点条结合、前后错列以及局部东西向布置、斜向布置或拐角单元等手法节省用地。在保证小区居住功能的前提下适当集中公共设施，提高公共建筑的层数，合理布置道路，充分利用小区内的边角用地，有利于提高建筑密度，降低小区的总造价，或者通过合理压缩建筑的间距、适当提高住宅层数或高低层搭配，以及适当增加房屋长度等方式节约用地。

2. 民用住宅建筑设计中影响工程造价的主要因素

（1）建筑物平面形状和周长系数

与工业项目建筑设计类似，如按使用指标，虽然圆形建筑的周长系数最小，但由于施工复杂，施工费用较矩形建筑增加 20%～30%，故其墙体工程量的减少不能使建筑工程造价降低，而且使用面积有效利用率不高，用户使用不便。因此，一般都建造矩形

138

和正方形住宅，既有利于施工，又能降低造价和使用方便。在矩形住宅建筑中，又以长：宽 =2：1 为佳。一般住宅单元以 3 ~ 4 个住宅单元、房屋长度 60 ~ 80m 较为经济。在满足住宅功能和质量前提下，适当加大住宅宽度。这是由于宽度加大，墙体面积系数相应减少，有利于降低造价。

（2）住宅的层高和净高

住宅的层高和净高，直接影响工程造价。根据不同性质的工程综合测算，住宅层高每降低 10cm，可降低造价 1.2% ~ 1.5%。层高降低还可提高住宅区的建筑密度，节约土地成本及市政设施费。但是，层高设计中还需考虑采光与通风问题，层高过低不利于采光及通风，因此，民用住宅的层高一般不宜超过 2.8m。

（3）住宅的层数

民用建筑中，在一定幅度内，住宅层数的增加具有降低造价和使用费用以及节约用地的优点。

（4）住宅单元组成、户型和住户面积

据统计，三居室住宅的设计比两居室的设计降低 1.5% 左右的工程造价，四居室的设计又比三居室的设计降低 3.5% 的工程造价。衡量单元组成、户型设计的指标是结构面积系数（住宅结构面积与建筑面积之比），系数越小设计方案越经济。因为结构面积小，有效面积就增加。结构面积系数除与房屋结构有关外，还与房屋外形及其长度和宽度有关，同时，也与房间平均面积大小和户型组成有关。房屋平均面积越大，内墙、隔墙在建筑面积所占比重就越小。

（5）住宅建筑结构的选择

随着我国工业化水平的提高，住宅工业化建筑体系的结构形式多种多样，考虑工程造价时应根据实际情况，因地制宜，就地取材，采用适合地区经济合理的结构形式。

第二节　设计方案的优选与限额设计

一、设计方案优选的原则

如果一个建设项目有多个不同的设计方案，作为投资方，想要达到最好的建设投资效果，就要从所有方案中选择技术先进、经济合理的最佳设计方案。选择最佳方案时，要从实用性、经济性、功能性和美观等方面来考虑，采用不同的优选方法来进行选择。

设计方案优选时必须结合当时当地的实际条件，选取功能完善、技术先进、经济合理、安全可靠的最佳设计方案。设计方案优选应遵循以下几项原则。

（一）设计方案必须要处理好经济合理性与技术先进性之间的关系

经济合理性要求工程造价尽可能低，一味地追求经济效果，可能会导致项目的功能水平偏低，无法满足使用者的要求；技术先进性追求技术的尽善尽美，如果项目功能水平先进很可能会导致工程造价偏高。因此，技术先进性与经济合理性是一对矛盾的主体，设计者应妥善处理好二者的关系。一般情况，在满足使用者要求的前提下尽可能降低工程造价。但如果资金有限制，也可以在资金限制范围内，尽可能提高项目功能水平。

（二）设计方案必须兼顾建设与使用，考虑项目全寿命费用

工程在建设过程中，控制造价是一个非常重要的目标。造价水平的变化会影响到项目将来的使用成本。如果单纯降低造价，建造质量得不到保障，就会导致使用过程中的维修费用很高，甚至有可能发生重大事故，给社会财产和人民安全带来严重损害。

（三）设计必须兼顾近期与远期的要求

一项工程建成后，往往会在很长的时间内发挥作用。如果按照目前的要求设计工程，在不远的将来，可能会出现由于项目功能水平无法满足需要而重新建造的情况；但是如果按照未来的需要设计工程，又会出现由于功能水平过高而资源闲置浪费的现象，所以设计者要兼顾近期和远期的要求，选择项目合理的功能水平。

二、设计方案的评价与优化

设计方案的评价与优化是设计阶段的重要环节，它是指通过技术比较、经济分析和效益评价，正确处理技术先进与经济合理之间的关系，力求达到技术先进与经济合理的和谐统一。

设计方案的评价与优化通常采用技术经济分析法，即将技术与经济相结合，按照建设工程经济效果，针对不同的设计方案，分析其技术经济指标，从中选出经济效果最优的方案。由于设计方案不同，其功能、造价、工期和设备、材料、人工消耗等标准均存在差异，因此，技术经济分析法不仅要考察工程设计方案，更要关注工程费用。

（一）基本程序

①按照使用功能、技术标准、投资限额的要求，结合工程所在地实际情况，探讨和建立可选的设计方案。

②从所有可能的设计方案中初步筛选出各方面都较为满意的方案作为比选方案。

③根据设计方案的评价目的，明确评价的任务和范围。

④确定能反映方案特征并能满足评价目的的指标体系。

⑤根据设计方案计算各项指标及对比参数。

⑥根据方案评价的目的，将方案的分析评价指标分为基本指标和主要指标。通过评价指标的分析计算，排列出方案的优劣次序，并提出推荐方案。

⑦综合分析，进行方案选择或提出技术优化建议。

⑧对技术优化建议进行组合搭配，确定优化方案。

⑨实施优化方案并总结备案。

在设计方案评价与优化过程中，建立合理的指标体系，并采取有效的评价方法进行方案优化的最基本和最重要的工作内容。

（二）评价指标体系

设计方案的评价指标是设计方案评价与优化的衡量标准，对于技术经济分析的准确性和科学性具有重要作用。内容严谨、标准明确的指标体系，是对设计方案进行评价与优化的基础。

评价指标应能充分反映工程项目满足社会需求的程度，以及为取得使用价值所需投入的社会必要劳动和社会必要消耗量。因此，指标体系应包括以下内容。

①使用价值指标，即工程项目满足需要程度（功能）的指标。

②反映创造使用价值所消耗的社会劳动消耗量的指标。

③其他指标。

对建立的指标体系，可按指标的重要程度设置主要指标和辅助指标，并选择主要指标进行分析比较。

（三）评价方法

设计方案的评价方法主要有多指标法、单指标法以及多因素评分法。

1. 多指标法

多指标法就是采用多个指标，将各个对比方案的相应指标值逐一进行分析比较，按照各种指标数值的高低对其做出评价。其评价指标包括以下几项。

（1）工程造价指标

造价指标是指反映建设工程一次性投资的综合货币指标，根据分析和评价工程项目所处的时间段，可依据设计概（预）算予以确定。例如，每平方米建筑造价、给排水工程造价，采暖工程造价、通风工程造价、设备安装工程造价等。

（2）主要材料消耗指标

主要材料消耗指标从实物形态的角度反映主要材料的消耗数量。如钢材消耗量指标、水泥消耗量指标、木材消耗量指标等。

（3）劳动消耗指标

劳动消耗指标所反映的劳动消耗量，包括现场施工和预制加工厂的劳动消耗。

（4）工期指标

工期指标是指建设工程从开工到竣工所耗费的时间，可用来评价不同方案对工期的影响。

以上四类指标，可以根据工程的具体特点来选择。从建设工程全面造价管理的角度考虑，仅利用这四类指标还不能完全满足设计方案的评价，还需要考虑建设工程全寿命期成本，并考虑工期成本、质量成本、安全成本及环保成本等诸多因素。

在采用多指标法对不同设计方案进行分析和评价时，如果某一方案的所有指标都优于其他方案，则为最佳方案；如果各个方案的其他指标都相同，只有一个指标相互之间有差异，则该指标最优的方案就是最佳方案。这两种情况对于优选决策来说都比较简单，但实际中很少有这种情况。在大多数情况下，不同方案之间往往是各有所长，有些指标较优，有些指标较差，而且各种指标对方案经济效果的影响也不相同。这时，若采用加权求和的方法，各指标的权重又很难确定。因而需要采用其他分析评价方法，如单指标法。

2. 单指标法

单指标法是以单一指标为基础对建设工程技术方案进行综合分析与评价的方法。单指标法有很多种类，各种方法的使用条件也不尽相同，较常用的有以下几种方法。

（1）综合费用法

这里的费用包括方案投产后的年度使用费、方案的建设投资，以及由于工期提前或延误而产生的收益或亏损等。该方法的基本出发点在于将建设投资和使用费结合起来考虑，同时，考虑建设周期对投资效益的影响，以综合费用最小为最佳方案。综合费用法是一种静态价值指标评价方法，没有考虑资金的时间价值，只适用于建设周期较短的工程。另外，由于综合费用法只考虑费用，未能反映功能、质量、安全、环保等方面的差异，因而只有在方案的功能、建设标准等条件相同或基本相同时才能采用。

（2）全寿命期费用法

建设工程全寿命期费用除包括筹建、征地拆迁、咨询、勘察、设计、施工、设备购置以及贷款支付利息等与工程建设有关的一次性投资费用外，还包括工程完成后交付使用期内经常发生的费用支出，如维修费、设备更新费、采暖费、电梯费、空调费、保险费等，这些费用统称为使用费，按年计算时称为年度使用费。全寿命期费用评价法考虑了资金的时间价值，是一种动态的价值指标评价方法。由于不同技术方案的寿命期不同，因此，应用全寿命期费用评价法计算费用时，不用净现值法，而用年度等值法，以年度费用最少者为最优方案。

（3）价值工程法

价值工程法主要是对产品进行功能分析，研究如何以最低的全寿命期成本实现产品的必要功能，从而提高产品价值。在建设工程施工阶段运用该方法来提高建设工程价值的作用是有限的。要使建设工程的价值能够大幅度提高，获得较高的经济效益，必须首先在设计阶段运用价值工程法，使建设工程的功能与成本合理匹配，也就是说，在设计中运用价值工程的原理和方法，在保证建设工程功能不变或功能改善的情况下，力求节约成本，以设计出更加符合用户要求的产品。

价值工程在工程设计中的运用过程实际上是发现矛盾、分析矛盾和解决矛盾的过程。具体地说，就是分析功能与成本间的关系，以提高建设工程的价值系数。工程设计人员要以提高价值为目标，以功能分析为核心，以经济效益为出发点，从而真正实现对设计方案的优化。

3. 多因素评分法

多因素评分法是多指标法与单指标法相结合的一种方法。对需要进行分析评价的设计方案设定若干个评价指标，按其重要程度分配权重，然后按照评价标准给各指标打分，将各项指标所得分数与其权重采用综合方法整合，得出各设计方案的评价总分，以获总分最高者为最佳方案。

多因素评分优选法综合了定量分析评价与定性分析评价的优点，可靠性高，应用较广泛。

（四）设计方案优化

设计优化是使设计质量不断提高的有效途径，在设计招标以及设计方案竞赛过程中可以将各方案的可取之处重新组合，吸收众多设计方案的优点，使设计更加完美。而对于具体方案，则应综合考虑工程质量、造价、工期、安全和环保五大目标，基于全要素造价管理进行优化。

工程项目五大目标之间的整体相关性，决定了设计方案的优化必须考虑这五大目标之间的最佳匹配，力求达到整体目标最优，而不能孤立、片面地考虑某一目标或强调某一目标而忽略其他目标。在保证工程质量和安全、保护环境的基础上，追求全寿命期成本最低的设计方案。

三、运用价值工程优化设计方案

价值工程是以提高产品或者作业价值为目的，通过有组织的创造性工作，寻求用最低的寿命成本，可靠地实现使用者所需功能的一种管理技术。

价值工程是一种技术经济分析方法，是现代科学管理的组成部分，是研究用最少的成本支出，实现必要功能，达到提高产品价值的科学，也是我们在工程经济学中学过的知识。下面介绍其在建设项目设计阶段的设计方案比选与优化中的应用。

工程设计主要是针对建设项目的功能和实现手段，工程设计方案可以直接作为价值工程的研究对象。

（一）功能分析

建筑功能是指建筑产品满足社会需要的各种性能的总和。不同的建筑产品有不同的使用功能，它们通过一系列建筑因素体现出来，反映建筑物的使用要求。建筑产品的功能一般可分为社会性功能、适用性功能、技术性功能、物理性功能和美学功能五类。功能分析首先应明确项目各类功能具体有哪些，哪些是主要功能，并对功能进行定义和整理，绘制功能系统图。

（二）功能评价

功能评价主要是比较各项功能的重要程度，用0—1评分法、0—4评分法、环比评分法等方法，计算各项功能的评价系数，作为该功能的重要度权数。

0—1 评分法是指将功能一一对比后，重要者得 1 分，不重要者得 0 分，然后都加上 1 分，进行修正，再用修正得分除以总得分得到功能指数。

0—4 评分法则是指将功能一一对比，很重要的功能因素得 4 分，另一个很不重要的功能因素得 0 分；较重要的功能因素得 3 分，另一个较不重要的功能因素得 1 分；同样重要则两个功能因素各得 2 分。

（三）方案创新

根据功能分析的结果，提出各种实现功能的方案。

（四）方案评价

对第 3 步方案创新提出的各种方案的各项功能的满足程度打分；然后以功能评价系数作为权数计算各方案的功能评价得分；最后计算各方案的价值系数，以价值系数最大者为最优。

（五）价值评价

评价各项功能，确定功能评价系数，并计算实现各项功能的现实成本是多少，从而计算各项功能的价值系数。价值系数小于 1 的，应该在功能水平不变的条件下降低成本，或在成本不变的条件下提高功能水平；价值系数大于 1 的，如果是重要的功能，则应该提高成本，以保证重要功能的实现。如果该项功能不重要，可以不作改变。

（六）分配目标成本

根据限额设计的要求，确定研究对象的目标成本，并以功能评价系数为基础，将目标成本分摊到各项功能上，与各项功能的现实成本进行对比，确定成本改进期望值。成本改进期望值大的，应首先重点改进。

四、限额设计

限额设计是指按照批准的可行性研究报告中的投资限额进行初步设计、按照批准的初步设计概算进行施工图设计、按照施工图预算造价编制施工图设计中各个专业设计文件的过程。

限额设计中，工程使用功能不能减少，技术标准不能降低，工程规模也不能削减。因此，限额设计需要在投资额度不变的情况下，实现使用功能和建设规模的最大化。限额设计是工程造价控制系统中的一个重要环节，是设计阶段进行技术经济分析，实施工程造价控制的一项重要措施。限额设计包含两个方面的内容，一方面是项目的下一阶段按照上一阶段的投资或者造价限额达到设计技术要求；另一方面是项目局部按照设定投资或者造价限额达到设计技术要求。实行限额设计的有效途径和主要方法是投资分解和工程量控制。

（一）确定合理的限额设计目标与内容

限额设计目标是在初步设计开始前，根据批准的可行性研究报告及其投资估算而确定的。限额设计的目标设定应与项目规模、技术发展、环保卫生、建设标准相适应。限额设计指标一般由项目经理或项目总设计师提出，经设计主管院长审批。其总额度一般只下达直接工程费的90%，项目经理或总设计师留有一定的调节指标，限额指标用完后，必须经批准才能调整。专业之间或专业内部节约下来的单项费用未经批准不能相互调用。限额设计在实施中不同阶段的主要内容如下。

1. 投资决策阶段

投资决策阶段是限额设计的关键。对政府工程而言投资决策阶段的可行性研究报告是政府部门核准投资总额的主要依据，而批准的投资总额则是进行限额设计的主要依据。为此，应在多方案技术经济分析和评价后确定最终方案，提高投资估算的准确度，合理确定设计限额目标。

2. 初步设计阶段

初步设计阶段需要依据最终确定的可行性研究方案和投资估算，对影响投资的因素按照专业进行分解，并将规定的投资限额下达到各专业设计人员。设计人员应用价值工程的基本原理，通过多方案技术经济比选，创造出价值较高、技术经济性较为合理的初步设计方案，并将设计概算控制在批准的投资估算内。

3. 施工图设计阶段

施工图是设计单位的最终成果文件，要按照批准的初步设计方案进行限额设计，施工图预算需控制在批准的设计概算范围内。

（二）实现限额设计目标

在进行限额设计时，应按照之前确定的限额设计总目标来进行分解，确定各专业设计的分解限额设计指标，以此实现设计阶段的造价控制。

要实现限额设计的目标，除了分解完成目标之外，还需要对设计进行优化。优化设计是以系统工程理论为基础，应用现代数学方法对工程设计方案、设备选型、参数匹配、效益分析等方面进行最优化的设计方法，它是控制投资的重要措施。在进行优化设计时，必须根据问题的性质选择不同的优化方法。一般来说，对于一些确定性问题，如投资、资源消耗、时间等有关条件已确定的，可采用线性规划、非线性规划、动态规划等理论和方法进行优化；对于一些非确定性问题，可以采用排队论、对策论等方法进行优化；对于涉及流量的问题，可以采用网络理论进行优化。

优化设计的一般步骤如下。

①分析设计对象综合数据，建立设计目标。

②根据设计对象数据特征选择优化方法，建立模型。

③求解并分析结果可行性。

④调整模型，得到满意结果。

（三）限额设计过程

限额设计的实施是建设工程造价目标的动态反馈和管理过程，可分为目标制定、目标分解、目标推进和成果评价。

1. 目标制定

限额设计的目标包括：造价目标、质量目标、速度目标、安全目标及环境目标。工程项目各目标之间既相互关联又相互制约，因此，在分析论证限额设计目标时，应统筹兼顾，全面考虑，追求技术经济合理的最佳整体目标。

2. 目标分解

分解工程造价目标是实行限额设计的一个有效途径和主要方法。首先，将上一阶段确定的投资额分解到建筑、结构、电气、给排水和暖通等设计部门的各个专业。其次，将投资限额再分解到各个单项工程、单位工程、分部工程及分项工程。在目标分解过程中，要对设计方案进行综合分析与评价。最后，将各细化的目标明确到相应的设计人员，制定明确的限额设计方案，通过层层目标分解和限额设计，实现对投资限额的有效控制。

3. 目标推进

目标推进通常包括限额初步设计和限额施工图设计两个阶段。

（1）限额初步设计阶段

应严格按照分配的工程造价控制目标进行方案的规划和设计。在初步设计开始时，将设计任务书的设计原则、建设方针和各项控制经济指标告知设计人员，对关键设备、工艺流程、总图方案、主要建筑和各种费用指标要提出技术经济方案选择，研究实现设计任务书中投资限额的可能性，特别注意对投资有较大影响的因素。在初步设计方案完成后，由工程造价管理专业人员及时编制初步设计预算，并进行初步设计方案的技术经济分析，直至满足限额要求。初步设计只有在满足各项功能要求并符合限额设计目标的情况下，才能作为下一阶段的限额目标给予批准。

（2）限额施工图设计阶段

设计得到的项目总造价和单项工程造价都不能超过初步设计概算造价，要将施工图预算严格控制在批准的概算以内。设计单位的最终产品是施工图设计，它是工程建设的依据。设计部门在进行施工图设计的过程中，要随时控制造价、调整设计，要求从设计部门发出的施工图，其造价严格控制在批准的概算以内。遵循各目标协调并进的原则，做到各目标之间的有机结合和统一，防止偏废其中任何一个。在施工图设计完成后，进行施工图设计的技术经济论证，分析施工图预算是否满足设计限额要求，以供设计决策者参考。

在初步设计阶段，由于外部条件的制约和人们主观认识的局限，往往会造成施工图设计阶段甚至施工过程中的局部修改和变更，这是使设计、建设更趋于完善的正常现象，由此会引起对已经确认的概算价格的变化，这种变化在一定范围内是允许的，但必须经过核算和调整。如果施工图设计变化涉及建设规模、产品方案、工艺流程或设计方案的

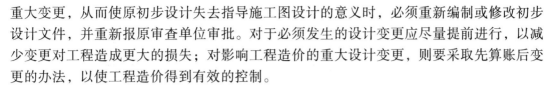

重大变更，从而使原初步设计失去指导施工图设计的意义时，必须重新编制或修改初步设计文件，并重新报原审查单位审批。对于必须发生的设计变更应尽量提前进行，以减少变更对工程造成更大的损失；对影响工程造价的重大设计变更，则要采取先算账后变更的办法，以使工程造价得到有效的控制。

4. 成果评价

成果评价是目标管理的总结阶段。通过对设计成果的评价，总结经验和教训，作为指导和开展后续工作的主要依据。

值得指出的是，当考虑建设工程全寿命期成本时，按照限额要求设计出的方案可能不一定具有最佳的经济性，此时也可考虑突破原有限额，重新选择设计方案。

第三节　设计概算的编制

一、设计概算的概念和作用

设计概算是以初步设计文件为依据，按照规定的程序、方法和依据，对建设项目总投资及其构成进行的概略计算。

（一）设计概算的概念

具体而言，设计概算是在投资估算的控制下由设计单位根据初步设计或扩大初步设计的图纸及说明，利用国家或地区颁发的概算指标、概算定额、综合指标预算定额、各项费用定额或取费标准（指标）、建设地区自然、技术经济条件和设备、设备材料预算价格等资料，按照设计要求，对建设项目从筹建至竣工交付使用所需全部费用进行的预计。设计概算的成果文件称作设计概算书，也简称设计概算。设计概算书是初步设计文件的重要组成部分，其特点是编制工作相对简略，无须达到施工图预算的准确程度。采用两阶段设计的建设项目，初步设计阶段必须编制设计概算；采用三阶段设计的，扩大初步设计阶段必须编制修正概算。

设计概算的编制内容包括静态投资和动态投资两个层次。静态投资作为考核工程设计和施工图预算的依据；动态投资作为项目筹措、供应和控制资金使用的限额。设计概算经批准后，一般不得调整。如果由于下列原因需要调整概算时，应由建设单位调查分析变更原因，报主管部门审批同意后，由原设计单位核实编制调整概算，并按有关审批程序报批。当影响工程概算的主要因素查明且工程量完成了一定量后，方可对其进行调整。一个工程只允许调整一次概算。允许调整概算的原因包括以下几点。

①超出原设计范围的重大变更。

②超出基本预备费规定范围不可抗拒的重大自然灾害引起的工程变动和费用增加。

③超出工程造价价差预备费的国家重大政策性的调整。

（二）设计概算的作用

设计概算是工程造价在设计阶段的表现形式，但其并不具备价格属性。因为设计概算不是在市场竞争中形成的，而是设计单位根据有关依据计算出来的工程建设的预期费用，用于衡量建设投资是否超过估算并控制下一阶段费用支出。设计概算的主要作用是控制以后各阶段的投资，具体表现如下。

1. 设计概算是编制固定资产投资计划、确定和控制建设项目投资的依据

设计概算投资应包括建设项目从立项、可行性研究、设计、施工、试运行到竣工验收等的全部建设资金。按照国家有关规定，编制年度固定资产投资计划，确定计划投资总额及其构成数额，要以批准的初步设计概算为依据，没有批准的初步设计文件及其概算，建设工程不能列入年度固定资产投资计划。

设计概算一经批准，将作为控制建设项目投资的最高限额。在工程建设过程中，年度固定资产投资计划安排、银行拨款或贷款、施工图设计及其预算、竣工决算等，未经规定程序批准，都不能突破这一限额，确保对国家固定资产投资计划的严格执行和有效控制。对总概算投资超过批准投资估算的10%的，应进行技术经济论证，需重新上报进行审批。

2. 设计概算是控制施工图设计和施工图预算的依据

经批准的设计概算是建设工程项目投资的最高限额。设计单位必须按批准的初步设计和总概算进行施工图设计，施工图预算不得突破设计概算。设计概算批准后不得任意修改和调整；如需修改或调整时，须经原批准部门重新审批。竣工结算不能突破施工图预算，施工图预算不能突破设计概算。

3. 设计概算是衡量设计方案技术经济合理和选择最佳设计方案的依据

设计部门在初步设计阶段要选择最佳设计方案，设计概算是从经济角度衡量设计方案经济合理性的重要依据。

4. 设计概算是编制招标控制价（招标标底）和投标报价的依据

以设计概算进行招投标的工程，招标单位以设计概算作为编制招标控制价及评标定标的依据。承包单位也必须以设计概算为依据，编制投标报价，以合适的投标报价在投标竞争中取胜。

5. 设计概算是签订建设工程合同和贷款合同的依据

建设工程合同价款是以设计概、预算价为依据，且总承包合同不得超过设计总概算的投资额。银行贷款或各单项工程的拨款累计总额不能超过设计概算。如果项目投资计划所列支投资额与贷款突破设计概算时，必须查明原因，之后由建设单位报请上级主管部门调整或追加设计概算总投资。凡未批准之前，银行对其超支部分不予拨付。

6. 设计概算是考核建设项目投资效果的依据

通过设计概算与竣工决算对比，可以分析和考核建设工程项目投资效果的好坏，同时，还可以验证设计概算的准确性，有利于加强设计概算管理和建设项目的造价管理工作。

二、设计概算的编制内容

设计概算文件的编制应采用单位工程概算、单项工程综合概算、建设项目总概算三级概算编制形式。当建设项目为一个单项工程时，可采用单位工程概算、总概算两级概算编制形式。

（一）单位工程概算

单位工程概算是以初步设计文件为依据，按照规定的程序、方法和依据，计算单位工程费用的成果文件，是编制单项工程综合概算（或项目总概算）的依据，是单项工程综合概算的组成部分。单位工程概算按其工程性质可分为建筑工程概算和设备及安装工程概算两大类。建筑工程概算包括土建工程概算，给排水、采暖工程概算，通风、空调工程概算，电气照明工程概算，弱电工程概算，特殊构筑物工程概算等；设备及安装工程概算包括机械设备及安装工程概算，电气设备及安装工程概算，热力设备及安装工程概算，工、器具及生产家具购置费概算等。

（二）单项工程综合概算

单项工程综合概算是以初步设计文件为依据，在单位工程概算的基础上汇总单项工程费用的成果文件，由单项工程中的各单位工程概算汇总编制而成，是建设项目总概算的组成部分。

（三）建设项目总概算

建设项目总概算是以初步设计文件为依据，在单项工程综合概算的基础上计算建设项目概算总投资的成果文件，它是由各单项工程综合概算、工程建设其他费用概算、预备费、建设期利息和铺底流动资金概算汇总编制而成的。

若干个单位工程概算汇总后成为单项工程综合概算，若干个单项工程综合概算和工程建设其他费用、预备费、建设期利息、铺底流动资金等概算文件汇总后成为建设项目总概算。单项工程综合概算和建设项目总概算仅是一种归纳、汇总性文件，因此，最基本的计算文件是单位工程概算书。若建设项目为一个独立单项工程，则建设项目总概算书与单项工程综合概算书可合并编制。

三、设计概算的编制依据及要求

（一）设计概算的编制依据

第一，国家、行业和地方政府有关建设和造价管理的法律、法规、规章、规程、标准等。

第二，相关文件和费用资料，包括以下几项内容。

①初步设计或扩大初步设计图纸、设计说明书、设备清单和材料表等。其中，土建工程包括建筑总平面图、平面图、立面图、剖面图和初步设计文字说明（注明门窗尺寸、装修标准等）、结构平面布置图、构件尺寸及特殊构件的钢筋配置；安装工程包括给排水、采暖通风、电气、动力等专业工程的平面布置图、系统图、文字说明和设备清单等；室外工程包括平面图、总图专业建设场地的地形图和场地设计标高及道路、排水沟、挡土墙、围墙等构筑物的断面尺寸。

②批准的建设项目设计任务书（或批准的可行性研究报告）和主管部门的有关规定。

③国家或省、自治区、直辖市现行的建筑设计概算定额（综合预算定额或概算指标），现行的安装设计概算定额（或概算指标），类似工程的概预算及技术经济指标。

④建设工程所在地区的工人工资标准、材料预算价格、施工机械台班预算价格，标准设备和非标准设备价格资料，现行的设备原价及运杂费率，各类造价信息和指数。

⑤国家或省、自治区、直辖市现行的建筑安装工程费用定额和有关费用标准。工程所在地区的土地征购、房屋拆迁等费用和价格资料。

⑥资金筹措方式或资金来源。

⑦正常的施工组织设计及常规施工方案。

第三，施工现场资料。概算编制人员应熟悉设计文件，掌握施工现场情况，充分了解设计意图，掌握工程全貌，明确工程的结构形式和特点。掌握施工组织与技术应用情况，深入施工现场了解建设地点的地形、地貌及作业环境，并加以核实、分析和修正。现场资料主要包括如下几项内容。

①建设场地的工程地质、地形地貌等自然条件资料和建设工程所在地区的有关技术经济条件资料。

②项目所在地区有关的气候、水文、地质地貌等自然条件。

③项目所在地区的经济、人文等社会条件。

④项目的技术复杂程度，以及新工艺、新材料、新技术、新结构、专利使用情况等。

⑤建设项目拟定的建设规模、生产能力、工艺流程、设备及技术要求等情况。

⑥项目建设的准备情况，包括施工方式的确定，施工用水、用电的供应等诸多因素。

（二）设计概算的编制要求

①设计概算应按编制时项目所在地的价格水平编制，总投资应完整地反映编制时建设项目实际投资。

②设计概算应结合项目所在地设备和材料市场供应情况、建筑安装施工市场变化，

还应按项目合理工期预测建设期价格水平，以及资产租赁和贷款的时间价值等动态因素对投资的影响。

③设计概算应考虑建设项目施工条件以及能够承担项目施工的工程公司情况等因素对投资的影响。

四、单位工程概算的编制

单位工程概算应根据单项工程中所属的每个单体按专业分别编制，一般分土建、装饰、采暖通风、给排水、照明、工艺安装、自控仪表、通信、道路、总图竖向等专业或工程分别编制。总体而言，单位工程概算包括单位建筑工程概算和单位设备及安装工程概算两类。其中，建筑工程概算的编制方法有概算定额法、概算指标法、类似工程预算法等；设备及安装工程概算的编制方法有预算单价法、扩大单价法、设备价值百分比法和综合吨位指标法等。

（一）概算定额法

概算定额法又称扩大单价法或扩大结构定额法，是套用概算定额编制建筑工程概算的方法。运用概算定额法，要求初步设计必须达到一定深度，建筑结构尺寸比较明确，能按照初步设计的平面图、立面图、剖面图计算出楼地面、墙身、门窗和屋面等扩大分项工程（或扩大结构构件）项目的工程量时，方可采用。

建筑工程概算表的编制，按构成单位工程的主要分部分项工程编制，根据初步设计工程量按工程所在省、自治区、直辖市颁发的概算定额（指标）或行业概算定额（指标），以及工程费用定额计算。概算定额法编制设计概算的步骤如下。

①收集基础资料、熟悉设计图纸、了解有关施工条件和施工方法。

②按照概算定额分部分项顺序，列出单位工程中分项工程或扩大分项工程项目名称并计算工程量。工程量计算应按概算定额中规定的工程量计算规则进行，计算时采用的原始数据必须以初步设计图纸所标识的尺寸或初步设计图纸能读出的尺寸为准，并将计算所得各分项工程量按概算定额编号顺序，填入工程概算表内。

③确定各分部分项工程项目的概算定额单价。工程量计算完毕后，逐项套用相应概算定额单价和人工、材料消耗指标。然后分别将其填入工程概算表和工料分析表中。如遇设计图中的分项工程项目名称、内容与采用的概算定额手册中相应的项目有某些不相符时，则按规定对定额进行换算后方可套用。

有些地区根据当地工人工资、物价水平和概算定额编制了与概算定额配合使用的扩大单位估价表，确定概算定额中各扩大分项工程或扩大结构构件所需的全部人工费、材料费、施工机具使用费之和，即概算定额单价。在采用概算定额法编制概算时，可以将计算出的扩大分部分项工程的工程量，乘以扩大单位估价表中的概算定额单价进行人、材、机费的计算。

④计算单位工程人、材、机费。将已算出的各分部分项工程项目的工程量及在概算

定额中已查出的相应定额单价和单位人工、主要材料消耗指标分别相乘，即可得出各分项工程的人、材、机费和人工、主要材料消耗量。再汇总各分项工程的人、材、机费及人工、主要材料消耗量，即可得到该单位工程的人、材、机费和工料总消耗量。如果规定有地区的人工、材料价差调整指标，计算人、材、机费时，按规定的调整系数或其他调整方法进行调整计算。

⑤计算企业管理费、利润、规费和税金。根据人、材、机费，结合其他各项取费标准，分别计算企业管理费、利润、规费和税金。其计算公式如下（以人工费为计算基础）：

$$企业管理费＝定额人工费 \times 企业管理费费率$$

$$利润＝定额人工费 \times 利润率$$

$$规费＝定额人工费 \times 社会保险费和住房公积金费率＋工程排污费$$

$$税金＝（人、材、机费＋企业管理费＋利润＋规费）\times 综合税率$$

⑥计算单位工程概算造价。其计算公式如下：

$$单位工程概算造价＝人、材、机费＋企业管理费＋利润＋规费＋税金$$

⑦编写概算编制说明。单位建筑工程概算按照规定的表格形式进行编制。

（二）概算指标法

概算指标法是用拟建的厂房、住宅的建筑面积（或体积）乘以技术条件相同或基本相同的概算指标得出人、材、机费，然后按规定计算出企业管理费、利润、规费和税金等，得出单位工程概算的方法。概算指标法适用的情况包括：

第一种：在方案设计中，由于设计无详图而只有概念性设计时，或初步设计深度不够，不能准确地计算出工程量，但工程设计采用的技术比较成熟时可以选定与该工程相似类型的概算指标编制概算；

第二种：设计方案急需造价估算并且有类似工程概算指标可以利用的情况；

第三种：图样设计间隔很久后再实施，概算造价不适用于当前情况而又急需确定造价的情形下，可按当前概算指标修正原有概算造价；

第四种：通用设计图设计可组织编制通用图设计概算指标来确定造价。

1. 拟建工程结构特征与概算指标相同时的计算

在使用概算指标法时，如果拟建工程在建设地点、结构特征、地质及自然条件、建筑面积等方面与概算指标相同或相近，就可直接套用概算指标编制概算。在直接套用概算指标时，拟建工程应符合以下三个条件：

第一，拟建工程的建设地点与概算指标中的工程建设地点相同；

第二，拟建工程的工程特征和结构特征与概算指标中的工程特征、结构特征基本相同；第三，拟建工程的建筑面积与概算指标中工程的建筑面积相差不大。

根据选用的概算指标内容，可选用两种套算方法：

①以指标中所规定的工程每平方米、立方米的造价指标，乘以拟建单位工程建筑面积或体积，得出单位工程的人、材、机费，再进行计算其他费用，即可求出单位工程的概算造价。其计算公式如下：

人、材、机费＝概算指标每 m^2（m^3）工程造价 × 拟建工程建筑面积（体积）

②以概算指标中规定的每 $100m^2$ 建筑物面积（或 $1000m^3$）所耗人工工日数、主要材料数量为依据，首先计算拟建工程人工、主要材料消耗量，再计算人、材、机费，并取费。在概算指标中，一般规定了 $100m^2$ 建筑物面积（或 $1000m^3$）所耗工日数、主要材料数量，通过套用拟建地区当时的人工费单价和主材预算单价，便可得到每 $100m^2$（或 $1000m^3$）建筑物的人工费和主材费，而无须再作价差调整。其计算公式如下：

$100m^2$ 建筑物面积的人工费＝指标规定的工日数 × 本地区工日单价

$100m^2$ 建筑物面积的主要材料费＝$\Sum$（指标规定的主要材料数量 × 相应的地区材料预算单价）

$100m^2$ 建筑物面积的其他材料费＝主要材料费 × 其他材料费占主要材料费的百分比

$100m^2$ 建筑物面积的机械使用费＝（人工费＋主要材料费＋其他材料费）× 机械使用费所占百分比

每平方米建筑面积的人、材、机费＝（人工费＋主要材料费＋其他材料费＋机械使用费）$\div 100$

根据人、材、机费，结合其他各项取费方法，分别计算企业管理费、利润、规费和税金。得到每平方米建筑面积的概算单价，乘以拟建单位工程的建筑面积，即可得到单位工程概算造价。

2. 拟建工程结构特征与概算指标有局部差异时的调整

在实际工作中，经常会遇到拟建对象的结构特征与概算指标中规定的结构特征有局部不同的情况，因此，必须对概算指标进行调整后方可套用。调整方法如下：

（1）调整概算指标中的每 m^2（m^3）造价

这种调整方法是将原概算指标中的单位造价进行调整，扣除每 m^2（m^3）原概算指标中与拟建工程结构不同部分的造价，增加每 m^2（m^3）拟建工程与概算指标结构不同部分的造价，使其成为与拟建工程结构相同的工料单价。

（2）调整概算指标中的人、材、机数量

这种方法是将原概算指标中每 $100m^2$（$1000m^3$）建筑面积（体积）中的工、料、机数量进行调整，扣除原概算指标中与拟建工程结构不同部分的人、材、机消耗量，增加拟建工程与概算指标结构不同部分的工、料、机消耗量，使其成为与拟建工程结构相同的每 $100m^2$（$1000m^3$）建筑面积（体积）人、材、机数量。

以上两种方法，前者是直接修正概算指标单价；后者是修正概算指标工、料、机数量。修正之后，方可按上述方法分别套用。

（三）类似工程预算法

类似工程预算法是利用技术条件与设计对象相类似的已完工程或在建工程的工程造价资料来编制拟建工程设计概算的方法。

当拟建工程初步设计与已完工程或在建工程的设计相类似而又没有可用的概算指标时可以采用类似工程预算法。

类似工程预算法的编制步骤如下：

①根据设计对象的各种特征参数，选择最合适的类似工程预算。

②根据本地区现行的各种价格和费用标准计算类似工程预算的人工费、材料费、施工机械费、企业管理费修正系数。

③根据类似工程预算修正系数和以上四项费用占预算成本的比重，计算预算成本总修正系数，并计算出修正后的类似工程平方米预算成本。

④根据类似工程修正后的平方米预算成本和编制概算地区的税率计算修正后的类似工程平方米造价。

⑤根据拟建工程的建筑面积和修正后的类似工程平方米造价，计算拟建工程概算造价。

⑥编制概算编写说明。

类似工程预算法对条件有所要求，也就是可比性，即拟建工程项目在建筑面积、结构构造特征要与已建工程基本一致，如层数相同、面积相似、结构相似、工程地点相似等，采用此方法时必须对建筑结构差异和价差进行调整。

（四）单位设备及安装工程概算编制方法

单位设备及安装工程概算包括单位设备及工、器具购置费概算和单位设备安装工程费概算两大部分。

1. 单位设备及工、器具购置费概算

单位设备及工、器具购置费是根据初步设计的设备清单计算出设备原价，并汇总求出设备总原价，然后按有关规定的设备运杂费率乘以设备总原价，两项相加再考虑工器具及生产家具购置费即为设备及工器具购置费概算。设备及工器具购置费概算的编制依据包括：设备清单、工艺流程图；各部门和各省、自治区、直辖市规定的现行设备价格和运费标准、费用标准。

2. 单位设备安装工程费概算

设备安装工程费概算的编制方法应根据初步设计深度和要求所明确的程度而选用，其主要编制方法如下。

（1）预算单价法

当初步设计较深，有详细的设备清单时，可直接按安装工程预算定额单价编制安装

工程概算，概算编制程序与安装工程施工图预算程序基本相同。预算单价法的优点是计算比较具体，精确性较高。

（2）扩大单价法

当初步设计深度不够，设备清单不完备，只有主体设备或仅有成套设备重量时，可采用主体设备、成套设备的综合扩大安装单价来编制概算。

上述两种方法的具体编制步骤与建筑工程概算相类似。

（3）设备价值百分比法（又称安装设备百分比法）

当初步设计深度不够，只有设备出厂价而无详细规格、质量时，安装费可按占设备费的百分比计算。其百分比值（即安装费率）由相关管理部门制定或由设计单位根据已完类似工程确定。

（4）综合吨位指标法

当初步设计提供的设备清单有规格和设备质量时，可采用综合吨位指标编制概算，其综合吨位指标由相关主管部门或由设计单位根据已完类似工程的资料确定。该方法常用于设备价格波动较大的非标准设备和引进设备的安装工程概算。

五、单项工程综合概算的编制

单项工程综合概算是确定单项工程建设费用的综合性文件，它是由该单项工程的各专业单位工程概算汇总而成的，是建设项目总概算的组成部分。

单项工程综合概算文件一般包括编制说明（不编制总概算时列入）、综合概算表（含其所附的单位工程概算表和建筑材料表）两大部分。当建设项目只有一个单项工程时，此时综合概算文件（实为总概算）除包括上述两大部分外，还应包括工程建设其他费用、建设期利息、预备费的概算。

（一）编制说明

编制说明应列在综合概算表之前，其内容包括以下几项。

①工程概况。简述建设项目性质、特点、生产规模、建设周期、建设地点、主要工程量、工艺设备等情况。引进项目要说明引进内容以及与国内配套工程等主要情况。

②编制依据。包括国家和有关部门的规定、设计文件、现行概算定额或概算指标、设备材料的预算价格和费用指标等。

③编制方法。说明设计概算是采用概算定额法，还是采用概算指标法或其他方法。

④主要设备、材料的数量。

⑤主要技术经济指标。主要包括项目概算总投资（有引进的给出所需外汇额度）及主要分项投资、主要技术经济指标（主要单位投资指标）等。

⑥工程费用计算表。主要包括建筑工程费用计算表、工艺安装工程费用计算表、配套工程费用计算表、其他涉及工程的工程费用计算表。

⑦引进设备材料有关费率确定及依据。主要包括国外运输费、国外运输保险费、关

税、增值税、国内运杂费、其他有关税费等。

⑧引进设备材料从属费用计算表。

⑨其他必要的说明。

（二）综合概算表

综合概算表是根据单项工程所辖范围内的各单位工程概算等基础资料，按照国家或部委所规定的统一表格进行编制。

对于工业建筑而言，其概算包括建筑工程和设备及安装工程；对于民用建筑而言，其概算包括一般土木工程、给排水、采暖通风及电气照明工程等。

综合概算的费用组成，一般应包括建筑工程费用、安装工程费用、设备及工器具购置费。当不编制总概算时，还应包括工程建设其他费用、建设期利息、预备费等费用项目。综合概算表是根据单项工程所辖范围内的各单位工程概算等基础资料，按照国家或部委所规定统一表格进行编制。

六、建设项目总概算的编制

建设项目总概算是设计文件的重要组成部分，是预计整个建设项目从筹建到竣工交付使用所花费的全部费用的文件。它是由各单项工程综合概算、工程建设其他费用、建设期利息、预备费和经营性项目的铺底流动资金概算所组成，按照主管部门规定的统一表格进行编制。

建设项目总概算文件应包括：编制说明、总概算表、各单项工程综合概算书、工程建设其他费用概算表、主要建筑安装材料汇总表。独立装订成册的总概算文件宜加封面、签署页（扉页）和目录。

①封面、签署页及目录。

②编制说明。编制说明的内容与单项工程综合概算文件相同。

③总概算表。

④工程建设其他费用概算表。工程建设其他费用概算按国家或地区或部委所规定的项目和标准确定，并按统一格式编制。应按具体发生的工程建设其他费用项目填写工程建设其他费用概算表，需要说明和具体计算的费用项目依次相应在说明及计算公式栏内填写或具体计算。填写时注意以下事项。

A.土地征用及拆迁补偿费应填写土地补偿单价、数量和安置补助费标准、数量等，列式计算所需费用，填入金额栏。

B.建设项目管理费包括建设单位（业主）管理费，工程质量监督费、工程监理费等，按"建筑安装工程费 × 费率"或有关定额列式计算。

C.研究试验费应根据设计需要进行研究试验的项目分别填写项目名称及金额或列式计算或进行说明。

⑤单项工程综合概算表和建筑安装单位工程概算表。

⑥主要建筑安装材料汇总表。针对每一个单项工程列出钢筋、型钢、水泥、木材等主要建筑安装材料的消耗量。

七、设计概预算文件的审查

设计概预算文件是确定建设工程造价的文件，是工程建设全过程造价控制、考核工程项目经济合理性的重要依据。因此，对设计概预算文件的审查在工程造价管理中具有非常重要的作用和现实意义。

设计概算的审查是确定建设工程造价的一个重要环节。通过审查，能使概算更加完整、准确。

（一）设计概算审查的意义

①促进设计单位严格执行国家、地方、行业有关概算的编制规定和费用标准，提高概算的编制质量。

②促进设计的技术先进性与经济合理性。

③促进建设工程造价的准确、完整，避免出现任意扩大建设规模和漏项的情况，缩小概算与预算之间的差距。

（二）设计概算审查的内容

1. 对设计概算编制依据的审查

（1）审查编制依据的合法性

设计概算采用的编制依据必须经过国家和授权机关的批准，符合概算编制的有关规定。同时，不得擅自提高概算定额、指标或费用标准。

（2）审查编制依据的时效性

设计概算文件所使用的依据，如定额、指标、价格、取费标准等，都应根据国家有关部门的规定进行。

（3）审查编制依据的适用范围

各主管部门规定的各类专业定额及其收费标准，仅适用于该部门的专业工程；各地区规定的各种定额及其取费标准，只适用于该地区范围内，特别是地区的材料预算价格应按工程所在地区的具体规定执行。

2. 对设计概算编制深度的审查

（1）审查编制说明

审查设计概算的编制方法、深度和编制依据等重大原则性问题。

（2）审查设计概算编制的完整性

对于一般大中型项目的设计概算，审查是否具有完整的编制说明和三级设计概算文件（总概算、综合概算、单位工程概算），是否达到规定的深度。

（3）审查设计概算的编制范围

包括：设计概算编制范围和内容是否与批准的工程项目范围相一致；各项费用应列的项目是否符合法律法规及工程建设标准；是否存在多列或遗漏的取费项目等。

3. 对设计概算编制内容的审查

①概算编制是否符合法律、法规及相关规定。

②概算所编制工程项目的建设规模和建设标准、配套工程等是否符合批准的可行性研究报告或立项批文。对总概算投资超过批准投资估算的10%的，应进行技术经济论证，需重新上报进行审批。

③概算所采用的编制方法、计价依据和程序是否符合相关规定。

④概算工程量是否准确。应将工程量较大、造价较高、对整体造价影响较大的项目作为审查重点。

⑤概算中主要材料用量的正确性和材料价格是否符合工程所在地的价格水平，材料价差调整是否符合相关规定等。

⑥概算中设备规格、数量、配置是否符合设计要求，设备原价和运杂费是否正确；非标准设备原价的计价方法是否符合规定；进口设备的各项费用的组成及其计算程序、方法是否符合规定。

⑦概算中各项费用的计取程序和取费标准是否符合国家或地方有关部门的规定。

⑧总概算文件的组成内容是否完整地包括了工程项目从筹建至竣工投产的全部费用组成。

⑨综合概算、总概算的编制内容、方法是否符合国家相关规定和设计文件的要求。

⑩概算中工程建设其他费用中的费率和计取标准是否符合国家、行业有关规定。

⑪概算项目是否符合国家对于环境治理的要求和规定。

⑫概算中技术经济指标的计算方法和程序是否正确。

（三）设计概算的审查方法

采用适当方法对设计概算进行审查，是确保审查质量、提高审查效率的关键。常用的审查方法有以下五种。

1. 对比分析法

通过对比分析建设规模、建设标准、概算编制内容和编制方法等，发现设计概算存在的主要问题和偏差。

2. 主要问题复核法

对审查中发现的主要问题以及有较大偏差的设计进行复核，对重要、关键设备和生产装置或投资较大的项目进行复查。

3. 查询核实法

对一些关键设备和设施、重要装置以及图纸不全、难以核算的较大投资进行多方查询核对，逐项落实。

4. 分类整理法

对审查中发现的问题和偏差，对照单项工程、单位工程的目录顺序分类整理，汇总核增或核减的项目及金额，最后汇总审核后的总投资及增减投资额。

5. 联合会审法

在设计单位自审、承包单位初审、咨询单位评审、邀请专家预审、审批部门复审等层层把关后，由有关单位和专家共同审核。

第四节　施工图预算的编制

一、施工图预算

施工图预算是以施工图设计文件为依据，按照规定的程序、方法和依据，在工程施工前对工程项目的工程费用进行的预测与计算。施工图预算的成果文件称作施工图预算书，简称施工图预算，它是在施工图设计阶段对工程建设所需资金做出较精确计算的设计文件。施工图预算价格既可以是按照政府统一规定的预算单价、取费标准、计价程序计算得到的属于计划或预期性质的施工图预算价格，也可以是通过招标投标法定程序，施工企业根据自身的实力即企业定额、资源市场单价以及市场供求及竞争状况计算得到的反映市场性质的施工图预算价格。

施工图预算作为建设工程程序中一个重要的技术经济文件，在工程建设实施过程中具有十分重要的作用，可以归纳为以下几个方面。

（一）施工图预算对投资方的作用

①施工图预算是设计阶段控制工程造价的重要环节，是控制施工图设计不突破设计概算的重要措施。

②施工图预算是控制造价及资金合理使用的依据。施工图预算确定的预算造价是工程的计划成本，投资方按施工图预算造价筹集建设资金，合理安排建设资金计划，确保建设资金的有效使用，保证项目建设顺利进行。

③施工图预算是确定工程招标控制价的依据。在设置招标控制价的情况下，建筑安装工程的招标控制价可按照施工图预算来确定。招标控制价通常是在施工图预算的基础上考虑工程的特殊施工措施、工程质量要求、目标工期、招标工程范围以及自然条件等因素进行编制的。

④施工图预算可以作为确定合同价款、拨付工程进度款及办理工程结算的基础。

（二）施工图预算对施工企业的作用

1. 施工图预算是建筑施工企业投标报价的基础

在激烈的建筑市场竞争中，建筑施工企业需要根据施工图预算，结合企业的投标策略，确定投标报价。

2. 施工图预算是建筑工程预算包干的依据和签订施工合同的主要内容

在采用总价合同的情况下，施工单位通过与建设单位协商，可在施工图预算的基础上，考虑设计或施工变更后可能发生的费用与其他风险因素，增加一定系数作为工程造价一次性包干价。同样，施工单位与建设单位签订施工合同时，其中工程价款的相关条款也必须以施工图预算为依据。

3. 施工图预算是施工企业安排调配施工力量、组织材料供应的依据

施工企业在施工前，可以根据施工图预算的人、料、机分析，编制资源计划，组织材料、机具、设备和劳动力供应，并编制进度计划，统计完成的工作量，进行经济核算并考核经营成果。

4. 施工图预算是施工企业控制工程成本的依据

根据施工图预算确定的中标价格是施工企业收取工程款的依据，企业只有合理利用各项资源，采取先进技术和管理方法，将成本控制在施工图预算价格以内，才能获得良好的经济效益。

5. 施工图预算是进行"两算"对比的依据

施工企业可以通过施工图预算和施工预算的对比分析，找出差距，采取必要的措施。

（三）施工图预算对其他方面的作用

①对于工程咨询单位而言，尽可能客观、准确地为委托方做出施工图预算，不仅体现出其水平、素质和信誉，而且强化了投资方对工程造价的控制，有利于节省投资，提高建设项目的投资效益。

②对于工程项目管理、监督等中介服务企业而言，客观、准确的施工图预算是为业主方提供投资控制的依据。

③对于工程造价管理部门而言，施工图预算是其监督、检查执行定额标准、合理确定工程造价、测算造价指数以及审定工程招标控制价的重要依据。

④如在履行合同的过程中发生经济纠纷，施工图预算还是有关仲裁、管理、司法机关按照法律程序处理、解决问题的依据。

二、施工图预算的编制内容

（一）施工图预算文件的组成

施工图预算由建设项目总预算、单项工程综合预算和单位工程预算组成。建设项目

总预算由单项工程综合预算汇总而成，单项工程综合预算由组成本单项工程的各单位工程预算汇总而成，单位工程预算包括建筑工程预算和设备及安装工程预算。施工图预算根据建设项目实际情况可采用三级预算编制或二级预算编制形式。当建设项目有多个单项工程时，应采用三级预算编制形式，三级预算编制形式由建设项目总预算、单项工程综合预算、单位工程预算组成。当建设项目只有一个单项工程时，应采用二级预算编制形式，二级预算编制形式由建设项目总预算和单位工程预算组成。

采用三级预算编制形式的工程预算文件包括：封面、签署页及目录、编制说明、总预算表、综合预算表、单位工程预算表、附件等内容。采用二级预算编制形式的工程预算文件包括：封面、签署页及目录、编制说明、总预算表、单位工程预算表、附件等内容。

（二）施工图预算的内容

按照预算文件的不同，施工图预算的内容有所不同。建设项目总预算是反映施工图设计阶段建设项目投资总额的造价文件，是施工图预算文件的主要组成部分。由组成该建设项目的各个单项工程综合预算和相关费用组成。具体包括：建筑安装工程费、设备及工器具购置费、工程建设其他费用、预备费、建设期利息及铺底流动资金。施工图总预算应控制在已批准的设计总概算投资范围以内。

单项工程综合预算是反映施工图设计阶段一个单项工程（设计单元）造价的文件，是总预算的组成部分，由构成该单项工程的各个单位工程施工图预算组成。其编制的费用项目是各单项工程的建筑安装工程费、设备及工器具购置费和工程建设其他费用总和。

单位工程预算是依据单位工程施工图设计文件、现行预算定额以及人工、材料和施工机械台班价格等，按照规定的计价方法编制的工程造价文件，包括单位建筑工程预算和单位设备及安装工程预算。单位建筑工程预算是建筑工程各专业单位工程施工图预算的总称。按其工程性质可分为一般土建工程预算，给水排水工程预算，采暖通风工程预算，电气照明工程预算，弱电工程预算，特殊构筑物如烟囱、水塔等工程预算以及工业管道工程预算等。设备及安装工程预算是安装工程各专业单位工程预算的总称，设备及安装工程预算按其工程性质分为机械设备安装工程预算、电气设备安装工程预算、工业管道工程预算和热力设备安装工程预算等。

三、施工图预算的编制依据、原则及程序

（一）施工图预算的编制依据

①国家、行业和地方政府有关工程建设和造价管理的法律、法规和规定。

②经过批准和会审的施工图设计文件，包括设计说明书、标准图、图纸会审纪要、设计变更通知单及经建设主管部门批准的设计概算文件。

③施工现场勘察地质、水文、地貌、交通、环境及标高测量资料等。

④预算定额（或单位估价表）、地区材料市场与预算价格等相关信息以及颁布的材料预算价格、工程造价信息、材料调价通知、取费调整通知，工程量清单计价规范等。

⑤当采用新结构、新材料、新工艺、新设备而定额缺项时，按规定编制的补充预算定额，也是编制施工图预算的依据。

⑥合理的施工组织设计和施工方案等文件。

⑦工程量清单、招标文件、工程合同或协议书。它明确了施工单位承包的工程范围，应承担的责任、权利和义务。

⑧项目有关的设备、材料供应合同、价格及相关说明书。

⑨项目的技术复杂程度，以及新技术、专利使用情况等。

⑩项目所在地区有关的气候、水文、地质地貌等的自然条件。

⑪项目所在地区有关的经济、人文等社会条件。

⑫预算工作手册，常用的各种数据、计算公式、材料换算表、常用标准图集及各种必备的工具书。

（二）施工图预算的编制原则

1. 严格执行国家的建设方针和经济政策的原则

施工图预算要严格按照党和国家的方针、政策办事，坚决执行勤俭节约的方针，严格执行规定的设计和建设标准。

2. 完整、准确地反映设计内容的原则

编制施工图预算时，要认真了解设计意图，根据设计文件、图纸准确计算工程量，避免重复和漏算。

3. 坚持结合拟建工程的实际，反映工程所在地当时价格水平的原则

编制施工图预算时，要求实事求是地对工程所在地的建设条件、可能影响造价的各种因素进行认真的调查研究。在此基础上，正确使用定额、费率和价格等各项编制依据，按照现行工程造价的构成，根据有关部门发布的价格信息及价格调整指数，考虑建设期的价格变化因素，使施工图概算尽可能地反映设计内容、施工条件和实际价格。

（三）施工图预算的编制程序

施工图预算的编制程序主要包括三大内容，即单位工程施工图预算编制、单项工程综合预算编制、建设项目总预算编制。单位工程施工图预算是施工图预算的关键。施工图预算的编制应在设计交底及会审图纸的基础上进行。

四、单位工程施工图预算的编制

（一）建筑安装工程费计算

单位工程施工图预算包括建筑安装工程费和设备及工、器具购置费。单位工程施工图预算中的建筑安装工程费应根据施工图设计文件、预算定额（或综合单价）以及人工、材料及施工机械台班等价格资料进行计算。主要编制方法有单价法和实物量法，其中单价法可分为定额单价法和工程量清单单价法，使用较多的是定额单价法。定额单价法是

用事先编制好的分项工程的单位估价表来编制施工图预算。工程量清单单价法是指根据招标人按照国家统一的工程量计算规则提供工程数量，采用综合单价的形式计算工程造价。实物量法是依据施工图纸和预算定额的项目划分及工程量计算规则，先计算出分部分项工程量，然后套用预算定额（实物量定额）来编制施工图预算。

1. 定额单价法

定额单价法又称工料单价法或预算单价法，是指分部分项工程的单价为工料单价，将分部分项工程量乘以对应分部分项工程单价后的合计作为单位人、材、机费，人、材、机费汇总后，再根据规定的计算方法计取企业管理费、利润、规费和税金，将上述费用汇总后得到该单位工程的施工图预算造价。定额单价法中的单价一般采用地区统一单位估价表中的各分项工程工料单价（定额基价）。定额单价法计算公式如下：

$$建筑安装工程预算造价 = \sum（分项工程量 × 分项工程工料单价）+ 企业管理费 + 利润 + 规费 + 税金$$

应主要完成以下工作内容：

（1）收集编制施工图预算的编制依据

其中，主要包括现行建筑安装定额、取费标准、工程量计算规则、地区材料预算价格以及市场材料价格等各种资料。

（2）熟悉施工图等基础资料

熟悉施工图纸、有关的通用标准图、图纸会审记录、设计变更通知等资料，并检查施工图纸是否齐全、尺寸是否清楚，了解设计意图，掌握工程全貌。

（3）了解施工组织设计和施工现场情况

全面分析各分部分项工程，充分了解施工组织设计和施工方案，如工程进度、施工方法、人员使用、材料消耗、施工机械、技术措施等内容，注意影响费用的关键因素；核实施工现场情况，包括工程所在地地质、地形、地貌等情况、工程实地情况、当地气象资料、当地材料供应地点及运距等情况；了解工程布置、地形条件、施工条件、料场开采条件、场内外交通运输条件等。

（4）列项并计算工程量

工程量计算一般按下列步骤进行：首先，将单位工程划分为若干分项工程，划分的项目必须和定额规定的项目一致，这样才能正确地套用定额。不能重复列项计算，也不能漏项少算。工程量应严格按照图纸尺寸和现行定额规定的工程量计算规则进行计算，分项子目的工程量应遵循一定的顺序逐项计算，避免漏算和重算。

（5）套用定额预算单价，计算人、材、机费

核对工程量计算结果后，将定额子项中的基价填于预算表单价栏内，并将单价乘以工程量得出合价，将结果填入合价栏。汇总求出单位工程人、材、机费。

（6）编制工料分析表

工料分析是按照各分项工程，依据定额或单位估价表，首先从定额项目表中分别将

各分项工程消耗的每项材料和人工的定额消耗量查出,再分别乘以该工程项目的工程量,得到分项工程工料消耗量,最后将各分项工程工料消耗量加以汇总,得出单位工程人工、材料的消耗数量。即:

$$人工消耗量＝某工种定额用工量 \times 某分项工程量$$

$$材料消耗量＝某种材料定额用量 \times 某分项工程量$$

（7）计算主材费并调整人、材、机费

许多定额项目基价为不完全价格,即未包括主材费用在内,因此还应单独计算出主材费。计算完成后将主材费的价差加入人、材、机费。主材费计算的依据是当时当地的市场价格。

（8）按计价程序计取其他费用,并汇总造价

根据规定的税率、费率和相应的计取基础,分别计算企业管理费、利润、规费和税金。将上述费用累计后与人、材、机费进行汇总,求出单位工程预算造价。与此同时,计算工程的技术经济指标,如单方造价。

（9）复核

对项目填列、工程量计算公式、计算结果、套用单价、取费费率、数字计算结果、数据精确度等全面复核,及时发现差错并修改,以保证预算的准确性。

（10）填写封面、编制说明

封面应写明工程编号、工程名称、预算总造价和单方造价等,编制说明,将封面、编制说明、预算费用汇总表、材料汇总表、工程预算分析表,按顺序编排并装订成册,便完成了单位施工图预算的编制工作。

定额单价法是编制施工图预算的常用方法,具有计算简单、工作量较小和编制速度较快、便于工程造价管理部门集中统一管理的优点。但由于是采用事先编制好的统一的单位估价表,其价格水平只能反映定额编制年份的价格水平,在市场价格波动较大的情况下,单价法的计算结果会偏离实际价格水平,虽然可采用调价,但调价系数和指数从测定到颁布又滞后且计算也较烦琐;另外,由于单价法采用了地区统一的单位估价表进行计价,承包商之间竞争的并不是自身的施工、管理水平,所以单价法并不完全适应市场经济环境。

2. 实物量法

用实物量法编制单位工程施工图预算,就是根据施工图计算的各分项工程量分别乘以地区定额中人工、材料、施工机械台班的定额消耗量,分类汇总得出该单位工程所需的全部人工、材料、施工机械台班消耗数量,然后再乘以当时当地人工工日单价、各种材料单价、施工机械台班单价,求出相应的人工费、材料费、施工机具使用费,企业管理费、利润、规费及税金等费用计取方法与预算单价法相同。实物量法编制施工图预算的计算公式如下:

单位工程人、材、机费＝综合工日消耗量×综合工日单价＋∑（各种材料消耗量×相应材料单价）＋∑（各种机械消耗量×相应机械台班单价）

建筑安装工程预算造价＝单位工程人、材、机费＋企业管理费＋利润＋规费＋税金

实物量法的优点是能较及时地将各种人工、材料、机械在当时当地市场单价计入预算价格，不需调价，反映当时当地的工程价格水平。

①准备资料，熟悉施工图纸。实物量法准备资料时，除准备定额单价法的各种编制资料外，重点应全面收集工程造价管理机构发布的工程造价信息及各种市场价格信息，如人工、材料、机械台班当时当地的实际价格，应包括不同品种、不同规格的材料预算价格，不同工种、不同等级的工人工资单价，不同种类、不同型号的机械台班单价等。要求获得的各种实际价格应全面、系统、真实和可靠。

②列项并计算工程量。本步骤与定额单价法相同。

③工料分析、套用消耗量定额，计算人工、材料、机械台班消耗量。根据预算人工定额所列各类人工工日的数量，乘以各分项工程的工程量，计算出各分项工程所需各类人工工日的数量，统计汇总后确定单位工程所需的各类人工工日消耗量。同理，根据预算材料定额、预算机械台班定额分别确定出单位工程各类材料消耗数量和各类施工机械台班数量。

④计算并汇总人工费、材料费和施工机械使用费。根据当时当地工程造价管理部门定期发布的或企业根据市场价格确定的工人工资单价、材料预算价格、施工机械台班单价分别乘以人工、材料、机械台班消耗量，汇总即得到单位工程人工费、材料费和施工机具使用费。

⑤计算其他各项费用，汇总造价。本步骤与定额单价法相同。

⑥复核、填写封面、编制说明。检查人工、材料、机械台班的消耗量计算是否准确，有无漏算、重算或多算；套用的定额是否正确；检查采用的实际价格是否合理。其他内容可参考定额单价法。

实物量法与定额单价法首尾部分的步骤基本相同，不同的主要是中间两个步骤，即：一方面，采用实物法计算工程量后，套用相应人工、材料、施工机械台班预算定额消耗量，求出各分项工程人工、材料、施工机械台班消耗数量并汇总成单位工程所需各类人工工日、材料和施工机械台班的消耗量；另一方面，采用实物量法，采用的是当时当地的各类人工工日、材料和施工机械台班的实际单价，分别乘以相应的人工工日、材料和施工机械台班总的消耗量，汇总后得出单位工程的人工费、材料费和施工机具使用费。在市场经济条件下，人工、材料和机械台班单价是随市场而变化的，它们是影响工程造价最活跃、最主要的因素。用实物量法编制施工图预算，采用的是工程所在地当时人工、材料、机械台班价格，较好地反映实际价格水平，工程造价的准确性高。虽然计算过程较定额单价法烦琐，但利用计算机便可解决此问题。因此，实物量法是与市场经济体制

相适应的预算编制方法。

（二）设备及工、器具购置费计算

设备购置费由设备原价和设备运杂费构成。未到达固定资产标准的工、器具购置费一般以设备购置费为计算基数，按照规定的费率计算。

（三）单位工程施工图预算书编制

单位工程施工图预算由建筑安装工程费和设备及工器具购置费组成，将计算好的建筑安装工程费和设备及工器具购置费相加，即得到单位工程施工图预算，即：

单位工程施工图预算 = 建筑安装工程预算 + 设备及工器具购置费

单位工程施工图预算书由单位建筑工程预算书和单位设备及安装工程预算书组成。单位建筑工程预算书则主要由建筑工程预算表和建筑工程取费表构成，单位设备及安装工程预算书则主要由设备及安装工程预算表和设备及安装工程取费表构成。

五、单项工程综合预算的编制

单项工程综合预算造价由组成该单项工程的各个单位工程预算造价汇总而成。其计算公式如下：

单项工程施工图预算 = ∑ 单位建筑工程费用 + ∑ 单位设备及安装工程费用

单项工程综合预算书主要由综合预算表构成。

六、施工图预算的审查

对施工图预算进行审查，有利于核实工程实际成本，更有针对性地控制工程造价。

（一）施工图预算的审查内容

重点应审查：工程量的计算；定额的使用；设备材料及人工、机械价格的确定；相关费用的选取和确定。

1. 工程量的审查

工程量计算是编制施工图预算的基础性工作之一，对施工图预算的审查，应首先从审查工程量开始。

2. 定额使用的审查

应重点审查定额子目的套用是否正确。同时，对于补充的定额子目，要对其各项指标消耗量的合理性进行审查，并按程序报批，及时补充到定额当中。

3. 设备材料及人工、机械价格的审查

设备材料及人工、机械价格受时间、资金和市场行情等因素的影响较大，且在工程总造价中所占比例较高，因此，应作为施工图预算审查的重点。

4. 相关费用的审查

审查各项费用的选取是否符合国家和地方有关规定，审查费用的计算和计取基数是否正确、合理。

（二）施工图预算审查的方法

通常可采用以下方法对施工图预算进行审查。

1. 全面审查法

全面审查法又称逐项审查法，是指按预算定额顺序或施工的先后顺序，逐一进行全部审查。其优点是全面、细致，审查的质量高；缺点是工作量大，审查时间较长。

2. 标准预算审查法

标准预算审查法是指对于利用标准图纸或通用图纸施工的工程，先集中力量编制标准预算，然后以此为标准对施工图预算进行审查。其优点是审查时间较短，审查效果好；缺点是应用范围较小。

3. 分组计算审查法

分组计算审查法是指将相邻且有一定内在联系的项目编为一组，审查某个分量，并利用不同量之间的相互关系判断其他几个分项工程量的准确性。其优点是可加快工程量审查的速度；缺点是审查的精度较差。

4. 对比审查法

对比审查法是指用已完工程的预结算或虽未建成但已审查修正的工程量预结算对比审查拟建类似工程施工图预算。其优点是审查速度快，但同时需要具有较为丰富的相关工程数据库作为开展工作的基础。

5. 筛选审查法

筛选审查法也属于一种对比方法。即对数据加以汇集、优选、归纳，建立基本值，并以基本值为准进行筛选，对于未被筛下去的，即不在基本值范围内的数据进行较为详尽的审查。其优点是便于掌握，审查速度较快；缺点是有局限性，较适用于住宅工程或不具备全面审查条件的工程项目。

6. 重点抽查法

重点抽查法是指抓住工程预算中的重点环节和部分进行审查。其优点是重点突出，审查时间较短，审查效果较好；不足之处是对审查人员的专业素质要求较高，在审查人员不足或了解情况不够的情况下，极易造成判断失误，严重影响审查结论的准确性。

总之，设计概预算的审查作为设计阶段造价管理的重要组成部分，需要有关各方积极配合，强化管理，从而实现基于建设工程全寿命期的全要素集成管理。

第六章　建设项目招标投标阶段造价控制与管理

第一节　招标文件的组成内容及其编制要求

一、施工招标文件的编制内容

招标文件是指导整个招标投标工作全过程的纲领性文件。招标文件应当包括招标项目的技术要求、对投标人资格审查的标准、投标报价要求和评标标准等所有实质性要求和条件，以及拟签合同的主要条款。建设项目施工招标文件是由招标人编制、由招标人发布的，招标文件中提出的各项要求，对整个招标工作乃至发包、承包双方都具有约束力。因此，招标文件的编制及其内容必须符合有关法律法规的规定。招标文件组成如下：

（一）招标公告（或投标邀请书）

当未进行资格预审时，应采用招标公告的方式，招标公告的发布应当充分公开，任何单位和个人不得非法限制招标公告的发布地点和发布范围。指定媒介发布依法必须发布的招标公告，不得收取费用。

招标公告的内容主要包括：

①招标人名称、地址、联系人姓名、电话。委托代理机构进行招标的，还应注明该机构的名称和地址。

②工程情况简介，包括项目名称、建筑规模、工程地点、结构类型、装修标准、质

量要求、工期要求。

③承包方式，材料、设备供应方式。

④对投标人资质的要求及应提供的有关文件。

⑤招标日程安排。

⑥招标文件的获取办法，包括发售招标文件的地点、文件的售价及开始和截止出售的时间。

⑦其他要说明的问题。当进行资格预审时，应采用投标邀请书的方式。邀请书内容包括招标条件、项目概况与招标范围、投标人资格要求、招标文件的获取、投标文件的递交和确认、联系方式等。该邀请书可代替资格预审通过通知书，以明确投标人已具备了在某具体项目标段的投标资格。

（二）投标人须知

投标人须知是依据相关的法律法规，结合项目和业主的要求，对招标阶段的工作程序进行安排，对招标方和投标方的责任、工作规则等进行约定的文件。投标人须知常常包括投标人须知前附表和正文部分。

投标人须知前附表用于进一步明确正文中的未尽事宜，由招标人根据招标项目具体特点和实际需要来编制和填写，但是必须与招标文件中的其他内容相衔接，并且不得与正文内容矛盾，否则，抵触内容无效。

投标人须知正文部分内容如下：

1. 总则

总则是要准确地描述项目的概况和资金的情况、招标的范围、计划工期和项目的质量要求；对投标资格的要求以及是否接受联合体投标和对联合体投标的要求；是否组织踏勘现场和投标预备会，组织的时间和费用的承担等的说明；是否允许分包以及分包的范围；是否允许投标文件偏离招标文件的某些要求，允许偏离的范围和要求等。

2. 招标文件

投标人须知：要说明招标文件发售的时间、地点，招标文件的澄清和说明。

①招标文件发售的时间不得少于5个工作日，发售的地点应是详细的地址，如 XX 市 XX 路 XX 大厦 XX 房间，不能简单地说 XX 单位的办公楼。

②投标人应仔细阅读和检查招标文件的全部内容。如发现缺页或附件不全，应及时向招标人提出，以便补齐。如有疑问，应在投标人须知前附表规定的时间前以书面形式（包括信函、电报、传真等可以有形地表现所载内容的形式）要求招标人对招标文件予以澄清。招标文件的澄清将在投标人须知前附表规定的投标截止时间15天前以书面形式发给所有购买招标文件的投标人，但不指明澄清问题的来源。如果澄清发出的时间距投标截止时间不足15天，则要相应延长投标截止时间。投标人在收到澄清后，应在投标人须知前附表规定的时间内以书面形式通知招标人，确认已收到该澄清。

在投标截止时间15天前，招标人可以以书面形式修改招标文件，并通知所有已购买招标文件的投标人。如果修改招标文件的时间距投标截止时间不足 15 天，则要相应延长投标截止时间。投标人收到修改内容后，应在投标人须知前附表规定的时间内以书面形式通知招标人，确认已收到该修改。

③对投标文件的组成、投标报价、投标有效期、投标保证金的约定，投标文件的递交、开标的时间和地点、开标程序、评标和定标的相关约定，招标过程对投标人、招标人、评标委员会的纪律要求监督。

（三）评标办法

评标办法可选择经评审的最低投标价法和综合评估法。

（四）合同条款及格式

1. 施工合同文件

施工合同一般由合同协议书、通用合同条款和专用合同条款三部分组成。组成合同的各项文件应互相解释、互相说明。除专用合同条款另有约定外，解释合同文件的优先顺序一般如下：

（1）合同协议书

合同协议书是施工合同的总纲性法律文件，经过双方当事人签字盖章后合同即成立，具有最高的合同效力。合同协议书主要包括工程概况、合同工期、质量标准、签约合同1介和合同价格形式、项目经理、合同文件构成、承诺、词语含义、签订时间、签订地点、补充协议、合同生效、合同份数等重要内容，集中约定了合同当事人基本的合同权利义务。

（2）通用合同条款

通用合同条款是合同当事人根据法律法规的规定，就工程建设的实施及相关事项，对合同当事人的权利义务做出的原则性约定。

通用合同条款共计 20 条，具体条款分别为：一般约定，发包人，承包人，监理人，工程质量，安全文明施工与环境保护，工期和进度，材料与设备，试验与检验，变更，价格调整，合同价格，计量与支付，验收和工程试车，竣工结算，缺陷责任与保修，违约，不可抗力，保险，索赔和争议解决。前述条款安排既考虑了现行法律法规对工程建设的有关要求，也考虑了建设工程施工管理的特殊需要。

（3）专用合同条款

专用合同条款是对通用合同条款原则性约定的细化、完善、补充、修改或另行约定的条款。合同当事人可以根据不同建设工程的特点及具体情况，通过双方的谈判、协商对相应的专用合同条款进行修改补充。在使用专用合同条款时，应注意以下事项：

①专用合同条款的编号应与相应的通用合同条款的编号一致；

②合同当事人可以通过对专用合同条款的修改，满足具体建设工程的特殊要求，避免直接修改通用合同条款；

③在专用合同条款中有横道线的地方，合同当事人可针对相应的通用合同条款进行

细化、完善、补充、修改或另行约定；如无细化、完善、补充、修改或另行约定，则填写"无"或画

2. 合同格式

合同格式主要包括合同协议书格式、履约担保格式和预付款担保格式

（五）工程量清单

招标工程量清单必须作为招标文件的重要组成部分，其准确性（数量不算错）和完整性（不缺项漏项）应由招标人负责。招标人应将工程量清单连同招标文件一起发（售）给投标人。投标人依据工程量清单进行投标报价时，对工程量清单不负有核实的责任，更不具有修改和调整的权力。如招标人委托工程造价咨询人编制工程量清单，其责任仍由招标人负责。

招标工程量清单是工程量清单计价的基础，应作为编制招标控制价、投标报价、计算或调整工程量以及工程索赔等的依据之一。

招标工程量清单应以单位（项）工程为单位编制，应由分部分项工程项目清单、措施项目清单、其他项目清单、规费和税金项目清单组成。

（六）图纸

图纸是指应由招标人提供，是用于计算招标控制价和投标人计算投标报价所必需的各种详细程度的图纸。

（七）技术标准和要求

招标文件的标准和要求包括：一般要求，特殊技术标准和要求，使用的国家、行业以及地方规范、标准和规程等内容。

1. 一般要求

对工程的说明，相关资料的提供，合同界面的管理以及整个交易过程涉及问题的具体要求。

（1）工程说明

简要描述工程概况，工程现场条件和周围环境、地质及水文资料，以及资料和信息的使用。合同文件中载明的涉及本工程现场条件、周围环境、地质及水文等情况的资料和信息数据，是发包人现有的和客观的，发包人保证有关资料和信息数据的真实、准确。但承包人据此做出的推论、判断和决策，由承包人自行负责。

（2）发承包的承包范围、工期要求、质量要求及适用规范和标准

发承包的承包范围关键是对合同界面的具体界定，特别是对暂列金额和甲方提供材料等要详细地界定责任和义务。如果承包人在投标函中承诺的工期和计划的开、竣工日期之间发生矛盾或者不一致时，以承包人承诺的工期为准。实际开工日期以通用合同条款约定的监理人发出的开工通知中载明的开工日期为准。如果承包人在投标函附录中承诺的工期提前于发包人在工程招标文件中所要求的工期，承包人在施工组织设计中应当

制订相应的工期保证措施，由此而增加的费用，应当被认为已经包括在投标总报价中。除合同另有约定外，合同履约过程中发包人不会再向承包人支付任何性质的技术措施费用、赶工费用或其他任何性质的提前完工奖励等费用。工程要求的质量标准为符合现行国家有关工程施工验收规范和标准的要求（合格）。如果针对特定的项目、特定的业主，对项目有特殊的质量要求的，要详细约定。工程使用现行国家、行业和地方规范、标准和规程。

（3）安全防护和文明施工、安全防卫及环境保护

在工程施工、竣工、交付及修补任何缺陷的过程中，承包人应当始终遵守国家和地方有关安全生产的法律、法规、规范、标准和规程等，按照通用合同条款的约定履行其安全施工职责。现场应有安全警示标志，并进行检查工作。要配备专业的安全防卫人员，并制订详细的巡查管理细则。在工程施工、完工及修补任何缺陷的过程中，承包人应当始终遵守国家和工程所在地有关环境保护、水土保护和污染防治的法律、法规、规章、规范、标准和规程等，按照通用合同条款的约定，履行其环境与生态保护职责。

（4）有关材料、进度、进度款、竣工结算等的技术要求

用于工程的材料，应有说明书、生产（制造）许可证书、出厂合格证明或者证书、出厂检测报告、性能介绍以及使用说明等相关资料，并注明材料和工程设备的供货人及品种、规格、数量和供货时间等，以供检验和审批。对进度报告和进度例会的参加人员、内容等的详细规定和要求。对于预付款、进度款及竣工结算款的详细规定和要求。

2. 特殊技术标准和要求

为了方便承包人直观和准确地把握工程所用部分材料和工程设备的技术标准，承包人自行施工范围内的部分材料和工程设备技术要求，要具体描述和细化。如果有新技术、新工艺和新材料的使用，要有新技术、新工艺和新材料及相应使用的操作说明。

3. 适用的国家、行业以及地方规范、标准和规程

需要列出规范、标准、规程等的名称、编号等内容，由招标人根据国家、行业和地方现行标准、规范和规程等，以及项目具体情况进行摘录。

（八）投标文件格式

投标文件格式提供各种投标文件编制所应依据的参考格式，包括投标函及投标函附录、法定代表人的身份证明、授权委托书、联合体协议书、投标保证金、已标价工程量清单、施工组织设计、项目管理机构、拟分包项目情况表、资格审查资料及其他材料等。

（九）投标人须知前附表规定的其他材料

如需要其他材料，应在"投标人须知前附表"中予以规定。

二、招标文件的澄清和修改

投标人应仔细阅读和检查招标文件的全部内容，如有问题，及时澄清或修改。

（一）招标文件的澄清

如发现缺页或附件不全的问题，应及时向招标人提出，以便补齐。如有疑问，应在投标人须知前附表规定的时间前，以书面形式（包括信函、电报、传真等可以有形地表现所载内容的形式），要求招标人对招标文件予以澄清。

招标文件的澄清将在投标人须知前附表规定的投标截止时间 15 天前，以书面形式发给所有购买招标文件的投标人，但不指明澄清问题的来源。如果澄清发出的时间距投标截止时间不足 15 天，则要相应延长投标截止时间。

投标人在收到澄清后，应在投标人须知前附表规定的时间内，以书面形式通知招标人，确认招标人已收到该澄清。

（二）招标文件的修改

在投标截止时间 15 天前，招标人可以书面形式修改招标文件，并通知所有已购买招标文件的投标人。如果修改招标文件的时间距投标截止时间不足 15 天，则要相应延长投标截止时间。

投标人收到修改内容后，应在投标人须知前附表规定的时间内，以书面形式通知招标人，确认招标人已收到该修改。

三、建设项目施工招标过程中其他文件的主要内容

建设项目施工招标过程中的其他文件主要包括资格预审公告、招标公告和资格审查文件。

（一）资格预审公告和招标公告的内容

资格预审公告具体内容包括以下几项：

1. 资格预审公告的内容

①招标条件。明确拟招标项目已符合前述的招标条件。

②项目概况与招标范围。说明本次招标项目的建设地点、规模、计划工期、合同估算价、招标范围和标段划分（如果有）等。

③申请人资格要求。包括对申请人资质、业绩、人员、设备及资金等方面具备相应的施工能力的审查，以及是否接受联合体资格预审申请的要求。

④资格预审方法。明确采用合格制或有限数量制。

⑤申请报名。明确规定报名具体时间、截止时间及地址。

⑥资格预审文件的获取。规定符合要求的报名者应持单位介绍信购买资格预审文件，并说明获取资格预审文件的时间、地点和费用。

⑦资格预审申请文件的递交。说明递交资格预审申请文件截止时间，并规定逾期送达或者未送达指定地点的资格预审申请文件，招件人不予受理。

⑧发布公告的媒介。

⑨联系方式。

2. 招标公告的内容

采用公开招标方式的，招标人应当发布招标公告，邀请不特定的法人或者其他组织投标。依法必须进行施工招标项目的招标公告，应当在国家指定的报刊和信息网络上发布。采用邀请招标方式的，招标人应当向三家以上具备承担施工招标项目能力、资信良好的特定的法人或者其他组织发出投标邀请书。招标公告或者投标邀请书应当至少载明下列内容：

①招标人的名称和地址；

②招标项目的内容、规模及资金来源；

③招标项目的实施地点和工期；

④获取招标文件或者资格预审文件的地点和时间；

⑤对招标文件或者资格预审文件收取的费用；

⑥对招标人资质等级的要求。

（二）资格审查文件的内容与要求

资格审查可分为资格预审和资格后审。资格预审是指在投标前对潜在投标人进行的资格审查；资格后审是指在开标后对投标人进行的资格审查。进行资格预审的，一般不再进行资格后审，但招标文件另有规定的除外。

1. 资格预审文件的内容

采取资格预审的，招标人应当在资格预审文件中载明资格预审的条件、标准和方法；采取资格后审的，招标人应当在招标文件中载明对投标人资格要求的条件、标准和方法。

招标人不得改变载明的资格条件或者以没有载明的资格条件对潜在投标人或者投标人进行资格审查。

经资格预审后，招标人应当向资格预审合格的潜在投标人发出资格预审合格通知书，告知获取招标文件的时间、地点和方法，并同时向资格预审不合格的潜在投标人告知资格预审结果。资格预审不合格的潜在投标人不得参加投标。对于经资格后审不合格的投标人的投标应予否决。

2. 资格预审申请文件的内容

资格预审申请文件应包括下列内容：

①资格预审申请函；

②法定代表人身份证明或附有法定代表人身份证明的授权委托书；

③联合体协议书；

④申请人基本情况表；

⑤近年财务状况表；

⑥近年完成的类似项目情况表；

⑦正在施工和新承接的项目情况表；

⑧近年发生的诉讼及仲裁情况；

⑨其他材料。

3. 资格审查的主要内容

资格审查应主要审查潜在投标人或者投标人是否符合下列条件：

①具有独立订立合同的权利；

②具有履行合同的能力，包括专业、技术资格和能力，资金、设备和其他物质设施状况，管理能力，经验、信誉和相应的从业人员；

③没有处于被责令停业，投标资格被取消，财产被接管、冻结及破产状态；

④在最近三年内没有骗取中标和严重违约及重大工程质量问题；

⑤国家规定的其他资格条件。

资格审查时，招标人不得以不合理的条件限制、排斥潜在投标人或者投标人，不得对潜在投标人或者投标人实行歧视待遇。任何单位和个人不得以行政手段或者其他不合理方式限制投标人的数量。

四、编制施工招标文件应注意的问题

编制出完整、严谨、科学、合理、客观公正的招标文件是招标成功的关键环节。一份完善的招标文件，对承包商的投标报价、标书编制乃至中标后项目的实施均具有重要的指导作用，而一份粗制滥造的招标文件，则会引起一系列的合同纠纷。因此，编制人员需要针对工程项目特点，对工程项目进行总体策划，选择恰当的编制方法，严格按照招标文件的编制原则，编制出内容完整、科学合理的招标文件。

（一）工程项目的总体策划

编制招标文件前，应做好充分的准备工作，最重要的工作之一就是工程项目的总体策划。总体策划重点考虑的内容有承、发包模式的确定，工程的合理分标（合同数量的确定），计价模式的确定，合同类型的选择以及合同主要条款的确定等。

1. 承发包模式的确定

一个施工项目的全部施工任务可以只发一个合同包招标，即采取施工总承包模式。在这种模式下，招标人仅与一个中标人签订合同，合同关系简单，业主合同管理工作也比较简单，但有能力参加竞争的投标人较少。若采取平行承发包模式，将全部施工任务分解成若干个单位工程或特殊专业工程分别发包，则需要进行合理的工程分标，招标发包数量多，招标评标工作量较大。

工程项目施工是一个复杂的系统工程，影响因素众多。因此，采用何种承、发包模式，如何进行工程分标，应从施工内容的专业要求、施工现场条件、对工程总投资的影响、建设资金筹措情况以及设计进度等多方面综合考虑。

2. 计价模式的确定

采用工程量清单招标的工程，必须依据"13计价规范"的"四统一"原则，采用综合单价计价。招标文件提供的工程量清单和工程量清单计价格式必须符合国家规范的规定。

3. 合同类型的选择

按计价方式不同，合同可分为总价合同、单价合同和成本加酬金合同。应依据招标时工程项目设计图纸和技术资料的完备程度、计价模式、承发包模式等因素确定采用何种合同类型。

（二）编制招标文件应注意的重点问题

1. 重点内容的醒目标示

招标文件必须明确招标工程的性质、范围和有关的技术规格标准，对于规定的实质性要求和条件，应当在招标文件中用醒目的方式标明。

（1）单独分包的工程

招标工程中需要另行单独分包的工程必须符合政府有关工程分包的规定，且必须明确总包工程需要分包工程配合的具体范围和内容，将配合费用的计算规则列入合同条款。

（2）甲方提供材料

涉及甲方提供材料、工作等内容的，必须在招标文件中载明，并将明确的结算规则列入合同主要条款。

（3）施工工期

招标项目需要划分标段、确定工期的，招标人应当合理划分标段，确定工期，并在招标文件中载明。对工程技术上联系紧密、不可分割的单位工程不得分割标段。

（4）合同类型

招标文件应明确说明招标工程的合同类型及相关内容，并将其列入主要合同条款。

采用固定价合同的，必须明确合同价应包括的内容、数量、风险范围及超出风险范围的调整方法和标准。工期超过12个月的工程应慎用固定价合同；采用可调价合同的，必须明确合同价的可调因素、调整控制幅度及其调整方法；采用成本加酬金合同（费率招标）的工程，必须明确酬金（费用）计算标准（或比例）、成本计算规则以及价格确定标准等所有涉及合同价的因素。

2. 合同主要条款

合同主要条款不得与招标文件有关条款存在实质性的矛盾。如固定价合同的工程，在合同主要条款中不应出现"按实调整"的字样，而必须明确量、价变化时的调整控制幅度和价格确定规则。

3. 关于招标控制价

招标项目需要编制招标控制价的，有资格的招标人可以自行编制或委托咨询机构编制。一个工程只能编制一个招标控制价。

施工图中存在的不确定因素，必须如实列出，并由招标控制价编制人员与发包方协商确定暂定金额，同时，应在规定的时间内作为招标文件的补充文件送达全部投标人。

招标控制价不作为评标决标的依据，仅供参考。

4. 明确工程评标办法

①招标文件应明确评标时除价格外的所有评标因素，以及如何将这些因素量化或者据以进行评价的方法。

②招标文件应根据工程的具体情况和业主需求设定评标的主体因素（造价、质量和工期），并按主体因素设定不同的技术标、商务标评分标准。

③招标文件中规定的评标标准和评标方法应当合理，不得含有倾向或者排斥潜在投标人的内容，不得设定妨碍或者限制投标人之间竞争的条件，不应在招标文件中设定投标人降价（或优惠）幅度作为评标（或废标）的限制条件。

④招标文件必须说明废标的认定标准和认定方法。

5. 关于备选标

招标文件应明确是否允许投标人投备选标，并应明确备选标的评审和采纳规则。

6. 明确询标事项

招标文件应明确评标过程的询标事项，规定投标人对投标函在询标过程的补正规则及不予补正时的偏差量化标准。

7. 工程量清单的修改

采用工程量清单招标的工程，招标文件必须明确工程量清单编制偏差的核对、修正规则。招标文件还应考虑当工程量清单误差较大，经核对后，招标人与中标人不能达成一致调整意向时的处理措施。

8. 关于资格审查

采取资格预审的，招标人应当在资格预审文件中载明资格预审的条件、标准和方法；采取资格后审的，招标人应当在招标文件中载明对投标人资格要求的条件、标准和审查方法。

9. 招标文件修改的规定

招标文件必须载明招标投标各环节所需要的合理时间及招标文件修改必须遵循的规则。当对投标人提出的投标疑问需要答复，或者招标文件需要修改，不能符合有关法律法规要求的截标间隔时间规定时，必须修改截标时间，并以书面形式通知所有投标人。

10. 有关盖章、签字的要求

招标文件应明确投标文件中所有需要签字、盖章的具体要求。

第二节　招标工程量清单与招标控制价的编制

一、招标工程量清单的编制

招标工程量清单是指招标人依据国家标准、招标文件和设计文件，以及施工现场实际情况编制的，随招标文件发布供投标报价的工程量清单，包括其说明和表格，是招标阶段供投标人报价的工程量清单，是对工程量清单的进一步具体化。

（一）招标工程量清单编制依据及准备工作

1. 招标工程量清单的编制依据

建设工程工程量清单是招标文件的组成部分，是编制招标控制价、投标报价、计算或调整工程量、索赔等的依据之一。招标工程量清单应由具有编制能力的招标人或受其委托、具有相应资质的工程造价咨询人编制。

工程量清单编制应依据以下内容：

①"13计价规范"和相关工程的国家计量规范。

②国家或省级、行业建设主管部门颁发的计价定额和办法。

③建设工程设计文件及相关资料。

④与建设工程有关的标准、规范及技术资料。

⑤拟定的招标文件。

⑥施工现场情况、地勘水文资料、工程特点及常规施工方案。

⑦其他相关资料。

2. 招标工程量清单编制的准备工作

招标工程量清单编制的相关工作在收集资料包括编制依据的基础上，需进行以下工作：

（1）初步研究

对各种资料进行认真研究，为工程量清单的编制做准备。主要包括以下几个方面：

①熟悉"13计价规范""13计量规范"及当地计价规定及相关文件；熟悉设计文件，掌握工程全貌，便于清单项目列项的完整、工程量的准确计算及清单项目的准确描述，对设计文件中出现的问题应及时提出。

②熟悉招标文件和招标图纸，确定工程量清单编审的范围及需要设定的暂估价；收集相关市场价格信息，为暂估价的确定提供依据。

③对"13计价规范"缺项的新材料、新技术、新工艺，收集足够的基础资料，为

补充项目的制定提供依据。

（2）现场踏勘

为了选用合理的施工组织设计和施工技术方案，需进行现场踏勘，以充分了解施工多场情况及工程特点，主要对以下两个方面进行调查：

①自然地理条件：工程所在地的地理位置、地形、地貌、用地范围等；气象、水文情况，包括气温、湿度、降雨量等；地质情况，包括地质构造及特征、承载能力等；地震、洪水及其他自然灾害情况。

②施工条件：工程现场周围的道路、进出场条件、交通限制情况；工程现场施工临时设施、大型施工机具、材料堆放场地的安排情况；工程现场邻近建筑物与招标工程的间距、结构形式、基础埋深、新旧程度、高度；市政给水排水管线位置、管径、压力，废水、污水处理方式，市政、消防供水管道管径、压力、位置等；现场供电方式、方位、距离、电压等；工程现场通信线路的连接和铺设；当地政府有关部门对施工现场管理的一般要求和特殊要求及规定等。

（3）拟订常规施工组织设计

施工组织设计是指导拟建工程项目的施工准备和施工的技术经济文件。根据项目的具体情况编制施工组织设计，拟定工程的施工方案、施工顺序、施工方法等，便于工程量清单的编制及准确计算，特别是工程量清单中的措施项目。施工组织设计编制的主要依据是招标文件中的相关要求，设计文件中的图纸及相关说明，现场踏勘资料，有关定额，现行有关技术标准、施工规范或规则等。作为招标人，仅需拟订常规的施工组织设计即可。在拟定常规的施工组织设计时需注意以下问题：

①估算整体工程量。根据概算指标或类似工程进行估算，且仅对主要项目加以估算即可，如土石方、混凝土等。

②拟定施工总方案。施工总方案只需对重大问题和关键工艺作原则性的规定，不需考虑施工步骤，主要包括施工方法、施工机械设备的选择、科学的施工组织、合理的施工进度、现场的平面布置及各种技术措施。制订总方案要满足以下原则：从实际出发，符合现场的实际情况，在切实可行的范围内尽量求其先进和快速；满足工期的要求；确保工程质量和施工安全；尽量降低施工成本，使方案更加经济合理。

③确定施工顺序。合理确定施工顺序需要考虑以下几点：各分部分项工程之间的关系；施工方法和施工机械的要求；当地的气候条件和水文要求；施工顺序对工期的影响。

④编制施工进度计划。施工进度计划要满足合同对工期的要求，在不增加资源的前提下尽量提前。编制施工进度计划时要处理好工程中各分部工程、分项工程、单位工程之间的关系，避免出现施工顺序的颠倒或工种相互冲突。

⑤计算人工、材料、机具资源需求量。人工工日数量根据估算的工程量、选用的定额、拟定的施工总方案、施工方法及要求的工期来确定，并考虑节假日、气候等的影响。材料需要量主要根据估算的工程量和选用的材料消耗定额进行计算。机具台班数量则根据施工方案确定选择机械设备方案及仪器仪表和种类的匹配要求，再根据估算的工程量

和机具消耗定额进行计算。

⑥施工平面的布置。施工平面布置是根据施工方案、施工进度要求，对施工现场的道路交通、材料仓库、临时设施等做出合理的规划布置，主要包括建设项目施工总平面图上的一切地上、地下已有和拟建的建筑物，如构筑物以及其他设施的位置和尺寸；所有为施工服务的临时设施的布置位置，如施工用地范围，施工用道路，材料仓库，取土与弃土位置，水源、电源位置，安全、消防设施位置；永久性测量放线标桩位置等。

（二）招标工程量清单的编制内容

1. 分部分项工程项目清单编制

分部分项工程项目清单所反映的是拟建工程分部分项工程项目名称和相应数量的明细清单，招标人负责包括项目编码、项目名称、项目特征、计量单位和工程量计算在内的 5 项内容。

（1）项目编码

分部分项工程项目清单的项目编码，应根据拟建工程的工程量清单项目名称设置，同一招标工程的项目编码不得有重码。

（2）项目名称

分部分项工程项目清单的项目名称应按"13 计量规范"附录的项目名称结合拟建工程的实际确定。

在分部分项工程项目清单中所列出的项目，应是在单位工程的施工过程中以其本身构成该单位工程实体的分项工程，但应注意以下几点：

①当在拟建工程的施工图纸中有体现，并且在"13 计量规范"附录中也有相对应的项目时，则根据附录中的规定直接列项，计算工程量，确定其项目编码。

②当在拟建工程的施工图纸中有体现，但在"13 计量规范"中没有相对应的项目，并且在附录项目的"项目特征"或"工程内容"中也没有提示时，则必须编制针对这些分项工程的补充项目，在清单中单独列项并在清单的编制说明中注明。

（3）项目特征

工程量清单的项目特征是确定一个清单项目综合单价不可缺少的重要依据，在编制工程量清单时，必须对项目特征进行准确和全面的描述。但有些项目特征用文字往往又难以准确和全面的描述。为达到规范、简洁、准确、全面描述项目特征的要求，在描述工程量清单项目特征时应按以下原则进行：

①项目特征描述的内容应按"13 计量规范"附录中的规定，结合拟建工程的实际，满足确定综合单价的需要。

②若采用标准图集或施工图纸能够全部或部分满足项目特征描述的要求，项目特征的描述可直接采用详见 XX 图集或 XX 图号的方式。对不能满足项目特征描述要求的部分，仍应用文字描述。

（4）计量单位

分部分项工程项目清单的计量单位与有效位数应遵守"13 计量规范"规定。当附录中有两个或两个以上计量单位的，应结合拟建工程项目的实际选择其中一个确定。

（5）工程量的计算

分部分项工程项目清单中所列工程量应按专业工程量计算规范规定的工程量计算规则计算。另外，对补充项的工程量计算规则必须符合其计算规则要具有可计算性，计算结果要具有唯一性的原则。

工程量的计算是一项繁杂而又细致的工作，为了计算的快速准确，并应尽量避免漏算或重算，必须依据一定的计算原则及方法：

①计算口径一致。根据施工图列出的工程量清单项目，必须与专业工程量计算规范中相应清单项目的口径相一致。

②按工程量计算规则计算。工程量计算规则是综合确定各项消耗指标的基本依据，也是具体工程测算和分析资料的基准。

③按图纸计算。工程量按每一分项工程，根据设计图纸进行计算，计算时采用的原始数据必须以施工图纸所表示的尺寸或施工图纸能读出的尺寸为准进行计算，不得任意增减。

④按一定顺序计算。计算分部分项工程量时，可以按照定额编目顺序或按照施工图专业顺序依次进行计算。对于计算同一张图纸的分项工程量时，一般可采用以下几种顺序：按顺时针或逆时针顺序计算；按先横后纵顺序计算；按轴线编号顺序计算；按施工先后顺序计算；按定额分部分项顺序计算。

2. 措施项目清单编制

措施项目清单是指为完成工程项目施工，发生于该工程施工准备和施工过程中的技术、生活、安全、环境保护等方面的项目清单，措施项目分单价措施项目和总价措施项目。

措施项目清单的编制需考虑多种因素，除工程本身的因素外，还涉及水文、气象、环境、安全等因素。措施项目清单应根据拟建工程的实际情况列项，若出现"13计价规范"中未列的项目，可根据工程实际情况补充。项目清单的设置要考虑拟建工程的施工组织设计，施工技术方案，相关的施工规范与施工验收规范，招标文件中提出的某些必须通过一定的技术措施才能实现的要求，设计文件中一些不足以写进技术方案的但是要通过一定的技术措施才能实现的内容。

一些可以精确计算工程量的措施项目可采用与分部分项工程项目清单相同的编制方式，编制"分部分项工程和单价措施项目清单与计价表"，而有一些措施项目费用的发生与使用时间、施工方法或者两个以上的工序相关并大都与实际完成的实体工程量的大小关系不大，如安全文明施工，冬、雨期施工，已完工程设备保护等，应编制"总价措施项目清单与计价表"。

3. 其他项目清单的编制

其他项目清单是应招标人的特殊要求而发生的与拟建工程有关的其他费用项目和相应数量的清单。工程建设标准的高低、工程的复杂程度、工程的工期长短、工程的组成内容、发包人对工程管理要求等都直接影响到其具体内容。

4. 规费税金项目清单的编制

规费税金项目清单应按照规定的内容列项，当出现规范中没有的项目时，应根据省级政府或有关部门的规定列项。税金项目清单除规定的内容外，如国家税法发生变化或增加税种，应对税金项目清单进行补充。规费、税金的计算基础和费率均应按国家或地方相关部门的规定执行。

5. 工程量清单总说明的编制

工程量清单总说明编制包括以下内容：

（1）工程概况

工程概况中要对建设规模、工程特征、计划工期、施工现场实际情况、自然地理条件、环境保护要求等做出描述。其中，建设规模是指建筑面积；工程特征应说明基础及结构类型、建筑层数、高度、门窗类型及各部位装饰、装修做法；计划工期是指按工期定额计算的施工天数；施工现场实际情况是指施工场地的地表状况；自然地理条件是指建筑场地所处地理位置的气候及交通运输条件；环境保护要求是针对施工噪声及材料运输可能对周围环境造成的影响和污染所提出的防护要求。

（2）工程招标及分包范围

招标范围是指单位工程的招标范围，如建筑工程招标范围为"全部建筑工程"，装饰装修工程招标范围为"全部装饰装修工程"，或招标范围不含桩基础、幕墙、门窗等。工程分包是指特殊工程项目的分包，如招标人自行采购安装"铝合金门窗"等。

（3）工程量清单编制依据

包括建设工程工程量清单计价规范、设计文件、招标文件、施工现场情况、工程特点及常规施工方案等。

（4）工程质量、材料、施工等的特殊要求

工程质量的要求是指招标人要求拟建工程的质量应达到合格或优良标准；对材料的要求，是指招标人根据工程的重要性、使用功能及装饰装修标准提出，诸如对水泥的品牌、钢材的生产厂家、花岗石的出产地、品牌等的要求；施工要求，一般是指建设项目中对单项工程的施工顺序等的要求。

6. 招标工程量清单汇总

在分部分项工程项目清单、措施项目清单、其他项目清单、规费和税金项目清单编制完成以后，经审查复核，与工程量清单封面及总说明汇总并装订，由相关责任人签字和盖章，形成完整的招标工程量清单文件。

二、招标控制价编制

招标控制价是指招标人根据国家或省级、行业建设主管部门颁发的有关计价的依据和办法，以及招标文件和设计图纸计算的，对招标工程限定的最高工程造价。招标控制价应由具有编制能力的招标人，或受其委托具有相应资质的工程造价咨询人编制。工程造价咨询人接受招标人委托编制招标控制价，不得再就同一工程接受投标人委托编制投标报价。招标控制价应该编制得符合实际，力求准确、客观，不超出工程投资概算金额。当招标控制价超过批准的概算时，招标人应将其报原概算部门审核。

招标人应在发布招标文件时公布招标控制价，同时应将招标控制价及有关资料报送工程所在地或有该工程管辖权的行业管理部门工程造价管理机构备查。

（一）招标控制价的编制依据

招标控制价应根据下列依据编制与复核：

①"13 计价规范"；

②国家或省级、行业建设主管部门颁发的计价定额和计价办法

③建设工程设计文件及相关资料；

④拟定的招标文件及招标工程量清单；

⑤与建设项目相关的标准、规范、技术资料；

⑥施工现场情况、工程特点及常规施工方案；

⑦工程造价管理机构发布的工程造价信息，当工程造价信息没有发布时，参照市场价；

⑧其他的相关资料。

（二）招标控制价的编制内容

1. 招标控制价计价程序

建设工程的招标控制价反映的是单位工程费用，各单位工程费用是由分部分项工程费、措施项目费、其他项目费、规费和税金组成。

由于投标人（施工企业）投标报价计价程序与招标人（建设单位）招标控制价计价程序具有相同的表格，为便于对比分析，此处将两种表格合并列出，其中表格栏目中斜线后带括号的内容用于投标报价，其余为通用栏目。

2. 分部分项工程费的编制

分部分项工程费应根据招标文件中的分部分项工程项目清单及有关要求，按"13计价规范"有关规定确定综合单价计价。

（1）综合单价的组价过程

招标控制价的分部分项工程费应由各单位工程的招标工程量清单中给定的工程量乘以其相应综合单价汇总而成。综合单价应按照招标人发布的分部分项工程项目清单的项目名称、工程量、项目特征描述，依据工程所在地区颁发的计价定额和人工、材料、机具台班价格信息等进行组价确定。首先，依据提供的工程量清单和施工图纸，按照工程所在地区颁发的计价定额的规定，确定所组价的定额项目名称，并计算出相应的工程量；其次，依据工程造价政策规定或工程造价信息确定其人工、材料、机具台班单价；同时，在考虑风险因素确定管理费费率和利润率的基础上，按规定程序计算出所组价定额项目的合价，然后将若干项所组价的定额项目合价相加再除以工程量清单项目工程量，便得

到工程量清单项目综合单价，对于未计价材料费（包括暂估单价的材料费）应计入综合单价。

（2）综合单价中的风险因素

为使招标控制价与投标报价所包含的内容一致，综合单价中应包括招标文件中要求投标人所承担的风险内容及其范围（幅度）产生的风险费用。

①对于技术难度较大和管理复杂的项目，可考虑一定的风险费用，并纳入综合单价中。

②对于工程设备、材料价格的市场风险，应依据招标文件的规定，工程所在地或行业工程造价管理机构的有关规定，以及市场价格趋势考虑一定率值的风险费用，纳入综合单价中。

③税金、规费等法律、法规、规章和政策变化的风险和人工单价等风险费用不应纳入综合单价。

3. 措施项目费的编制

①措施项目费中的安全文明施工费应当按照国家或省级、行业建设主管部门的规定标准计价，该部分不得作为竞争性费用。

②措施项目应按招标文件中提供的措施项目清单确定，措施项目分为以"量"计算和以"项"计算两种。对于可计量的措施项目，以"量"计算即按其工程量用与分部分项工程项目清单单价相同的方式确定综合单价；对于不可计量的措施项目，则以"项"为单位，采用费率法按有关规定综合确定，采用费率法时需确定某项费用的计费基数及其费率，结果应是包括除规费、税金以外的全部费用，其计算公式为：

以"项"计算的措施项目清单费 = 措施项目计费基数 × 费率

4. 其他项目费的编制

（1）暂列金额

暂列金额由招标人根据工程特点、工期长短，按有关计价规定进行估算，一般可以分部分项工程费的 10% ~ 15% 为参考。

（2）暂估价

暂估价中的材料单价应按照工程造价管理机构发布的工程造价信息中的材料单价计算，工程造价信息未发布的材料单价，其单价参考市场价格估算；暂估价中的专业工程暂估价应分不同专业，按有关计价规定估算。

（3）计日工

在编制招标控制价时，对计日工中的人工单价和施工机具台班单价应按省级、行业建设主管部门或其授权的工程造价管理机构公布的单价计算；材料应按工程造价管理机构发布的工程造价信息中的材料单价计算，工程造价信息未发布单价的材料，其价格应按市场调查确定的单价计算。

（4）总承包服务费

总承包服务费应按照省级或行业建设主管部门的标准计算，在计算时可参考以下标准：

①招标人仅要求对分包的专业工程进行总承包管理和协调时，按分包的专业工程估算造价的 1.5% 计算；

②招标人要求对分包的专业工程进行总承包管理和协调，并同时要求提供配合服务时，根据招标文件中列出的配合服务内容和提出的要求，按分包的专业工程估算造价的 3%～5% 计算；

③招标人自行供应材料的，按招标人供应材料价值的 1% 计算。

5. 规费和税金的编制

规费和税金必须按照国家或省级、行业建设主管部门的标准计算，其中：

税金＝（人工费＋材料费＋施工机具使用费＋企业管理费＋利润＋规费）× 综合税税率

第三节 投标报价的编制

一、施工投标的概念与程序

建设工程投标是指投标人（承包人、施工单位等）为了获取工程任务而参与竞争的一种手段；也就是投标人在同意招标人在招标文件中所提出的条件和要求的前提下，对招标项目估计自己的报价，在规定的日期内填写标书并递交给招标人，参加竞争及争取中标的过程。整个投标过程需遵循如下程序进行：

①获取招标信息、投标决策。

②申报资格预审（若资格预审未通过到此结束），购买招标文件。

③组织投标班子，选择咨询单位，现场勘察。

④计算和复核工程量、业主答复问题。

⑤询价及市场调查，制定施工规划。

⑥制订资金计划，投标技巧研究。

⑦选择定额，确定费率，计算单价及汇总投标价。

⑧投标价评估及调整、编制投标文件。

⑨封送投标书、保函（后期）开标。

⑩评标（若未中标到此结束）、定标。

⑪办理履约保函、签订合同。

二、编制投标文件

（一）投标文件的内容

投标人应当按照招标文件的要求编制投标文件。投标文件应当包括下列内容：

①投标函及投标函附录。

②法定代表人身份证明或附有法定代表人身份证明的授权委托书。

③联合体协议书（如工程允许采用联合体投标）。

④投标保证金。

⑤已标价工程量清单。

⑥施工组织设计。

⑦项目管理机构。

⑧拟分包项目情况表。

⑨资格审查资料。

⑩规定的其他材料。

（二）投标文件编制时应遵循的规定

1. 投标文件应按"投标文件格式"进行编写，如有必要，可以增加附页，作为投标文件的组成部分

其中，投标函附录在满足招标文件实质性要求的基础上，可以提出比招标文件要求更有利于招标人的承诺。

2. 投标文件应由投标人的法定代表人或其委托代理人签字和盖单位章

由委托代理人签字的，投标文件应附法定代表人签署的授权委托书。投标文件应尽量避免涂改、行间插字或删除。如果出现上述情况，改动之处应加盖单位章或由投标人的法定代表人或其授权的代理人签字确认。

3. 投标文件正本一份，副本份数按招标文件有关规定

正本和副本的封面上应清楚地标记"正本"或"副本"的字样。投标文件的正本与副本应分别装订成册，并编制目录。当副本和正本不一致时，以正本为准。

4. 除招标文件另有规定外，投标人不得递交备选投标方案

允许投标人递交备选投标方案的，只有中标人所递交的备选投标方案方可予以考虑。评标委员会认为中标人的备选投标方案优于其按照招标文件要求编制的投标方案的，招标人可以接受该备选投标方案。

（三）投标文件的递交

投标人应当在招标文件规定的提交投标文件的截止时间前，将投标文件密封送达投标地点。招标人收到招标文件后，应当向投标人出具标明签收人和签收时间的凭证，在开标前任何单位和个人不得开启投标文件。在招标文件要求提交投标文件的截止时间后

送达或未送达指定地点的投标文件，为无效的投标文件，招标人不予受理。有关投标文件的递交还应注意以下问题。

1. 投标保证金与投标有效期

投标人在递交投标文件的同时，应按规定的金额形式递交投标保证金，并作为其投标文件的组成部分。联合体投标的，其投标保证金由牵头人或联合体各方递交，并应符合规定。投标保证金除现金外，可以是银行出具的银行保函、保兑支票、银行汇票或现金支票。投标保证金的数额不得超过项目估算价的 2%，且最高不超过 80 万元。依法必须进行招标的项目的境内投标单位，以现金或者支票形式提交的投标保证金应当从其基本账户转出。投标人不按要求提交投标保证金的，其投标文件应被否决。出现下列情况的，投标保证金将不予返还。

①投标人在规定的投标有效期内撤销或修改其投标文件；

②中标人在收到中标通知书后，无正当理由拒签合同协议书或未按招标文件规定提交履约担保。

投标有效期从投标截止时间起开始计算，主要用作组织评标委员会评标、招标人定标、发出中标通知书，以及签订合同等工作，一般考虑以下因素：

①组织评标委员会完成评标需要的时间；

②确定中标人需要的时间；

③签订合同需要的时间。

一般项目投标有效期为 60 ～ 90 天，大型项目为 120 天左右。投标保证金的有效期应与投标有效期保持一致。

出现特殊情况需要延长投标有效期的，招标人以书面形式通知所有投标人延长投标有效期。投标人同意延长的，应相应延长其投标保证金的有效期，但不得要求或被允许修改或撤销其投标文件；投标人拒绝延长的，其投标失效，但投标人有权收回其投标保证金。

2. 投标文件的递交方式

（1）投标文件的密封和标识

投标文件的正本与副本应分开包装，加贴封条，并在封套上清楚标记"正本"或"副本"字样，于封口处加盖投标人单位章。

（2）投标文件的修改与撤回

在规定的投标截止时间前，投标人可以修改或撤回已递交的投标文件，但应以书面形式通知招标人。在招标文件规定的投标有效期内，投标人不得要求撤销或修改其投标文件。

（3）费用承担与保密责任

投标人准备和参加投标活动发生的费用自理。参与招标投标活动的各方应对招标文件和投标文件中的商业和技术等秘密保密，违者应对由此造成的后果承担法律责任。

（四）对投标行为的限制性规定

1. 联合体投标

两个以上法人或者其他组织可以组成一个联合体，以一个投标人的身份共同投标。联合体投标需遵循以下规定：

①联合体各方应按招标文件提供的格式签订联合体协议书，联合体各方应当指定牵头人，授权其代表所有联合体成员负责投标和合同实施阶段的主办、协调工作，并应当向招标人提交由所有联合体成员法定代表人签署的授权书。

②联合体各方签订共同投标协议后，不得再以自己名义单独投标，也不得组成新的联合体或参加其他联合体在同一项目中投标。联合体各方在同一招标项目中以自己名义单独投标或者参加其他联合体投标的，相关投标均为无效。

③招标人接受联合体投标并进行资格预审的，联合体应当在提交资格预审申请文件前组成。资格预审后联合体增减、更换成员的，其投标无效。

④由同一专业的单位组成的联合体，按照资质等级较低的单位确定资质等级。

⑤联合体投标的，应当以联合体各方或者联合体中牵头人的名义提交投标保证金。以联合体中牵头人名义提交的投标保证金，对联合体各成员具有约束力。

2. 串通投标

在投标过程有串通投标行为的，招标人或有关管理机构可以认定该行为无效。

（1）有下列情形之一的，属于投标人相互串通投标

①投标人之间协商投标报价等投标文件的实质性内容；

②投标人之间约定中标人；

③投标人之间约定部分投标人放弃投标或者中标；

④属于同一集团、协会、商会等组织成员的投标人按照该组织要求协同投标；

⑤投标人之间为谋取中标或者排斥特定投标人而采取的其他联合行动。

（2）有下列情形之一的，视为投标人相互串通投标

①不同投标人的投标文件由同一单位或者个人编制；

②不同投标人委托同一单位或者个人办理投标事宜；

③不同投标人的投标文件载明的项目管理成员为同一人；

④不同投标人的投标文件异常一致或者投标报价呈规律性差异；

⑤不同投标人的投标文件相互混装；

⑥不同投标人的投标保证金从同一单位或者个人的账户转出。

（3）有下列情形之一的，属于招标人与投标人串通投标：

①招标人在开标前开启投标文件并将有关信息泄露给其他投标人；

②招标人直接或者间接向投标人泄露标底、评标委员会成员等信息；

③招标人明示或者暗示投标人压低或者抬高投标报价；

④招标人授意投标人撤换、修改投标文件；

⑤招标人明示或者暗示投标人为特定投标人中标提供方便；

⑥招标人与投标人为谋求特定投标人中标而采取的其他串通行为。

（五）投标报价的编制方法

现阶段，我国规定的编制投标报价的方法主要有两种：一种是工料单价法；另一种是综合单价法。

虽然工程造价计价的方法各不相同，但其计价的基本过程和原理都是相同的。从建设项目的组成与分解来说，工程造价计价的顺序是：分部分项工程造价—单位工程造价—单项工程造价—建设项目总造价。

工程计价的原理就在于项目的分解和组合，影响工程造价的因素主要有两个，即单位价格和实物工程数量。

1. 工程量

这里的工程量是指根据工程建设定额或工程量清单计价规范的项目划分和工程量计算规则、以适当计量单位进行计算的分项工程的实物量。工程量是计价的基础，不同的计价方式有不同的计算规则规定。目前，工程量计算规则包括以下两类：

①各类工程建设定额规定的计算规则。

②国家标准"13计价规范""13计量规范"中规定的计算规则。

2. 单位价格

单位价格是指与分项工程相对应的单价。工料单价法是指定额单价，即包括人工费、材料费、机具使用费在内的工料单价；清单计价是指除包括人工费、材料费、机具使用费外，还包括企业管理费、利润和风险因素在内的综合单价。

工程量清单计价投标报价的编制内容主要如下：

（1）分部分项工程费

采用的工程量应是依据分部分项工程量清单中提供的工程量，综合单价的组成内容包括完成一个规定计量单位的分部分项工程量清单项目所需的人工费、材料费、机具使用费和企业管理费与利润，以及招标文件确定范围内的风险因素费用；招标人提供了有暂估单价的材料，应按暂定的单价计入综合单价。

在投标报价中，没有填写单价和合价的项目将不予支付款项。因此，投标企业应仔细填写每一单项的单价和合价，做到报价时不漏项、不重项。这就要求工程造价人员责任心要强，严格遵守职业道德，本着实事求是的原则认真计算，做到正确报价。

（2）措施项目费

措施项目内容为：依据招标文件中措施项目清单所列内容；措施项目清单费的计价方式：凡可精确计量的措施清单项目宜采用综合单价方式计价，其余的措施清单项目采用以"项"为计量单位的方式计价。

（3）其他项目清单费

暂列金额应根据工程特点，按有关计价规定估算；暂估价中的材料单价应根据工程造价信息或参考市场价格估算；暂估价中专业工程金额应分不同专业，按有关计价规定估算；计日工应根据工程特点和有关计价依据计算；总承包服务费应根据招标人列出的内容和要求估算。

（4）规费

规费必须按照国家或省级、行业建设主管部门的有关规定计算。

（5）税金

税金必须按照国家或省级、行业建设主管部门的有关规定计算。

（六）投标报价编制技巧

施工企业投标时要根据工程对象的具体情况，确定具体的报价策略、利用报价技巧。如采用的报价策略正确，又掌握一定的报价编制技巧，就可以做出合理的报价，从而赢得工程，获得较高利润。报价编制技巧是在服从投标报价策略的前提下，采取的具体做法。

1. 开标前的投标技巧

（1）不平衡报价

不平衡报价是指在总价基本确定的前提下，如何调整内部各个子项的报价，以期既不影响总报价，又在中标后投标人可尽早收回垫支于工程中的资金和获取较好的经济效益。但要注意避免不正常的调高或压低现象，避免失去中标机会。通常采用的不平衡报价有下列几种情况：

①对能早期结账收回工程款的项目的单价可报较高价，以利于资金周转；对后期项目单价可适当降低。

②估计今后工程量可能增加的项目，其单价可提高；而工程量可能减少的项目，其单价可降低。

但上述两点要统筹考虑。对于工程量数量有错误的早期工程，如不可能完成工程量表中的数量，则不能盲目抬高单价，需要具体分析后再确定。

③图纸内容不明确或有错误，估计修改后工程量要增加的，其单价可提高；而工程内容不明确的，其单价可降低。

④暂定项目又称为任意项目或选择项目，对这类项目要做具体分析，因为这一类项目要在开工后由发包人研究决定是否实施，由哪一家承包人实施。如果工程不分标，只由一家承包人施工，则其中肯定要做的项目单价可高些，不一定要做的项目则应低些。如果工程分标，该暂定项目也可能由其他承包人施工时，则不宜报高价，以免抬高总报价。

不平衡报价一定要建立在对工程量表中工程量风险仔细核对的基础上，特别是对于报低单价的项目，如工程量一旦增多，将造成承包人的重大损失，同时一定要控制在合理幅度内（一般可在10%左右），以免引起发包人反对，甚至导致废标。如果不注意这一点，有时发包人会挑选出报价过高的项目，要求投标者进行单价分析，而围绕单价分析中过高的内容压价，以致承包人得不偿失。

（2）计日工的报价

分析业主在开工后可能使用的计日工数量确定报价方针。较多时则可适当提高，可能很少时，则下降。另外，如果是单纯报计日工的报价，可适当报高，如果关系到总价水平则不宜提高。

（3）多方案报价法

有时招标文件中规定，可以提一个建议方案；或对于一些招标文件，如果发现工程范围不是很明确，条款不清楚或很不公正，或技术规范要求过于苛刻时，则要在充分估计风险的基础上，按多方案报价法处理。即是按原招标文件报一个价，然后再提出如果某条款做某些变动，报价可降低的额度。这样可以降低总价，吸引发包人。

投标者这时应组织一批有经验的设计和施工工程师，对原招标文件的设计和施工方案仔细研究，提出更理想的方案以吸引发包人，促成自己的方案中标。这种新的建议可以降低总造价或提前竣工或使工程运用更合理。但要注意的是对原招标方案一定也要报价，以供发包人比较。

增加建议方案时，不要将方案写得太具体，保留方案的技术关键，防止发包人将此方案交给其他承包人；同时要强调的是，建议方案一定要比较成熟，或过去有这方面的实践经验。因为投标时间往往较短，如果仅为中标而匆忙提出一些没有把握的建议方案，可能会引起很多后患。

（4）突然袭击法

由于投标竞争激烈，为迷惑对方，有意泄露一些假情报，如不打算参加投标，或准备投标，表现出无利可图不干等假象，到投标截止之前几个小时，突然前往投标，并压低投标价，使对手措手不及从而败北。

（5）低投标价夺标法

低投标价夺标法是非常情况下采用的非常手段。例如，企业大量窝工，为减少亏损；或为打入某一建筑市场；或为挤走竞争对手保住自己的地盘，于是制定了严重亏损标，力争夺标。若企业无经济实力，信誉不佳，此法也不一定会奏效。

2. 开标后的投标技巧

投标人通过公开开标这一程序可以得知众多投标人的报价，但低报价并不一定中标，需要综合各方面的因素、反复考虑，并经过议标谈判，方能确定中标者。所以，开标只是选定中标候选人，而非确定中标者。投标人可以利用议标谈判施展竞争手段，从而改变自己原投标书中的不利因素而成为有利因素，以增加中标的机会。

从招标的原则来看，投标人在标书有效期内，是不能修改其报价的。但是，某些议标谈判可以例外。在议标谈判中的投标技巧如下：

（1）降低投标价格

投标价格不是中标的唯一因素，但却是中标的关键性因素。在议标中，投标者适时提出降价要求是议标的主要手段。但需要注意两个问题：一是要摸清招标人的意图，在得到其希望降低标价的暗示后，再提出降低的要求；二是降低投标价要适当，不得损害投标人自己的利益。

（2）补充投标优惠条件

除中标的关键因素价格外，在议标谈判的技巧中，还可以考虑其他诸多重要因素，如缩短工期、提高工程质量、降低支付条件要求、提出新技术和新设计方案，以及提供补充物资和设备等，以此优惠条件争取得到招标人的赞许，并争取中标。

第四节　中标价及合同价款的约定

一、评标程序及评审标准

（一）投标书评标的程序

开标应当在招标文件确定的提交投标文件截止时间的同一时间公开进行；开标地点应当为招标文件中预先确定的地点。开标后，招标人在招标文件要求提交投标文件的截止时间前收到的所有投标文件，开标时都应当众予以拆封、宣读。

评标委员会由招标人负责组建，一般应于开标前确定。评标委员会由招标人或其委托的招标代理机构熟悉相关业务的代表，以及有关技术、经济等方面的专家组成，成员人数为5人以上单数，其中技术、经济等方面的专家不得少于成员总数的2/3。评标委员会设负责人的，由评标委员会成员推举产生或者由招标人确定。评标委员会负责人与评标委员会的其他成员有同等的表决权。

（二）投标书评审及评价的方法

1. 评标方法的分类

建设工程施工评标方法一般可分为综合评估法和经评审的最低投标价法两类。

2. 综合评估法

综合评估法是以投标文件能否最大限度地满足招标文件规定的各项综合评价标准为前提，在全面评审商务标、技术标、综合标等内容的基础上，评判投标人关于具体招标项目的技术、施工、管理难点把握的准确程度、技术措施采用的恰当和适用程度、管理资源投入的合理及充分程度等。一般采用量化评分的办法，商务部分不得低于60%，技术部分不得高于40%。综合投标价格、施工方案、进度安排、生产资源投入、企业实力和业绩以及项目经理等各项因素的评分，按最终得分的高低确定中标候选人排序，原则上综合得分最高的投标人为中标人。

综合评估法一般适用于招标人对招标项目的技术、性能有特殊要求的招标项目，适用于建设规模较大，履约工期较长，技术复杂，质量、工期和成本受不同施工方案影响

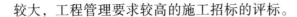

较大，工程管理要求较高的施工招标的评标。

3. 经评审的最低投标价法

经评审的最低投标价法强调的是优惠而合理的价格。适用于具有通用技术、性能标准或者招标人对其技术、性能没有特殊要求，工期较短，质量、工期、成本受不同施工方案的影响较小，工程管理要求一般的施工招标的评标。

（三）投标书评审阶段投资控制的注意事项

总报价最低不表示单项报价最低；总价符合要求不表示单项报价符合要求。投标人采用不平衡报价时，将可能变化较大的项目单价增大，以达到在竣工结算时追加工程款的目的。在招标投标中对不平衡报价应进行评价和分析并进行限制，以保证不出现单价偏高或偏低的现象，保证合同价格具有较好的公平性和可操作性，降低由此给业主带来的风险。

对于早期发生的项目、结构中较早涉及费用的子项应严格审查，使承包人不能提早收到工程款，从而避免使发包商蒙受利息损失。

对于计日工作表内的单价也应严格审核，需按实计量，这也是投资控制的一个方面。

二、中标人的确定

（一）评标报告

评标报告是评标委员会评标结束后提交给招标人的一份重要文件。评标委员会完成评标后，应当向招标人提出书面评标报告，并推荐合格的中标候选人。招标人也可以授权评标委员会直接确定中标人。在评标报告中，评标委员会不仅要推荐中标候选人，而且要说明这种推荐的具体理由。评标报告作为招标人定标的重要依据，一般应包括以下内容：

①对投标人的技术方案评价，技术和经济风险分析。

②对投标人技术力量及设施条件评价。

③对满足评标标准的投标人，对其投标进行排序。

④需进一步协商的问题及协商应达到的要求。

招标人根据评标委员会的评标报告，在推荐的中标候选人（一般为 1 ~ 3 个）中最后确定中标人；在某些情况下，招标人也可以直接授权评标委员会直接确定中标人。

评标报告应当由评标委员会全体成员签字。对评标结果有不同意见的评标委员会成员应当以书面形式说明其不同意见和理由，评标报告应当注明该不同意见。评标委员会成员拒绝在评标报告上签字又不书面说明其不同意见和理由的，视为同意评标结果。

（二）废标、否决所有投标和重新招标

1. 废标

废标，一般是评标委员会履行评标职责过程中，对投标文件依法做出的取消其中标

资格、不再予以评审的处理决定。

除非法律有特别规定，废标是评标委员会依法做出的处理决定。其他相关主体，如招标人或招标代理机构，无权对投标作废标处理。废标应符合法定条件。评标委员会不得任意废标，只能依据法律规定及招标文件的明确要求，对投标进行审查决定是否应予废标。被作废标处理的投标，不再参加投标文件的评审，也完全丧失了中标的机会。

废标情况费分为以下四类：

①在评标过程中，评标委员会发现投标人以他人的名义投标、串通投标、以行贿手段谋取中标或者以其他弄虚作假方式投标的，该投标人的投标应作废标处理。

②在评标过程中，评标委员会发现投标人的报价明显低于其他投标报价或者在设有标底时明显低于标底，使得其投标报价可能低于其个别成本的，应当要求该投标人做出书面说明并提供相关证明材料。投标人不能合理说明或不能提供相关证明材料的，由评标委员会认定该投标人以低于成本报价竞标，其投标应作废标处理。

③投标人资格条件不符合国家有关规定和招标文件要求的，或者拒绝按照要求对投标文件进行澄清、说明或者补正的，评标委员会可以否决其投标。

④未能在实质上响应招标文件要求、对招标文件未做出实质性响应的有重大偏差的投标应作废标处理。

2. 否决所有投标

评标委员会经评审，认为所有投标都不符合招标文件要求的，可以否决所有投标。评标委员会否决不合格投标或者界定为废标后，因有效投标不足 3 个使得投标明显缺乏竞争的，评标委员会可以否决全部投标。从上述规定可以看出，否决所有投标包括两种情况：一是所有的投标都不符合招标文件要求，因每个投标均被界定为废标、被认为无效或不合格，所以，评标委员会否决了所有的投标；二是部分投标被界定为废标、被认为无效或不合格之后，仅剩余不足 3 个的有效投标，使得投标明显缺乏竞争的，违反了招标采购的根本目的，所以，评标委员会可以否决全部投标。对于个体投标人而言，无论其投标是否合格有效，都可能发生所有投标被否决的风险，即使投标符合法律和招标文件要求，但结果却是无法中标。对于招标人而言，上述两种情况下，结果都是相同的，即所有的投标被依法否决，当次招标结束。

3. 重新招标

如果到投标截止时间止，投标人少于 3 个或经评标专家评审后否决所有投标的，评标委员会可以建议重新招标。投标人应当在招标文件要求提交投标文件的截止时间前，将投标文件送达投标地点。招标人收到投标文件后，应当签收保存，并不得开启。投标人少于 3 个的，招标人应当依照本法重新招标。依法必须进行招标的项目的所有投标被否决的，招标人应当依照本法重新招标。

重新招标是一个招标项目发生法定情况无法继续进行评标并推荐中标候选人，当次招标结束后，如何开展项目采购的一种选择。所谓法定情况，包括于投标截止时间到达时投标人少于 3 个、评标中所有投标被否决或其他法定情况。

（三）关于禁止串标的有关规定

投标人不得相互串通投标报价，不得排挤其他投标人的公平竞争，损害招标人或者其他投标人的合法权益。投标人不得与招标人串通投标，损害国家利益、社会公共利益或者他人的合法权益。禁止投标人以向招标人或者评标委员会成员行贿的手段谋取中标。投标人不得以低于成本的报价竞标，也不得以他人名义投标或者以其他方式弄虚作假，骗取中标。对于禁止串标的详细规定如下。

1. 招标人和投标人串标

下列行为均属招标人与投标人串通投标：

①招标人在开标前开启投标文件并将有关信息泄露给其他投标人，或者授意投标人撤换、修改投标文件；

②招标人向投标人泄露标底、评标委员会成员等信息；

③招标人明示或暗示投标人压低或抬高投标报价；

④招标人明示或暗示投标人为特定投标人中标提供方便；

⑤招标人与投标人为谋求特定中标人中标而采取的其他串通行为。

2. 投标人之间串标

投标者不得违反规定，实施下列串通投标行为：

①投标者之间相互约定，一致抬高或者压低投标报价。

②投标者之间相互约定，在招标项目中轮流以高价位或者低价位中标。

③投标者之间先进行内部竞价，内定中标人，然后再参加投标。

④投标者之间的其他串通投标行为。

（四）定标方式

确定中标人前，招标人不得与投标人就投标价格及投标方案等实质性内容进行谈判。除投标人须知前附表规定评标委员会直接确定中标人外，招标人依据评标委员会推荐的中标候选人确定中标人，评标委员会推荐中标候选人的人数应符合招标文件的要求，并标明

排列顺序。中标人的投标应当符合下列条件之一：

①能够最大限度地满足招标文件中规定的各项综合评价标准。

②能够满足招标文件的实质性要求，并且经评审的投标价格最低，但是投标价格低于成本的除外。

对使用国有资金投资或者国家融资的项目，招标人应当确定排名第一的中标候选人为中标人。排名第一的中标候选人放弃中标，因不可抗力提出不能履行合同，或者招标文件规定应当提交履约保证金而在规定的期限内未能提交的，招标人可以确定排名第二的中标候选人为中标人。排名第二的中标候选人因上述同样原因不能签订合同的，招标人可以确定排名第三的中标候选人为中标人。

（五）公示和中标通知

1. 公示中标候选人

为维护公开、公平、公正的市场环境，鼓励各种招投标当事人积极参与监督，按照规定，依法必须进行招标的项目，招标人应当自收到评标报告之日起 3 日内公示中标候选人，公示期不得少于 3 天。投标人或者其他利害关系人对依法必须进行招标的项目的评标结果有异议的，应当在中标候选人公示期间提出。招标人应当自收到异议之日起 3 天内做出答复，做出答复前，应当暂停招标投标活动。

对中标候选人的公示需明确以下几个方面：

（1）公示范围

公示的项目范围是依法必须进行招标的项目，其他招标项目是否公示中标候选人由招标人自主决定。公示的对象是全部中标候选人。

（2）公示媒体

招标人在确定中标人之前，应当将中标候选人在交易场所和指定媒体上公示。

（3）公示时间（公示期）

公示由招标人统一委托当地招投标中心在开标当天发布。公示期从公示的第二天开始算起，在公示期满后招标人才可以签发中标通知书。

（4）公示内容

对中标候选人全部名单及排名进行公示，而不是只公示排名第一的中标候选人。同时，对有业绩信誉条件的项目，在投标报名或开标时提供作为资格条件或业绩信誉的情况，应一并进行公示，但不含投标人各评分要素的得分情况。

（5）异议处置

公示期间，投标人及其他利害关系人应当先向招标人提出异议，经核查后发现在招标投标过程中确有违反相关法律法规且影响评标结果公正性的，招标人应当重新组织评标或招标。招标人拒绝自行纠正或无法自行纠正的，则根据有关规定向行政监督部门提出投诉。对故意虚构事实，扰乱招投标市场秩序的，则按照有关规定进行处理。

2. 发出中标通知书

中标人确定后，在规定的投标有效期内，招标人以书面形式向中标人发出中标通知书，同时将中标结果通知未中标的投标人。中标通知书对招标人和中标人具有法律效力。中标通知书发出后，招标人改变中标结果，或者中标人放弃中标项目的，应当依法承担法律责任。依据规定，依法必须进行招标的项目，招标人应当自确定中标人之日起十五日内，向有关行政监督部门提交招标投标情况的书面报告。书面报告中至少应包括下列内容：

①招标范围。

②招标方式和发布招标公告的媒介。

③招标文件中投标人须知、技术条款、评标标准和方法以及合同主要条款等内容。

④评标委员会的组成和评标报告。

⑤中标结果。

3. 履约担保

在签订合同前，中标人以及联合体的中标人应按招标文件有关规定的金额、担保形式和招标文件规定的履约担保格式，向招标人提交履约担保。履约担保有现金、支票、履约担保书和银行保函等形式，可以选择其中的一种作为招标项目的履约保证金，履约保证金不得超过中标合同金额的10％。

中标人不能按要求提交履约保证金的，视为放弃中标，其投标保证金不予退还，给招标人造成的损失超过投标保证金数额的，中标人还应当对超过部分予以赔偿。中标后的承包人应保证其履约保证金在发包人颁发工程接收证书前一直有效。发包人应在工程接收证书颁发后28天内把履约保证金退还给承包人。

三、合同价款类型的选择

招标人和中标人应当自中标通知书发出之日起30天内，根据招标文件和中标人的投标文件订立书面合同。中标人无正当理由拒签合同的，招标人取消其中标资格，其投标保证金不予退还；给招标人造成的损失超过投标保证金数额的，中标人还应当对超过部分予以赔偿。发出中标通知书后，招标人无正当理由拒签合同的，招标人向中标人退还投标保证金；给中标人造成损失的，还应当赔偿损失。

发承包双方在确定合同价款时，应当考虑市场环境和生产要素价格变化对合同价款的影响。实行工程量清单计价的建筑工程，鼓励发承包双方采用单价方式确定合同价款。建设规模较小、技术难度较低、工期较短的建筑工程，发承包双方可以采用总价方式确定合同价款。紧急抢险、救灾以及施工技术特别复杂的建筑工程，发承包双方可以采用成本加酬金方式确定合同价款。

（一）合同总价

1. 固定合同总价

固定合同总价是指承包整个工程的合同价款总额已经确定，在工程实施中不再因物价上涨而变化。所以，固定合同总价应考虑价格风险因素，也需在合同中明确规定合同总价包括的范围。这类合同价可以使发包人对工程总开支做到心中有数，在施工过程中可以更有效地控制资金的使用。但对承包人来说，要承担较大的风险，如物价波动、气候条件、地质地基条件及其他意外风险等，因此，合同价款一般会高些。

2. 可调合同总价

可调合同总价一般是以设计图纸及规定、规范为基础，在报价及签约时，按招标文件中的要求和当时的物价计算合同总价。合同中确定的工程合同总价在实施期间可随价格变化而调整。发包人和承包人在商订合同时，以招标文件的要求及当时的物价计算出合同总价。如果在执行合同期间，通货膨胀引起成本增加达到某一限度时，合同总价则做相应调整。可调合同价使发包人承担了通货膨胀的风险，承包人则承担其他风险。一般适合于工期较长（1年以上）的项目。

（二）合同单价

1. 固定合同单价

固定合同单价是指合同中确定的各项单价在工程实施期间不因价格变化而调整，而在每月（或每阶段）工程结算时，根据实际完成的工程量结算，在工程全部完成时以竣工图的工程量最终结算工程总价款。

2. 可调单价

合同单价可调，一般是在工程招标文件中规定。在合同中签订的单价，根据合同约定的条款，如在工程实施过程中物价发生变化等，可做调整。有的工程在招标或签约时，因某些不确定性因素而在合同中暂定某些分部分项工程的单价，在工程结算时，再根据实际情况和合同约定对合同单价进行调整，确定实际结算单价。

关于可调价格的调整方法，常用的有以下几种：

①主料按抽料法计算价差，其他材料按系数计算价差。主要材料按施工图预算计算的用量和竣工当月当地工程造价管理机构公布的材料结算价或信息价与基价对比计算差价。其他材料按当地工程造价管理机构公布的竣工调价系数计算方法计算差价。

②按主材计算价差。发包人在招标文件中列出需要调整价差的主要材料表及其基期价格（一般采用当时当地工程造价管理机构公布的信息价或结算价），工程竣工结算时按竣工当时当地工程造价管理机构公布的材料信息价或结算价，与招标文件中列出的基期价比较计算材料差价。

③按工程造价管理机构公布的竣工调价系数及调价计算方法计算差价。

④调值公式法。调值公式一般包括固定部分、材料部分和人工部分三项。当工程规模和复杂性增大时，公式也会变得复杂。

各部分费用在合同总价中所占比重在许多标书中要求承包人在投标时即提出，并在价格分析中予以论证。也有的由发包人在招标文件中规定一个允许范围，由投标人在此范围内选定。

⑤实际价格结算法。有些地区规定对钢材、木材、水泥三大材料的价格按实际价格结算的方法，工程承包人可凭发票按实报销。此法操作方便，但也容易导致承包人忽视降低成本。为避免副作用，地方建设主管部门要定期公布最高结算限价，同时，合同文件中应规定发包人有权要求承包人选择更廉价的供应来源。

以上几种方法究竟采用哪一种，应按工程价格管理机构的规定，经双方协商后在合同的专用条款中约定。

（三）成本加酬金合同价

成本加酬金合同价是指由业主向承包人支付工程项目的实际成本，并按事先约定的某一种方式支付一定的酬金。在这类合同中，业主需承担项目实际发生的一切费用，因此，也就承担了项目的全部风险。而承包人由于无风险，其报酬往往也较低。这类合同的缺点是业主对工程总造价不易控制，承包人也往往不注意降低项目成本。这类合同主要适用于以下项目：需要立即开展工作的项目，如地震后的救灾工作；新型的工程项目或工程内容及技术指标；未确定的项目；风险很大的项目等。

合同中确定的工程合同价，其工程成本部分按现行计价计算，酬金部分则按工程成本乘以通过竞争确定的费率计算，将两者相加，确定出合同价。一般分为以下几种形式。

1. 成本加固定百分比酬金确定的合同价

这种合同价是发包人对承包人支付的人工、材料和施工机械使用费、措施费、施工管理费等按实际直接成本全部据实补偿，同时按照实际直接成本的固定百分比付给承包人一笔酬金，作为承包方的利润，其计算公式如下：

$$C = Ca (1 + P)$$

式中：

C —— 总造价；

Ca —— 实际发生的工程成本；

P —— 固定的百分数。

从式中可以看出，总造价 C 将随工程成本 Ca 的增加而增长，显然不能鼓励承包商关心缩短工期和降低成本，因而对建设单位是不利的。现在这种承包方式已很少被采用。

2. 成本加固定酬金确定的合同价

工程成本实报实销，但酬金是事先商定的一个固定数目，其计算公式为：

$$C = Ca + F$$

式中：

F —— 酬金，通常按估算的工程成本的一定百分比确定，数额是固定不变的。这种承包方式虽然不能鼓励承包商关心降低成本。但从尽快取得酬金出发，承包商将会关心缩短工期，这是其可取之处。为了鼓励承包单位更好地工作，也有在固定酬金之外，再根据工程质量、工期和降低成本情况另加奖金的。在这种情况下，奖金所占比例的上限可大于固定酬金，以充分发挥奖励的积极作用。

3. 目标成本加奖罚确定的合同价

在仅有初步设计和工程说明书即迫切要求开工的情况下，可根据粗略估算的工程量和适当的单价表编制概算，作为目标成本；随着详细设计逐步具体化，工程量和目标成本可加以调整，另外规定一个百分数作为酬金。最后结算时，如果实际成本高于目标成本并超过事先商定的界限（5%），则减少酬金，如果实际成本低于目标成本（也有一个幅度界限），则增加酬金。用公式表示如下：

$$C = C_a + P_1 C_0 + P_2 (C_0 - C_a)$$

式中：

C_0 —— 目标成本；

P_1—— 基本酬金百分数；

P_2—— 奖罚百分数。

另外，还可另加工期奖罚。

这种承包方式可以促使承包商关心降低成本和缩短工期，而且目标成本是随设计的进展而加以调整才确定下来的，故建设单位和承包商双方都不会承担多大风险，这是其可取之处。当然也要求承包商和建设单位的代表都应具有比较丰富的经验并掌握充分的信息。

4. 成本加浮动酬金确定的合同价

这种承包方式要经过双方事先商定工程成本和酬金的预期水平。如果实际成本恰好等于预期水平，工程造价就是成本加固定酬金；如果实际成本低于预期水平，则增加酬金；如果实际成本高于预期水平，则减少酬金。这三种情况可用如下公式表示：

$$C_a = C_0，则 C = C_a + F$$
$$C_a < C_0，则 C = C_a + F + \Delta F$$
$$C_a > C_0，则 C = C_a + F - \Delta F$$

式中：

C_0 —— 预期成本；

ΔF —— 酬金增减部分，可以是一个百分数，也可以是一个固定的绝对数。

采用这种承包方式，通常规定，当实际成本超支而减少酬金时，以原定的固定酬金数额为减少的最高限度。也就是在最坏的情况下，承包人将得不到任何酬金，但不必承担赔偿超支的责任。

从理论上讲，这种承包方式既对承发包双方都没有太多的风险，又能促使承包商关心降低成本和缩短工期。但在实践中准确地估算预期成本比较困难，预期成本在达到70％以上的精度才较为理想。所以，要求承发包双方具有丰富的经验并掌握充分的信息。

四、合同价款的约定

合同价款是合同文件的核心要素，建设项目无论是招标发包还是直接发包，合同价款的具体数额均在"合同协议书"中载明。

（一）签约合同价与中标价的关系

签约合同价是指合同双方签订合同时在协议书中列明的合同价格，对于以单价合同形式招标的项目，工程量清单中各种价格的总计即为合同价。合同价就是中标价，因为中标价是指评标时经过算术修正的、并在中标通知书中申明招标人接受的投标价格。法理上，经公示后招标人向投标人所发出的中标通知书（投标人向招标人回复确认中标通知书已收到），中标的中标价就受到法律保护，招标人不得以任何理由反悔。这是因为，合同价格属于招标投标活动中的核心内容，招标人和中标人应当按照招标文件和中标人的投标文件订立书面合同，招标人和中标人不得再行订立背离合同实质性内容的其他协议，发包人应根据中标通知书确定的价格签订合同。

（二）工程合同价款约定一般规定

实行招标的工程合同价款应在中标通知书发出之日起 30 天内，由发承包双方依据招标文件和中标人的投标文件在书面合同中约定。

合同约定不得违背招标、投标文件中关于工期、造价和质量等方面的实质性内容。招标文件与中标人投标文件不一致的地方，应以投标文件为准。

工程合同价款的约定是建设工程合同的主要内容，根据有关法律条款的规定，工程合同价款的约定应满足以下几个方面的要求：

①约定的依据要求：招标人向中标的投标人发出的中标通知书。

②约定的时间要求：自招标人发出中标通知书之日起 30 天内。

③约定的内容要求：招标文件和中标人的投标文件。

④合同的形式要求：书面合同。

在工程招标投标及建设工程合同签订过程中，招标文件应视为要约邀请，投标文件为要约，中标通知书为承诺。因此，在签订建设工程合同时，若招标文件与中标人的投标文件有不一致的地方，应以投标文件为准。

不实行招标的工程合同价款，应在发、承包双方认可的工程价款基础上，由发承包双方在合同中约定。

（三）合同价款约定内容

1. 工程价款进行约定的基本事项

建筑工程造价应当按照国家有关规定，由发包单位与承包单位在合同中约定。公开招标发包的，其造价的约定，须遵守招标投标法律的规定。发承包双方应在合同中对工程价款进行如下基本事项的约定：

①预付工程款的数额、支付时间及抵扣方式。预付工程款是发包人为解决承包人在施工准备阶段资金周转问题提供的协助。如使用的水泥、钢材等大宗材料，可根据工程具体情况设置工程材料预付款。应在合同中约定预付款数额：可以是绝对数，如50万元、100万元，也可以是额度，如合同金额的10%、15%等；约定支付时间：如合同签订后一个月支付、开工日前7天支付等；约定抵扣方式：如在工程进度款中按比例抵扣；约定违约责任：如不按合同约定支付预付款的利息计算，违约责任等。

②安全文明施工措施的支付计划，使用要求等。

③工程计量与进度款支付。应在合同中约定计量时间和方式，可按月计量，如每月30天，可按工程形象部位（目标）划分分段计量。进度款支付周期与计量周期保持一致，约定支付时间，如计量后7天、10天支付；约定支付数额，如已完工作量的70%、80%等；约定违约责任，如不按合同约定支付进度款的利率，违约责任等。

④合同价款的调整。约定调整因素，如工程变更后综合单价调整，钢材价格上涨超过投标报价时的3%，工程造价管理机构发布的人工费调整等；约定调整方法，如结算时一次调整，材料采购时报发包人调整等；约定调整程序，承包人提交调整报告交发包人，由发包人现场代表审核签字等；约定支付时间与工程进度款支付同时进行等。

⑤索赔与现场签证。约定索赔与现场签证的程序，如由承包人提出、发包人现场代表或授权的监理工程师核对等；约定索赔提出时间，如知道索赔事件发生后的28天内等；约定核对时间，如收到索赔报告后7天以内、10天以内等；约定支付时间，如原则上与工程进度款同期支付等。

⑥承担风险。约定风险的内容范围，如全部材料、主要材料等；约定物价变化调整幅度，如钢材、水泥价格涨幅超过投标报价的3%，其他材料超过投标报价的5%等。

⑦工程竣工结算。约定承包人在什么时间提交竣工结算书，发包人或其委托的工程造价咨询企业，在什么时间内核对，核对完毕后，在多长时间内支付等。

⑧工程质量保证金。在合同中约定数额，如合同价款的3%等；约定预付方式，如竣工结算一次扣清等；约定归还时间，如质量缺陷期退还等。

⑨合同价款争议。约定解决价款争议的办法：是协商还是调解，如调解由哪个机构调解；如在合同中约定仲裁，应标明具体的仲裁机关名称，以免仲裁条款无效，约定诉讼等。

⑩与履行合同、支付价款有关的其他事项等。需要说明的是，合同中涉及价款的事项较多，能够详细约定的事项应尽可能具体约定，约定的用词应尽可能唯一，如有几种解释，最好对用词进行定义，尽量避免因理解上的歧义造成合同纠纷。

2. 合同中未约定事项或约定不明事项

合同中没有按照工程价额进行约定的基本要求约定或约定不明的，若发承包双方在合同履行中发生争议由双方协商确定；当协商不能达成一致时，应按规定执行。

合同生效后，当事人就质量、价款或者报酬、履行地点等内容没有约定或者约定不明确的，可以协议补充；不能达成补充协议的，按照合同有关条款或交易习惯确定。

因设计变更导致建设工程的工程量或者质量标准发生变化，当事人对该部分工程价款不能协商一致的，可以参照签订建设工程施工合同时当地建设行政主管部门发布的计价方式或者计价标准结算工程价款。

建设工程发承包既是完善市场经济体制的重要举措，也是维护工程建设市场竞争秩序的有效途径。建设工程发承包最核心的问题是合同价款的确定，而建设工程项目签约合同价款的确定取决于发承包方式。目前，发承包方式有直接发包和招标发包两种，其中招标发包是主要的发承包方式。

建设工程招标投标的推行使计划经济条件下建设任务的发包从以计划为主转变到以投标竞争为主，使我国承发包方式发生了重要变化，因此，推行建设工程招标投标对降低工程造价，使工程造价得到合理控制具有非常重要的影响。本章介绍了施工招标的方式和程序、招标文件的组成内容及其编制要求、招标工程量清单与招标控制价的编制、投标文件及投标报价的编制、中标价及合同价款的约定等。

第七章 建设项目竣工验收阶段造价控制与管理

第一节 竣工验收

一、竣工验收的范围和依据

工程竣工验收是指承包人按施工合同完成了工程项目的全部任务,经检验合格,由发承包人组织验收的过程。工程项目的交工主体应是合同当事人的承包主体,验收主体应是合同当事人的发包主体,其他项目参与人则是项目竣工验收的相关组织。

(一)工程竣工验收的条件及范围

1. 工程竣工验收的条件

工程项目必须达到以下基本条件,才能组织竣工验收:

①建设项目按照工程合同规定和设计图纸要求已全部施工完毕,达到国家规定的质量标准,能够满足生产和使用的要求。

②交工工程达到窗明地净、水通灯亮及采暖通风设备正常运转。

③主要工艺设备已安装配套,经联动负荷试车合格,构成生产线,形成生产能力,能够生产出设计文件中所规定的产品。

④有职工公寓和其他必要的生活福利设施,能适应初期的需要。

⑤生产准备工作能适应投产初期的需要。

⑥建筑物周围 2m 以内的场地清理完毕。

⑦竣工决算已完成。

⑧技术档案资料齐全，符合交工要求。

2. 工程竣工验收的范围

国家颁布的建设法规规定，凡是新建、扩建及改建的基本建设项目和技术改造项目，已按国家批准的设计文件所规定的内容建成，符合验收标准，即工业投资项目经负荷试车考核，试生产期间能够正常生产出合格产品，形成生产能力的；非工业投资项目符合设计要求，能够正常使用的，无论属于哪种建设性质，都应及时组织验收，办理固定资产移交手续。

（二）工程竣工验收的依据和标准

1. 工程竣工验收的依据

①上级主管部门对该项目批准的各种文件。包括可行性研究报告、初步设计，以及与项目建设有关的各种文件。

②工程设计文件。包括施工图纸及说明、设备技术说明书等。

③国家颁布的各种标准和规范。包括现行的工程施工及验收规范、工程质量检验评定标准等。

④合同文件。包括施工承包的工作内容和应达到的标准，以及施工过程中的设计修改变更通知书等。

2. 工程竣工验收的标准

（1）工业建设项目竣工验收标准

根据国家规定，工业建设项目竣工验收、交付生产使用，必须满足以下要求：

①生产性项目和辅助性公用设施，已按设计要求完成，能满足生产使用。

②主要工艺设备配套经联动负荷试车合格，形成生产能力，能够生产出设计文件所规定的产品。

③有必要的生活设施，并已按设计要求建成，并合格。

④生产准备工作能够适应投产的需要。

⑤环境保护设施，劳动、安全和卫生设施，消防设施已按设计要求与主体工程同时建成使用。

⑥设计和施工质量已经过质量监督部门检验并做出评定。

⑦工程结算和竣工决算已经通过有关部门的审查和审计。

（2）民用建设项目竣工验收标准

①建设项目各单位工程和单项工程，均已符合项目竣工验收标准。

②建设项目配套工程和附属工程，均已施工结束，达到设计规定的相应质量要求，并具备正常使用条件。

二、竣工验收的方式与程序

（一）工程竣工验收的内容

1. 隐蔽工程验收

隐蔽工程是指在施工过程中上一工序的工作结束，被下一工序所掩盖，而无法进行复查的部位。对这些工程在下一道工序施工以前，建设单位驻现场人员应按照设计要求及施工规范规定，及时签署隐蔽工程记录手续，以便承包单位继续下一道工序施工，同时，将隐蔽工程记录交承包单位归入技术资料。如不符合有关规定，应以书面形式告诉承包单位，令其处理，符合要求后再进行隐蔽工程的验收与签证。

隐蔽工程验收项目及内容：对于基础工程，要验收地质情况、标高尺寸和基础断面尺寸，桩的位置、数量；对于钢筋混凝土工程，要验收钢筋的品种、规格、数量、位置、形状、焊接尺寸、接头位置、预埋件的数量及位置以及材料代用情况；对于防水工程，要验收屋面、地下室、水下结构的防水层数、防水处理措施的质量。

2. 分项工程验收

对于重要的分项工程，建设单位或其代表应按照工程合同的质量等级要求，根据该分项工程施工的实际情况，参照质量评定标准进行验收。在分项工程验收中，必须严格按照有关验收规范选择检查点数，然后计算检验项目和实测项目的合格或优良的百分比，最后确定出该分项工程的质量等级，从而确定能否验收。

3. 分部工程验收

在分项工程验收的基础上，根据各分项工程质量验收结论，对照分部工程的质量等级，以便决定能否验收。另外，对单位或分部土建工程完工后转交安装工程施工前，或中间其他过程，均应进行中间验收。承包单位得到建设单位或其中间验收认可的凭证后，才能继续施工。

4. 单位工程竣工验收

在分项工程的分部工程验收的基础上，通过对分项、分部工程质量等级的统计推断，结合直接反映单位工程结构及性能质量保证资料，便可系统地核查结构是否安全，是否达到设计要求；再结合观感等直观检查以及对整个单位工程进行全面的综合评定，从而决定是否验收。

（二）工程竣工验收的方式

为了保证建设工程项目竣工验收的顺利进行，必须按照建设工程项目总体计划的要求，以及施工进展的实际情况分阶段进行。项目施工达到验收条件的验收方式可分为项目中间验收、单项工程验收和全部工程竣工验收三大类。规模较小、施工内容简单的建设工程项目，也可以一次进行全部项目的竣工验收。

（三）工程竣工验收的程序

工程竣工验收工作，通常按以下程序进行。

1. 发送《交付竣工验收通知书》

项目完成后，承包人应在检查评定合格的基础上，向发包人发出预约竣工验收的通知书，提交工程竣工报告，说明拟交工程项目的情况，商定有关竣工验收事宜。

承包人应向发包人递交预约竣工验收的书面通知，说明竣工验收前的准备情况，包括施工现场准备和竣工资料审查结论。发出预约竣工验收的书面通知应表达两个含义：一是承包人按施工合同的约定已全面完成建设工程施工内容，预验收合格；二是请发包人按合同的约定和有关规定，组织施工项目的正式竣工验收。

2. 正式验收

工程正式验收的工作程序一般可分为以下两个阶段进行：

（1）单项工程验收

单项工程验收是指建设项目中的一个单项工程按设计图纸的内容和要求建成，并能满足生产或使用要求，达到竣工标准时，可单独整理有关施工技术资料及试车记录等，进行工程质量评定，组织竣工验收和办理固定资产转移手续。

（2）全部验收

全部验收是指整个建设项目按设计要求全部建成并符合竣工验收标准时，组织竣工验收，办理工程档案移交及工程保修等移交手续。在全部验收时，对已验收的单项工程不再办理验收手续。

3. 进行工程质量评定，签发《竣工验收证明书》

验收小组或验收委员会根据设计图纸和设计文件的要求，以及国家规定的工程质量检验标准，提出验收意见。在确认工程符合竣工标准和合同条款规定后，应向施工单位签发《竣工验收证明书》。

4. 进行"工程档案资料"移交

"工程档案资料"是建设项目施工情况的重要记录，工程竣工后，应立即将全部工程档案资料按单位工程分类立卷，装订成册；然后列出工程档案资料移交清单，注册资料编号、专业、档案资料内容、页数及附注。双方按清单上所列资料查点清楚，移交后，双方在移交清单上签字盖章。移交清单一式两份，双方各自保存一份，以备查对。

5. 办理工程移交手续

工程验收完毕，施工单位要向建设单位逐项办理工程和固定资产移交手续，并签署交接验收证书和工程保修证书。

三、竣工验收管理与备案

（一）工程竣工验收报告

工程项目竣工验收应依据批准的建设文件和工程实施文件，达到国家法律、行政法规及部门规章对竣工条件的规定和合同约定的竣工验收要求提出《工程竣工验收报告》，有关承（发）包当事人和项目相关组织应签署验收意见，签名并盖单位公章。

根据专业特点和工程类别不同，各地工程竣工验收报告编制的格式也有所不同。

2. 工程竣工验收管理

①国务院住房和城乡建设主管部门负责全国工程竣工验收的监督管理工作。

②县级以上地方人民政府住房和城乡建设主管部门负责行政区域内工程竣工验收监督管理工作。

③工程竣工验收工作，由建设单位负责组织实施。

④县级以上地方人民政府住房和城乡建设主管部门应当委托工程质量监督机构对工程竣工验收实施监督。

⑤负责监督该工程的工程质量监督机构应当对工程竣工验收的组织形式、验收程序、执行验收标准等情况进行现场监督，发现有违反建设工程项目质量管理规定行为的，责令改正，并将对工程竣工验收的监督情况作为工程质量监督报告的重要内容。

3. 工程竣工验收备案

国务院住房和城乡建设主管部门负责全国房屋建筑和市政基础设施工程（以下统称工程）的竣工验收备案管理工作。

县级以上地方人民政府建设主管部门负责本行政区域内工程的竣工验收备案管理工作。

建设单位应当自工程竣工验收合格之日起15日内，依照规定，向工程所在地的县级以上地方人民政府建设主管部门（以下简称备案机关）备案。

建设单位办理工程竣工验收备案应当提交下列文件：

①工程竣工验收备案表；

②工程竣工验收报告。竣工验收报告应当包括工程报建日期，施工许可证号，施工图设计文件审查意见，勘察、设计、施工、工程监理等单位分别签署的质量合格文件及验收人员签署的竣工验收原始文件，市政基础设施的有关质量检测和功能性试验资料以及备案机关认为需要提供的有关资料；

③法律、行政法规规定应当由规划、环保等部门出具的认可文件或者准许使用文件；

④法律规定应当由公安消防部门出具的对大型的人员密集场所和其他特殊建设工程验收合格的证明文件；

⑤施工单位签署的工程质量保修书；

⑥法规、规章规定必须提供的其他文件。

住宅工程还应当提交《住宅质量保证书》和《住宅使用说明书》。

备案机关收到建设单位报送的竣工验收备案文件，验证文件齐全后，应当在工程竣工验收备案表上签署文件收讫。

工程竣工验收备案表一式两份，一份由建设单位保存，另一份留备案机关存档。

工程质量监督机构应当在工程竣工验收之日起 5 日内，向备案机关提交工程质量监督报告。

备案机关发现建设单位在竣工验收过程中有违反国家有关建设工程质量管理规定行为的，应当在收讫竣工验收备案文件 15 日内，责令其停止使用，重新组织竣工验收。

第二节　竣工决算

一、竣工决算的概念与作用

（一）竣工决算的概念

竣工决算是建设工程经济效益的全面反映，是项目法人核定各类新增资产价值、办理其交付使用的依据。通过竣工决算，一方面，能够正确反映建设工程的实际造价和投资结果；另一方面，可以通过竣工决算与概算、预算的对比分析，考核投资控制的工作成效，总结经验教训，积累技术经济方面的基础资料，提高未来建设工程的投资效益。

（二）竣工决算的作用

①竣工决算是综合、全面地反映竣工项目建设成果及财务情况的总结性文件。它采用货币指标、实物数量、建设工期和各种技术经济指标综合地、全面地反映建设项目自开始建设到竣工为止的全部建设成果和财务状况。

②竣工决算是办理交付使用资产的依据，也是竣工验收报告的重要组成部分。建设单位与使用单位在办理交付资产的验收交接手续时，通过竣工决算反映了交付使用资产的全部价值，包括固定资产、流动资产、无形资产和递延资产的价值。同时，它还详细提供了交付使用资产的名称、规格、数量、型号和价值等明细资料，是使用单位确定各项新增资产价值并登记入账的依据。

③竣工决算是分析和检查设计概算的执行情况，考核投资效果的依据。竣工决算反映了竣工项目计划、实际的建设规模、建设工期以及设计和实际的生产能力，反映了概算总投资和实际的建设成本，同时，还反映了所达到的主要技术经济指标。通过对这些指标计划数、概算数与实际数进行对比分析，不仅可以全面掌握建设项目计划和概算执行情况，而且可以考核建设项目投资效果，为今后制订基建计划、降低建设成本、提高投资效果提供必要的资料。

二、竣工决算的内容

竣工决算是建设工程从筹建到竣工投产全过程中发生的所有实际支出，包括设备工器具购置费、建筑安装工程费和其他费用等。竣工决算由竣工财务决算说明书、竣工财务决算报表、竣工工程平面示意图、工程造价比较分析四部分组成。其中，竣工财务决算说明书和竣工财务决算报表属于竣工财务决算的内容。竣工财务决算是竣工决算的组成部分，是正确核定新增资产价值、反映竣工项目建设成果的文件，是办理固定资产交付使用手续的依据。

（一）竣工财务决算说明书

竣工财务决算说明书主要反映竣工工程建设的成果和经验，是对竣工决算报表进行分析和补充说明的文件，是全面考核分析工程投资与造价的书面总结，其内容主要包括：

1. 建设项目概况，对工程总的评价

一般从进度、质量、安全和造价、施工方面进行分析说明。进度方面主要说明开工和竣工时间，对照合理工期和要求工期分析是提前还是延期；质量方面主要根据竣工验收委员会或相当一级质量监督部门的验收评定等级、合格率和优良品率；安全方面主要根据劳动工资和施工部门的记录，对有无设备和人身事故进行说明；造价方面主要对照概算造价，说明节约还是超支，用金额和百分率进行分析说明。

2. 资金来源及运用等财务分析

主要包括工程价款结算、会计账务的处理、财产物资情况及债权债务的清偿情况。

3. 基本建设收入、投资包干结余、竣工结余资金的上交分配情况

通过对基本建设投资包干情况的分析，说明投资包干数、实际支用数和节约额、投资包干节余的有机构成和包干节余的分配情况。

4. 各项经济技术指标的分析

概算执行情况分析，根据实际投资完成额与概算进行对比分析；新增生产能力的效益分析，说明支付使用财产占总投资额的比例、占支付使用财产的比例，不增加固定资产的造价占投资总额的比例，分析有机构成和成果。

（二）竣工财务决算报表

建设项目竣工财务决算报表要根据大、中型建设项目和小型建设项目分别制定。大、中型建设项目竣工决算报表包括建设项目竣工财务决算审批表，大、中型建设项目竣工工程概况表，大、中型建设项目竣工财务决算表，大、中型建设项目交付使用资产总表；小型建设项目竣工财务决算报表包括建设项目竣工财务决算审批表、竣工财务决算总表、建设项目交付使用资产明细表。

1. 建设项目竣工财务决算审批表

该表作为竣工决算上报有关部门审批时使用，其格式按照中央级小型项目审批要求

设计的，地方级项目可按审批要求做适当修改。

2. 大、中型建设项目竣工工程概况表

该表综合反映大、中型建设项目的基本概况，主要内容包括该项目总投资、建设起止时间、新增生产能力、主要材料消耗、建设成本、完成主要工程量和主要技术经济指标及基本建设支出情况，为全面考核和分析投资效果提供依据。

3. 大、中型建设项目竣工财务决算表

该表反映竣工的大、中型建设项目从开工到竣工为止全部资金来源和资金运用的情况，它是考核和分析投资效果，落实结余资金，并作为报告上级核销基本建设支出和基本建设拨款的依据。在编制该表前，应先编制出项目竣工年度财务决算，根据编制出的竣工年度财务决算和历年财务决算编制项目的竣工财务决算。此表采用平衡表形式，即资金来源合计等于资金支出合计。

4. 大、中型建设项目交付使用资产总表

该表反映建设项目建成后新增固定资产、流动资产、无形资产和其他资产价值的情况和价值，作为财产交接、检查投资计划完成情况和分析投资效果的依据。小型项目不编制"交付使用资产总表"，直接编制"交付使用资产明细表"；大、中型项目在编制"交付使用资产总表"的同时，还需编制"交付使用资产明细表"。

5. 建设项目交付使用资产明细表

该表反映交付使用的固定资产、流动资产、无形资产和其他资产及其价值的明细情况，是办理资产交接的依据和接收单位登记资产账目的依据，是使用单位建立资产明细账和登记新增资产价值的依据。大型、中型和小型建设项目均需编制此表。编制此表时要做到齐全完整、数字准确，各栏目价值应与会计账目中相应科目的数据保持一致。

6. 小型建设项目竣工财务决算总表

由于小型建设项目内容比较简单，因此，可将工程概况与财务情况合并编制一张"竣工财务决算总表"，该表主要反映小型建设项目的全部工程和财务情况。

（三）竣工工程平面示意图

建设工程竣工工程平面示意图是真实地记录各种地上、地下建筑物、构筑物等情况的技术文件，是工程进行交工验收、维护改建和扩建的依据，是国家的重要技术档案。国家规定：各项新建、扩建和改建的基本建设工程，特别是基础、地下建筑、管线、结构、井巷、桥梁、隧道、港口、水坝以及设备安装等隐蔽部位，都要编制竣工图。为确保竣工图质量，必须在施工过程中（不能在竣工后）及时做好隐蔽工程检查记录，整理好设计变更文件。其具体要求有以下内容：

①凡是按图竣工没有变动的，由施工单位（包括总包和分包施工单位）在原施工图上加盖"竣工图"标志后，即可作为竣工图。

②凡是在施工过程中，虽有一般性设计变更，但能将原施工图加以修改补充作为竣

工图的，可不重新绘制，由施工单位负责在原施工图（必须是新蓝图）上注明修改的部分，并附以设计变更通知单和施工说明，加盖"竣工图"标志后，作为竣工图。

③凡是结构形式改变、施工工艺改变、平面布置改变、项目改变以及有其他重大改变，不宜再在原施工图上修改、补充时，应重新绘制改变后的竣工图。由原设计单位原因造成的，由设计单位负责重新绘制；由施工原因造成的，由施工单位负责重新绘图；由其他原因造成的，由建设单位自行绘制或委托设计单位绘制。施工单位负责在新图上加盖"竣工图"标志，并附以有关记录和说明，作为竣工图。

④为了满足竣工验收和竣工决算需要，还应绘制反映竣工工程全部内容的工程设计平面示意图。

（四）工程造价比较分析

对控制工程造价所采取的措施、效果及其动态的变化进行认真对比，总结经验教训。批准的概算是考核建设工程造价的依据。在分析时，可先对比整个项目的总概算，然后将建筑安装工程费、设备工器具费和其他工程费用逐一与竣工决算表中所提供的实际数据和相关资料及批准的概算、预算指标、实际的工程造价进行对比分析，以确定竣工项目总造价是节约还是超支，并在对比的基础上，总结先进经验，找出节约和超支的内容和原因，提出改进措施。在实际工作中，应主要分析以下内容：

1. 主要实物工程量

对于实物工程量出入比较大的情况，必须查明其原因。

2. 主要材料消耗量

考核主要材料消耗量，要按照竣工决算表中所列明的三大材料实际超概算的消耗量，查明是在工程的哪个环节超出量最大，再进一步查明其超耗的原因。

3. 考核建设单位管理费、建筑及安装工程措施费和规费的取费标准

建设单位管理费、建筑及安装工程措施费和规费的取费标准要按照国家和各地的有关规定，根据竣工决算报表中所列的建设单位管理费与概预算所列的建设单位管理费数额进行比较，依据规定查明是否多列或少列的费用项目，确定其节约超支的数额，并查明原因。

三、竣工决算编制

（一）竣工决算的编制依据

①经批准的可行性研究报告及其投资估算。

②经批准的初步设计或扩大初步设计及其概算或修正概算。

③经批准的施工图设计及其施工图预算。

④设计交底或图纸会审纪要。

⑤招标投标的招标控制价（标底）、承包合同、工程结算资料。

⑥施工记录或施工签证单，以及其他施工中发生的费用记录，如索赔报告与记录、停（交）工报告等。

⑦竣工图及各种竣工验收资料。

⑧历年基建资料、历年财务决算及批复文件。

⑨设备、材料调价文件和调价记录。

⑩有关财务核算制度、办法和其他有关资料、文件等。

（二）竣工决算的编制步骤和方法

1. 收集、整理和分析原始资料

收集和整理出一套较为完整的相关资料，是编制竣工决算的必要条件。在工程进行的过程中应注意保存和收集资料，在竣工验收阶段则要系统地整理出所有技术资料、工程结算经济文件、施工图纸和各种变更与签证资料，分析其准确性。

2. 清理各项账务、债务和结余物资

在收集、整理和分析资料的过程中，应注意建设工程从筹建到竣工投产（或使用）的全部费用的各项账务、债权和债务的清理，既要核对账目，又要查点库存实物的数量，做到账物相等、相符；对结余的各种材料、工器具和设备要逐项清点核实，妥善管理，并按照规定及时处理、收回资金；对各种往来款项要及时进行全面清理，为编制竣工决算提供准确的数据依据。

3. 填写竣工决算报表

依照建设项目竣工决算报表的内容，根据编制依据中的有关资料进行统计或计算各个项目的数量，并将其结果填入相应表格栏目中，完成所有报表的填写。这是编制工程竣工决算的主要工作。

4. 编写建设工程竣工决算说明书

根据建设项目竣工决算说明的内容、要求以及编制依据材料和填写在报表中的结果编写说明。

5. 上报主管部门审查

以上编写的文字说明和填写的表格经核对无误，可装订成册，即可作为建设项目竣工文件，并报主管部门审查，同时，将其中财务成本部分送交开户银行签证。竣工决算在上报主管部门的同时，抄送设计单位；大、中型建设项目的竣工决算还需抄送财政部、建设银行总行和省、自治区、直辖市财政局和建设银行分行各一份。

建设项目竣工决算的文件，由建设单位负责组织人员编制，在竣工建设项目办理验收使用一个月之内完成。

四、新增资产价值的确定

建设项目竣工投入运营后，所花费的总投资会形成相应的资产。按照新的财务制度

和企业会计准则，新增资产按资产性质可分为固定资产、流动资产、无形资产和其他资产四大类。

（一）新增固定资产价值的确定

新增固定资产价值是建设项目竣工投产后所增加的固定资产的价值，它是以价值形态表示的固定资产投资最终成果的综合性指标，新增固定资产价值的计算是以独立发挥生产能力的单项工程为对象的。单项工程建成经有关部门验收鉴定合格后，正式移交生产或使用，即应计算新增固定资产价值。一次交付生产或使用的工程，一次计算新增固定资产价值，分期分批交付生产或使用的工程，应分期分批计算新增固定资产价值。在计算时应注意以下几种情况：

①对于为了提高产品质量、改善劳动条件、节约材料消耗、保护环境而建设的附属辅助工程，只要全部建成，正式验收交付使用后就要计入新增固定资产价值。

②对于单项工程中不构成生产系统，但能独立发挥效益的非生产性项目，如住宅、食堂、医务所、托儿所、生活服务网点等，在建成并交付使用后，也要计算新增固定资产价值。

③凡是购置达到固定资产标准不需安装的设备、工器具，应在交付使用后计入新增固定资产价值。

④属于新增固定资产价值的其他投资，应随同受益工程交付使用的同时一并计入。

⑤交付使用财产的成本，应按下列内容计算：

A. 房屋、建筑物、管道及线路等固定资产的成本包括建筑工程成果和应分摊的待摊投资。

B. 动力设备和生产设备等固定资产的成本包括需要安装设备的采购成本，安装工程成本，设备基础支柱等建筑工程成本或砌筑锅炉及各种特殊炉的建筑工程成本，应分摊的待摊投资。

C. 运输设备及其他不需要安装的设备、工具、器具和家具等固定资产一般仅计算采购成本，不计分摊的"待摊投资"。

⑥共同费用的分摊方法。新增固定资产的其他费用，如果是属于整个建设项目或两个以上单项工程的，在计算新增固定资产价值时，应在各单项工程中按比例分摊。一般情况下，建设单位管理费按建筑工程、安装工程、需安装设备价值总额作比例分摊，而土地征用费、勘察设计费等费用则按建筑工程造价分摊。

（二）新增流动资产价值的确定

流动资产是指可以在一年内或者超过一年的一个营业周期内变现或者运用的资产，包括现金及各种存款以及其他货币资金、应收及预付款项、短期投资、存货以及其他流动资产等。

1. 货币性资金

货币性资金是指现金、各种银行存款及其他货币资金，其中现金是指企业的库存现金，主要包括企业内部各部门用于周转使用的备用金；各种存款是指企业的各种不同类型的银行存款；其他货币资金是指除现金和银行存款外的其他货币资金，根据实际入账价值核定。

2. 应收及预付款项

应收账款是指企业因销售商品、提供劳务等应向购货单位或受益单位收取的款项；预付款项是指企业按照购货合同预付给供货单位的购货定金或部分货款。应收及预付款项包括应收票据、应收款项、其他应收款、预付货款和待摊费用。一般情况下，应收及预付款项按企业销售商品、产品或提供劳务时的实际成交金额入账核算。

3. 短期投资

短期投资包括股票、债券和基金。股票和债券根据是否可以上市流通分别采用市场法和收益法确定其价值。

（三）新增无形资产价值的确定

我国作为评估对象的无形资产通常包括专利权、非专利技术、生产许可证、特许经营权、租赁权、土地使用权、矿产资源勘探权和采矿权、商标权、版权、计算机软件及商誉等。

1. 无形资产的计价原则

①投资者按无形资产作为资本金或者合作条件投入时，按评估确认或合同协议约定的金额计价。

②购入的无形资产，按照实际支付的价款计价。

③企业自创并依法申请取得的，按开发过程中的实际支出计价。

④企业接受捐赠的无形资产，按照发票账单所载金额或者同类无形资产的市场价计价。

⑤无形资产计价入账后，应在其有效使用期内分期摊销，即企业为无形资产支出的费用应在无形资产的有效期内得到及时补偿。

2. 无形资产的计价方法

（1）专利权的计价

专利权可分为自创和外购两类。自创专利权的价值为开发过程中的实际支出，主要包括专利的研制成本和交易成本。研制成本包括直接成本和间接成本，直接成本是指研制过程中直接投入发生的费用（主要包括材料费用、工资费用、专用设备费、资料费、咨询鉴定费、协作费、培训费和差旅费等）；间接成本是指与研制开发有关的费用（主要包括管理费、非专用设备折旧费、应分摊的公共费用及能源费用）。交易成本是指在交易过程中的费用支出（主要包括技术服务费、交易过程中的差旅费及管理费、手续费和税金）。由于专利权是具有独占性的，并能带来超额利润的生产要素，因此，专利权转让价格不按成本估价，而是按照其所能带来的超额收益计价。

（2）非专利技术的计价

非专利技术具有使用价值和价值，使用价值是非专利技术本身应具有的，非专利技术的价值在于非专利技术的使用所能产生的超额获利能力，应在研究分析其直接和间接的获利能力的基础上，准确计算出其价值。如果非专利技术是自创的，一般不作为无形资产入账，自创过程中发生的费用，按当期费用处理。对于外购非专利技术，应由法定评估机构确认后再进行估价，其方法往往通过能产生的收益采用收益法进行估价。

（3）商标权的计价

如果商标权是自创的，一般不作为无形资产入账，而将商标设计、制作、注册、广告宣传等发生的费用直接作为销售费用计入当期损益。只有当企业购入或转让商标时，才需要对商标权计价。商标权的计价一般根据许可方新增的收益确定。

（4）土地使用权的计价

根据取得土地使用权的方式不同，土地使用权可有以下几种计价方式：当建设单位向土地管理部门申请土地使用权并为之支付一笔出让金时，土地使用权作为无形资产核算；如建设单位获得土地使用权是通过行政划拨的，这时土地使用权就不能作为无形资产核算；在将土地使用权有偿转让、出租、抵押、作价入股和投资，按规定补交土地出让价款时，才作为无形资产核算。

第三节　质量保证金的处理

一、建设工程质量保证金的概念与期限

质保金条款作为合同付款义务方保护自己权益的一种手段，被广泛运用到建设工程、承揽加工以及买卖等合同关系当中。

（一）保证金的含义

在合同中，往往约定由付款义务方保留一部分款项暂不给付，用以保证承包人在缺陷责任期（质量保修期）内对建设工程出现的缺陷进行维修的资金，待质保期届满或标的物交付后一定期限届满，标的物质量合格再行给付。

缺陷是指建设工程质量不符合工程建设强制标准、设计文件，以及承包合同的约定。

（二）缺陷责任期及其期限

发包人与承包人应该在工程竣工之前（一般在签订合同的同时）签订质量保修书，作为合同的附件。保修书中应该明确约定缺陷责任期的期限，具体可由发承包双方在合同中约定。

缺陷责任期从工程通过竣（交）工验收之日起计算。由于承包人原因导致工程无法

按规定期限进行竣工验收的，期限责任期从实际通过竣（交）工验收之日起计算。由于发包人原因导致工程无法按规定期限竣（交）工验收的，在承包人提交竣（交）工验收报告 90 天后，工程自动进入缺陷责任期。

缺陷责任期为发、承包双方在工程质量保修书中约定的期限。但不能低于《建设工程质量管理条例》要求的最低保修期限。建设工程在正常使用条件下的最低保修期限的要求如下：

①基础设施工程、房屋建筑的地基基础工程和主体结构工程，为设计文件规定的该工程的合理使用年限；

②屋面防水工程、有防水要求的卫生间、房间和外墙面的防渗漏为五年；

③供热与供冷系统为 2 个采暖期和供冷期；

④电气管线，给水、排水管道，设备安装和装修工程为两年；

⑤其他项目的保修期限由承发包双方在合同中规定。

建设工程的保修期，自竣工验收合格之日算起。

二、工程质量保修范围

发承包双方在工程质量保修书中约定的建设工程的保修范围包括基础设施工程，房屋建筑的地基基础工程，主体结构工程，屋面防水工程，有防水要求的卫生间、房间和外墙面的防渗漏，供热与供冷系统，电气管线、给水排水管道、设备安装和装修工程，以及双方约定的其他项目。一般包括以下问题：

①屋面、地下室、外墙阳台、卫生间、厨房等处的渗水、漏水问题。

②各种通水管道（自来水、热水、污水、雨水等）的漏水问题，各种气体管道的漏气问题，通气孔和烟道的堵塞问题。

③水泥地面有较大面积空鼓、裂缝或起砂问题。

④内墙抹灰有较大面积起泡、脱落或墙面浆活起碱脱皮问题，外墙粉刷自动脱落问题。

⑤暖气管线安装不妥，出现局部不热、管线接口处漏水等问题。

⑥影响工程使用的地基基础、主体结构等存在质量问题。

由于用户使用不当或自行修饰装修、改动结构、擅自添置设施或设备而造成建筑功能不良或损坏者，以及对因自然灾害等不可抗力造成的质量损害，不属于保修范围。

三、保证金预留比例及管理

（一）保证金预留比例

全部或者部分使用政府投资的建设项目，按工程价款结算总额 5% 左右的比例预留保证金，社会投资项目采用预留保证金方式的，预留保证金的比例可以参照执行发包人与承包人应该在合同中约定保证金的预留方式及预留比例。

（二）保证金预留

建设工程竣工结算后，发包人应按照合同约定及时向承包人支付工程结算价款并预留保证金。

（三）保证金管理

缺陷责任期内，实行国库集中支付的政府投资项目，保证金的管理应按国库集中支付的有关规定执行。其他政府投资项目，保证金可以预留在财政部门或发包方。缺陷责任期内，如发包方被撤销，保证金随交付使用资产一并移交使用单位，由使用单位代行发包人职责。社会投资项目采用预留保证金方式的，发承包双方可以约定将保证金交由金融机构托管；采用工程质量保证担保、工程质量保险等其他方式的，发包人不得再预留保证金，并按照有关规定执行。

四、保修费用的处理与保证金的返还

（一）保修费用的处理

在保修费用的处理问题上，必须根据修理项目的性质、内容以及检查修理等多种因素的实际情况，区别保修责任的承担问题，对于保修的经济责任的确定，应当由有关责任方承担，由发包人和承包人共同商定经济处理办法。

1. 勘察、设计原因造成的保修费用处理

因勘察、设计原因造成质量缺陷的，由勘察、设计单位负责并承担经济责任，由施工单位负责维修或处理。勘察、设计人应当继续完成勘察、设计，减收或免收勘察、设计费并赔偿损失。

2. 施工原因造成的保修费用处理

施工单位未按国家有关规范、标准和设计要求施工，造成质量缺陷的，由施工单位负责无偿返修并承担经济责任。

3. 设备、材料、购配件不合格造成的保修费用处理

因设备、建筑材料、构配件质量不合格引起的质量缺陷，属于施工单位采购的或经其验收同意的，由施工单位承担经济责任；属于建设单位采购的，由建设单位承担经济责任。至于施工单位、建设单位与设备、材料、构配件单位或部门之间的经济责任，应按其设备、材料、构配件的采购供应合同处理。

4. 用户使用原因造成的保修费用处理

因用户使用不当造成的质量缺陷，由用户自行负责。

5. 不可抗力原因造成的保修费用处理

因地震、洪水、台风等不可抗力造成的质量问题，施工单位和设计单位都不承担经济责任，由建设单位负责处理。

（二）质量保证金的返还

在合同约定的缺陷责任期终止后的 14 天内，发包人应将剩余的质量保证金返还给承包人。剩余质量保证金的返还，并不能免除承包人按照合同约定应承担的质量保修责任和应履行的质量保修义务。

竣工验收是建设工程的最后阶段，是建设项目施工阶段和保修阶段的中间过程，是全面检验建设项目是否符合设计要求和工程质量检验标准的重要环节。竣工决算是所有项目竣工后，项目单位按照国家有关规定在项目竣工验收阶段编制的竣工决算报告。

第八章 计算机在工程造价中的应用

第一节 应用计算机编制概预算的特点

一、应用计算机编制概预算

建筑工程概预算的编制工作，其特点是需要处理大量规律性不强的数据，定额子目众多，工程量计算规则繁杂，计算工程单调重复，是一项相当烦琐的计算工作。用传统的手工编制概预算的方法不仅速度慢、功效低、周期长，而且容易出差错。应用计算机编制概预算，与传统的手工编制相比，具有精确度高、编制速度快、编制规范化以及工作效率高的特点。

概预算类软件按开发方式大致分为以下三类：一类由个人开发，单兵作战，开发出的软件水平较低、稳定性及易用性差，而且由于是个人开发，软件一般都无法升级，用户发现问题后，没办法解决，只有放弃该软件；另一类由建筑单位自行或合作开发，软件水平及稳定性较上一类软件有较大的提高，但由于该类软件针对性强，拿到与单位情况稍有不同的地方，就无法继续使用；最后一类是由专业软件公司在建筑界专家的协助下开发，开发出的产品水平高、稳定性好并且充分考虑了预算人员的要求，量身定制，用户容易上手。产品在使用中发现问题后，可随时向软件公司提出修改要求，定时升级，得到完善的售后服务。

建筑工程量的计算是一项工作量大而繁重的工作，工程量计算的算量工具也随着信息化技术的发展，经历算盘、计算器、计算机表格、计算机建模几个阶段。现在普遍采用的就是通过建筑模型进行工程量的计算。

建模算量是将建筑平、立、剖面图结合，建立建筑的空间模型，模型的建立则可以准确地表达了各类构件之间空间位置关系，土建算量软件则按计算规则计算各类构件的工程量，构件之间的扣减关系则根据模型与程序进行处理，从而准确计算出各类构件的工程量。为方便工程量的调用，将工程量以代码的方式提供，套用清单与定额时可以直接套用。

使用土建算量软件进行工程量计算，已经从手工计算的大量书写与计算转化为建立建筑模型。无论用手工算量还是软件算量，都有一个基本的要求，那就是知道算什么，如何算？知道算什么，是做好算量工作的第一步，也就是业务关，手工算、软件算只是采用了不同的手段而已。

软件算量的重点：一是如何快速地按照图纸的要求，建立建筑模型；二是将算出来的工程量与工程量清单与定额进行关联；三是掌握特殊构件的处理及灵活应用。

二、计算机信息技术在工程项目管理中的作用

计算机技术的发展使得计算机的功能不断增强、价格急剧降低，上亿台计算机和成千上万个软件包正在帮助人们进行工作。在实践中，在国家重点工程三峡工程施工管理中，计算机信息技术初步得到了成功的应用。

（一）实现了技术与经济的合一

借助于项目的网络化管理系统，技术部门与经济部门之间的工作人员可以很方便地通过数字化的数据信息在网上进行协调，从而实现技术与经济的合一。

（二）实现数据共享

在建设工程建设项目管理中引入信息技术、计算机技术，实现工程项目管理信息化管理，是管理现代化、科学化的基本保证，只有依据这种管理理念，才能够形成一个强大稳定的信息系统。在建设工程项目管理中，首要解决的问题就是信息共享：将工程建设中大量孤立、分散、无序的信息和资料，通过建设工程项目管理信息系统，以建设工程数据库为核心，以网络为纽带进行科学管理，对工程建设过程中项目建议书、可行性研究、初步设计、施工图设计、竣工验收、运行管理等各阶段的声、像、图、文、数据等不同类型、不同格式的工程信息进行一体化的管理；满足项目业主、管理部门、施工单位、设计单位、监理单位、质检部门等相关工程建设单位的需要；使相关单位组成一个信息共享协同工作的有机整体。

（三）提高资金管理和运作水平

利用计算机系统的数据库同步和广域网通信功能，使以总部为中心的财务管理模式成为可能。在项目中，几乎所有工程的验工计价和财务结算等款项支付，均在本部进行，

现场只支付一些日常行政开支和少量的施工费用。本部的资金运作使各项目的资金能得到统一管理和使用，既保证了工程所需，又减少了资金运作成本。

（四）实现了多项目的集中式管理

随着 Intranet/Internet 网络技术的普及和应用，企业的集中式管理成为可能。通过建立网络上的工程项目数据库，工程建设单位的管理能力能够跨越地域，延伸到全球的任何一个节点，各个环节相关人员也可通过开放的网络来增强信息的及时性，提高动态控制能力，从而实现对多工程、全方位的持续分析和跟踪控制，使多项目管理变得简单易行，管理水平和工作效率成倍增长。

（五）实现了项目各部门间的全面协调

计算机的使用可加强业主、设计单位、承包商、监理以及政府部门间的沟通，提高工作效率。业主可利用该网络对合同执行情况进行监控；承包商可利用该网络选择材料；设备供应商、专业分包商、联营伙伴成为公司的会员。可形成一个更具竞争力的虚拟团队；监理可通过网络实现监理工作的电子化，大大减少与业主、承包商之间的多重信息处理。使用网络技术能实现业主、设计单位、承包商、监理以及政府部门之间的全面协调，也在一定程度上提高了决策的效率和正确性，同时，促进了行业间的互动与交流。

（六）提高物资控制水平

计算机可以及时了解物资管理进展状态，根据整体进度调整物资供应进度、使物资管理既满足进度计划的要求，又减少库存数量。管理者通过计算机系统内设的逻辑限制条件、查询和报警功能，可及时发现个别请购量超出设计量、采购量大于请购量、出库量大于设计量等问题，通过采取预防纠正措施，避免了损失，节约了成本。

第二节　BIM 土建算量软件的操作

BIM 土建算量软件操作流程与手工算量流程相类似：分析图纸→要算什么量→列计算公式→同类型项整理→套用子目。

一、新建工程

①启动软件，进入使用界面。

②鼠标左键点击欢迎界面上的"新建向导"，进入新建工程界面。

A.工程名称：按工程图纸名称输入，保存时会作为默认的文件名。工程名称可输入为"样例工程"。

B.计算规则：定额和清单库按图选择即可。

C.做法模式：选择纯做法模式。

二、建立轴网

楼层建立完毕后，切换到"绘图输入"界面。首先，建立轴网。施工时是用放线来定位建筑物的位置，使用软件做工程时是用轴网来定位构件的位置。

三、柱的工程量计算

（一）分析图纸

①在框架剪力墙结构中，暗柱的工程量并入墙体计算，图纸中暗柱有两种形式：一种和墙体一样厚，如 GJZ1 的形式，作为剪力墙处理；另一种为端柱如 GDZ1，突出剪力墙的，在软件中类似 GDZ1 这样的端柱可以定义为异形柱，在做法套用的时候套用混凝土墙体的清单和定额子目。

②图纸中的柱表中得到柱的截面信息，本层包括矩形框架柱、圆形框架柱及异形端柱。

（二）现浇混凝土柱清单计算规则学习

1.编号 010502001 的矩形柱（m^3）计算规则

按设计图示尺寸以体积计算。柱高：

①有梁板的柱高，应自柱基上表面（或楼板上表面）至上一层楼板上表面之间的高度计算；

②无梁板的柱高，应自柱基上表面（或楼板上表面）至柱帽下表面之间的高度计算；

③框架柱的柱高，应自柱基上表面至柱顶高度计算；

④构造柱按全高计算，嵌接墙体部分（马牙槎）并入柱身体积；

⑤依附柱上的托架和升板的柱帽，并入柱身体积计算

2.编号 011702002 的矩形柱（m^2）计算规则

按模板与现浇混凝土构件的接触面积计算。

（三）柱的属性定义

矩形框架柱 KZ-1：在模块导航栏中点击"柱"使其前面的"＋"展开，点击"柱"，点击"定义"按钮，进入柱的定义界面，点击构件列表中的"新建"，选择"新建矩形柱"。

（四）做法套用

柱构件定义好后，需要进行套做法操作。套用做法是指构件按照计算规则计算汇总出做法工程量，方便进行同类项汇总，同时与计价软件数据接口。构件套做法，可以通过手动添加清单定额、查询清单定额库添加、查询匹配清单定额添加。

（五）柱的绘制方法

柱定义完毕后，点击"绘图"按钮，切换到绘图界面。

采用"点绘制"的方法，通过构件列表选择要绘制的构件 KZ-1，鼠标捕捉 2 轴与 E 轴的交点，直接点击鼠标左键，就完成了柱 KZ-1 的绘制。

四、剪力墙的工程量计算

（一）分析图纸

分析剪力墙：分析图纸。

（二）现浇混凝土墙清单计算规则学习

1. 编号 010504001 的直形墙（m^3）计算规则

按设计图示尺寸以体积计算扣除门窗洞口及单个面积 > 0.3 m^2 的孔洞所占体积，墙垛及突出墙面部分并入墙体体积计算内。

2. 编号 011702011 直形墙（m^2）计算规则

按模板与现浇混凝土构件的接触面积计算。

（三）墙的属性定义

新建外墙属性定义如下：

①在模块导航栏中点击"墙"使其前面的"＋"展开。

②在属性编辑框中对图元属性进行编辑。

（四）墙的绘制方法

剪力墙定义完毕后，点击"绘图"按钮，切换到绘图界面。

采用"直线绘制"的方法，通过构件列表选择要绘制的构件 Q-1，鼠标左键点击 Q-1 的起点 1 轴与 B 轴的交点，鼠标左键点击 Q-1 的终点 1 轴与 E 轴的交点即可。

五、梁的工程量计算

（一）分析图纸

①分析图纸，从左至右、从上至下，本层有框架梁、屋面框架梁、非框架梁、悬梁 4 种。

②框架梁 KL1—KL8，屋面框架梁 WKL1—WKL3，非框架梁 L1—L12，悬梁 XL1。

（二）现浇混凝土梁清单计算规则学习

（1）编号 010503002 的矩形梁（m^3）计算规则

按设计图示尺寸以体积计算。伸入墙内的梁头、梁垫并入梁体积内。梁长：

①梁与柱连接时，梁长算至柱侧面；

②主梁与次梁连接时，次梁长算至主梁侧面。

（2）编号011702006的矩形梁（m²）计算规则

按模板与现浇混凝土构件的接触面积计算。

（3）编号010505001的有梁板（m³）计算规则

设计图示尺寸以体积计算，有梁板（包括主、次梁与板）按梁、板体积之和计算。

（4）编号011702014的有梁板（m²）计算规则

按模板与现浇混凝土构件的接触面积计算

（三）梁的属性定义

新建矩形梁KL-1，根据KL-1（9）图纸中的集中标注，在属性编辑器中输入相应的属性值。

（四）做法套用

梁构件定义好后，需要进行套做法操作。

（五）梁的绘制方法

采用"直线绘制"的方法，在绘图界面，点击直线，点击梁的起点1轴与D轴的交点，点击梁的终点4轴与D轴的交点即可。

六、板工程量计算

（一）分析图纸

分析图纸可以从中得到板的截面信息，包括屋面板与普通楼板等主要信息。

（二）现浇板清单计算规则学习

1. 编号010505001的有梁板（m³）计算规则

按设计图示尺寸以体积计算，有梁板（包括主、次梁与板）按梁、板体积之和计算。

2. 编号011702014的有梁板（m²）计算规则

按模板与现浇混凝土构件的接触面积计算

（三）板的属性定义

①新建现浇板LB2，根据LB2图纸中的尺寸标注，在属性编辑器中输入相应的属性值。

②屋面板定义，与上面楼板定义完全相似。

（四）做法套用

板构件定义好后，需要进行套做法套用。

（五）板的绘制方法

采用"点画绘制板"的方法，以 WB1 为例，定义好屋面板后，点击点画，在 WB1 区域单击左键，WB1 即可布置。

七、填充墙的工程量计算

（一）分析图纸

分析图纸可以从中得到的填充墙的墙截面信息。

（二）砌块墙清单计算规则学习

编号 010401008 的填充墙（m³）按设计图示尺寸以填充墙外形体积计算。

（三）砌块墙的属性定义

新建砌块墙的方法参见新建剪力墙的方法，这里只是简单地介绍一下新建砌块墙需要注意的地方。

内 / 外墙标志：外墙和内墙要区别定义，除了对自身工程量有影响外，还影响其他构件的智能布置。这里可以根据工程实际需要对标高进行定义。本工程是按照软件默认的高度进行设置，软件会根据定额的计算规则对砌块墙和混凝土相交的地方进行自动处理。

（四）填充墙的绘制方法

图纸中在 2 轴、B 轴向下有一段墙体 1025mm（中心线距离），点击"点加长度"，点击起点 B 轴与 2 轴相交点，然后向上找到 C 轴与 2 轴相交点点一下，弹出"点加长度设置"对话框，在"反向延伸长度处 mm"输入"1025"，然后确定。

八、门窗、洞口、壁龛的工程量计算

（一）分析图纸

分析图纸，得到门窗截面信息。

（二）门窗清单计算规则学习

编号 010801001 的木质门和编号 010802001 金属（塑钢）门单位计算规则。

①以樘计量，按设计图示数量计算；

②以平方米计量，按设计图示洞口尺寸以面积计算。

（三）门窗洞口的属性定义

1. 门的属性定义

新建"矩形门 M-1"。

①洞口宽度，洞口高度：从门窗表中可以直接得到。

②框厚：输入门实际的框厚尺寸，对墙面块料面积的计算有影响，本工程输入"0"。

③立樘距离：门框中心线与墙中心间的距离，默认为"0"。如果门框中心线在墙中心线左边，该值为负，否则为正。

④框左右扣尺寸、框上下扣尺寸：如果计算规则要求门窗按框外围计算，输入框扣尺寸。

2. 窗的属性定义

新建"矩形窗 LC-2"。带型窗的属性定义，带型窗不必依附墙体存在。

（四）门窗洞口的绘制方法

门窗洞构件属于墙的附属构件，也就是说门窗洞构件必须绘制在墙上。

门窗最常用的是"点"绘制。对于计算来说，一段墙扣减门窗洞口面积，只要门窗绘制在墙上就可以，一般对于位置要求不用很精确，所以直接采用点绘制即可。在点绘制时，软件默认开启动态输入的数值框，可以直接输入一边距墙端头的距离，或通过"Tab"键切换输入框。

第三节　计价软件的应用

一、计价部分工程量清单样表

计价部分工程量清单样表结合软件，应导出如下表格并对应到软件中的表格符号：

①封面：封 -2。

②总说明：表 -01。

③单项工程招标控制价汇总表：表 -03。

④单位工程招标控制价汇总表：表 -04。

⑤分部分项工程量清单与计价表：表 -08。

⑥工程量清单综合单价分析表：表 -09。

⑦措施项目清单与计价表（一）：表 -10。

⑧措施项目清单与计价表（二）：表 -11。

⑨其他项目清单与计价汇总表：表 -12。

⑩暂列金额明细表：表 -12-1。

⑪材料暂估单价表：表 -12-2。

⑫专业工程暂估价表：表 -12-3。

⑬计日工表：表 -12-4。

⑭总承包服务费计价表：表 –12-5。

⑮规费、税金项目清单与计价表：表 –13。

⑯主要材料价格表。

二、编制概预算工程

（一）新建单位工程

点击"新建单位工程"。

（二）进入新建单位工程

本项目的计价方式选为清单计价。

清单库选择：工程量清单项目计量规范。

定额库选择：建设工程预算定额。

项目名称拟定为："概预算工程"。

（三）导入图形算量文件

进入单位工程界面，点击"导入导出"选择"导入土建算量工程文件"，选择相应图形算量文件。

（四）整理清单

在分部分项界面进行分部分项整理清单项：

①单击"整理清单"，选择"分部整理"。

②弹出"分部整理"对话框，选择按专业、章、节整理后，单击"确定"。

③清单项整理完成。

（五）项目特征描述

选择清单项，在"特征及内容"界面可以进行添加或修改来完善项目特征。

（六）单价构成

在对清单项进行相应的补充、调整之后，需要对清单的单价构成进行费率调整。具体操作如下：

①在工具栏中单击"单价构成"。

②根据专业选择对应的取费文件下的对应费率。

（七）调整人材机

在"人材机汇总"界面下，参照招标文件的要求的对材料"市场价"进行调整。

（八）计取规费和税金

在"费用汇总"界面，查看"工程费用构成"。

（九）报表设计

进入"报表"界面，选择"工程量清单"，单击需要输出的报表，右键选择"简便设计"，或直接点击报表设计器。进行报表格式设计。

（十）报表导出及打印

进入"报表"界面，选择"工程量清单"，单击需要输出的报表，右键选择"导出EXCEL文件"或"导出到PDF文件"。如有打印需求，选择最下方的"打印"按钮即可。

三、工程造价软件应用

工程量的计算分为土建工程量计算和钢筋工程量计算，其中，土建工程量计算中包括土方、基础、砌筑、混凝土，楼地面、墙柱面等工程；钢筋工程的工程量计算虽然只有一个分部分项工程，但由于混凝土结构的多样性和复杂性，导致了钢筋工程的复杂和难易程度增加，特别是混凝土结构的平面整体表示法规范（以下简称平法规则）颁发后，对钢筋的工程量计算要求更高。因此，掌握一种钢筋算量软件是快速，准确地计算出工程钢筋工程量的一种有效方法。

（一）算量软件能算什么量

算量软件能够计算的工程量包括土石方工程量、砌体工程量，混凝土及模板工程量，屋面工程量、天棚及其楼地面工程量、墙柱面工程量等。

（二）算量软件是如何算量的

软件算量并不是说完全抛弃了手工算量的思想。实际上，软件算量是将手工的思路完全内置在软件中，只是将过程利用软件实现，依靠已有的计算扣减规则，利用计算机这个高效的运算工具快速、完整地计算出所有的细部工程量，让大家从繁琐的背规则，列式子，计算器中解脱出来。

（三）用软件做工程的顺序

按施工图的顺序：先结构后建筑，先地上后地下，先主体后屋面，先室内后室外。将1套图分成4个部分，再把每部分的构件分组，分别一次性处理完每组构件的所有内容，做到清楚、完整。

（四）软件做工程的步骤

新建工程→新建楼层→新建轴网→绘图输入报表输出。

1. 常用工程造价软件

工程造价软件是随建筑业信息化应运而生的软件，随着计算机技术的日新月异，工程造价软件也有了长足的发展。一些优秀的软件能把造价人员从繁重的手工劳动中解脱出来，效率得到成倍提高，提升了建筑业信息化水平。

（1）广联达工程造价系列软件

广联达软件目前是造价软件市场中最有实力的软件企业，堪称中国造价软件行业的"微软"，已经展现出一定的垄断潜力。广联达的系列产品操作流程是由工程算量软件和钢筋统计软件计算出工程量，通过数字网站询价，然后用清单计价软件进行组价，所有的历史工程通过企业定额生成系统形成企业定额。广联达算量在自主平台上开发，功能较完善。广联达清单计价软件内置浏览器，用户可直接连接软件服务网进行最新材料价格信息的查询应用，其他主要特点和下面几个系列软件有类似之处。

（2）鲁班算量软件

鲁班软件属于后起之秀，它得到美国国际风险基金的支持。其算量软件是国内率先基于 AutoCAD 平台开发的工程量自动计算软件，它利用 AutoCAD 强大的图形功能及 Auto-CAD 的布尔实体算法，可得到精确的工程量计算结果，广泛适用于建设方、承包方、审价方等工程造价人员进行工程量计算。

鲁班算量软件可以提高工程造价人员工作效率，减轻工作量，并支持三维显示功能；可以提供楼层、构件选择，并进行自由组合，以便进行快速检查；可以直接识别设计院电子文档（墙、梁、柱、基础、门窗表、门窗等），建模效率高；可以对建筑平面为不规则图形设计，结构设计复杂的工程进行建模。

（3）未来清单计价软件

未来清单计价软件主要用于江苏省和安徽省，软件的操作步骤清晰，功能齐全，完全符合清单报价的工作流程，可以编制企业定额，可以快速调整综合单价，可以快捷的做不平衡报价、措施项目费的转向等，操作功能都紧密地与实际工作相结合。其主要特点为：①多文档的操作界面，提供多元化的视图效果；②崭新的树型目录，使工程关系清晰明朗；③采用多窗口的信息显示，综合单价调整一目了然；④灵活方便的报表打印，规范与个性化的结合。

2. 土建算量软件应用

以下内容以广联达土建算量为例进行介绍。

广联达 GCL 土建算量软件是自主平台上研发的工程量计算软件，软件可通过三维图形建模，或直接识别电子文档，把图纸转化为图形构件对象，并以面向图形操作的方法，利用计算机的"可视化技术"对工程项目进行虚拟三维建模，从而生成计算工程量的预算图。然后对图形中各构件进行属性定义（套清单，定额），根据清单，定额所规定的工程量计算规则，计算机自动进行相关构件的空间分析来扣减，从而得到建筑工程项目土建的各类工程量。

在利用广联达土建算量软件对工程项目进行虚拟三维建模之前，首先应熟悉算量平面图与构件属性及楼层的关系，其次应掌握算量平面图中构件名称说明、算量软件工程量计算规则说明、算量平面图中的寄生构件说明，最后熟悉算量软件结果的输出。

（1）广联达土建算量软件建模原则

①构件必须绘制到算量平面图中。土建算量软件在计算工程量时，算量平面图中找

不到的构件就不会计算，尽管用户可能已经定义了它的属性名称和具体的属性内容。所以要用图形法计算工程量的构件，必须将该图形绘制到算量平面图中，以便软件读取相关信息，计算出该构件的工程量。

②算量平面图上的构件必须有属性名称及完整的属性内容。软件在找到计算对象以后，要从属性中提取计算所需要的内容，如断面尺寸、套用清单／定额等。如果没有套用相应的清单／定额，则得不到计算结果，如果属性不完善，可能得不到正确的计算结果。

③确认所要计算的项目。套好相关清单／定额后，土建算量软件会将有关此构件全部计算项目列出，确认需要计算后即可。

④计算前应使用"构件整理""计算模型合法性检查"。为保证用户已建立模型的正确性，保护用户的劳动成果，应使用"构件整理"。因为在画图过程中，软件为了保证绘图速度，没有采用"自动构件整理"过程。"计算模型合法性检查"将自动纠正计算模型中的一些错误。

⑤灵活掌握，合理运用。土建算量软件提供"网状"的构件绘制命令：达到同一个目的可以使用不同的命令，具体选择哪一种更为合适，将由操作者的熟练程度与操作习惯而定。

（2）广联达土建算量软件的特点

①各种计算规则全部内容不用记忆规则，软件自动按规则扣减。在新建工程界面，可以根据需求自行下载全国各地的定额库，从而选择相应的定额。

②一图两算，清单规则和定额规则平行扣减，画1次图同时得出2种量。

③按图读取构件属性，软件按构件完整信息计算代码工程量。根据工程属性的定义，可以精确得出构件的工程量。

④内置清单规范，智能形成完善的清单报表。

⑤属性定义可以做施工方案，随时看到不同方案下的方案工程量。

⑥导图：完全导入设计院图纸，不用画图，直接出量，让算量更轻松。

⑦软件直接导入清单工程量，同时提供多种方案量代码，在复核招标方提供的清单量的同时计算投标方自己的施工方案量。

⑧软件具有极大的灵活性，同时提供多种方案量代码，计算出所需的任意工程量。

⑨软件可以解决手工计算中较复杂的工程量（如房间、基础等）。

四、工程造价软件带来的社会效益和发展趋势

（一）工程造价软件的社会经济效益

在工程造价管理领域应用计算机，可以大幅度地提高工程造价管理工作效率，帮助企业建立完整的工程资料库，进行各种历史资料的整理与分析，及时发现问题，改进有关的工作程序，从而为造价的科学管理与决策起到良好的促进作用。目前工程造价软件在全国的应用已经比较广泛，并且已经取得了巨大的社会效益和经济效益，随着面向全

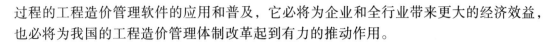

过程的工程造价管理软件的应用和普及，它必将为企业和全行业带来更大的经济效益，也必将为我国的工程造价管理体制改革起到有力的推动作用。

（二）工程造价软件的发展特点

1. 造价软件向规范化、统一化方向发展

随着项目名称、子目编号、计量规则和计量单位的统一，使得工程造价软件模块功能更加明晰，更加统一，系统正向着无差别化方向发展。工程量计算、钢筋抽筋、定额库、价格库及报价等模块无缝连接，高效运行；工程量算量、钢筋抽筋、报价的智能化；定额库、价格库维护的便捷化是造价软件后开发的方向。

2. 市场信息获取的网络化

无论是招标控制价还是投标报价，市场的信息，尤其是价格信息、新技术信息、新工艺信息、新材料信息是非常重要的，直接影响到工程造价的高低。而市场的变化是迅速的，只有将造价软件的定额库、价格库与互联网相连接，才能通过网络搜集建筑市场、材料市场的信息，使之准确及时地反映到定额库、价格库中。

3. 系统维护的动态化

造价软件的灵魂是计价准确，这不仅是指计算的准确，而且是人材机消耗量及价格的准确性。人材机消耗水平与技术水平、施工工艺密切相关，与价格一样也是市场最活跃的因素，这就要求实现系统的动态维护，确保系统始终是最新技术水平、最新工艺水平和最新价格水平的反映。

参考文献

[1] 胡晓娟.工程造价实训第 2 版 [M].重庆：重庆大学出版社，2022.01.

[2] 林君晓，冯羽生.工程造价管理第 3 版 [M].北京：机械工业出版社，2022.01.

[3] 中国建设工程造价管理协会.工程造价咨询 BIM 应用指南 [M].北京：中国计划出版社，2022.05.

[4] 肖跃军，肖天一.工程造价 BIM 项目应用教程 [M].北京：机械工业出版社，2022.03.

[5] 胡凌云.建筑工程管理与工程造价研究 [M].长春：吉林科学技术出版社，2022.04.

[6] 郭喜梅.建筑工程质量与造价控制研究 [M].长春：吉林科学技术出版社，2022.

[7] 吕珊淑，吴迪，孙县胜.建筑工程建设与项目造价管理 [M].长春:吉林科学技术出版社，2022.08.

[8] 杨霖华.建筑工程识图与造价入门 [M].北京：机械工业出版社，2022.01.

[9] 王红平.工程造价管理第 4 版 [M].郑州：郑州大学出版社，2022.08.

[10] 李静，李萍，王茜.工程造价管理 [M].北京：清华大学出版社，2022.10.

[11] 钟实.工程造价实战技巧 [M].北京：中国建筑工业出版社，2022.08.

[12] 李联友.工程造价与施工组织管理 [M].武汉：华中科技大学出版社，2021.01.

[13] 张仕平.工程造价管理第 3 版 [M].北京：北京航空航天大学出版社，2021.01.

[14] 钟华.建筑工程造价 [M].北京：机械工业出版社，2021.04.

[15] 何理礼，周燕，魏成惠.工程造价概论 [M].北京：机械工业出版社，2021.09.

[16] 董自才，容绍波.工程造价专业概论第 2 版 [M].成都：西南交通大学出版社，2021.03.

[17] 王刚，李凯.建筑工程经济与工程造价研究 [M].文化发展出版社，2021.05.

[18] 卢永琴，王辉.BIM 与工程造价管理 [M].北京：机械工业出版社，2021.03.

[19] 夏立明.建设工程造价管理第 3 版 [M].北京：中国计划出版社，2021.08.

[20] 李玲，李文琴.工程造价概论第 2 版 [M].西安：西安电子科技大学出版社，2020.05.

[21] 赵媛静.建筑工程造价管理 [M].重庆：重庆大学出版社，2020.08.

[22] 李海凌，刘宇凡.工程造价专业导论 [M].北京：机械工业出版社，2020.08.

[23] 左红军.建设工程造价案例分析 [M].北京：机械工业出版社，2020.01.

[24] 高莉，施力，黄谱.建筑设备工程技术与安装工程造价研究 [M].文化发展出版社，2020.07.